区域海洋环境多时空变化丛书

丛书主编：张永垂

日本海

多尺度海洋动力过程

张永垂　王　宁　陈诗尧　刘凌霄　王辉赞　著

海洋出版社

2023 年 · 北京

图书在版编目(CIP)数据

日本海多尺度海洋动力过程 / 张永垂等著. — 北京：海洋出版社，2023.12

(区域海洋环境多时空变化丛书 / 张永垂主编)

ISBN 978-7-5210-1214-9

Ⅰ.①日… Ⅱ.①张… Ⅲ.①日本海-海洋动力学-研究 Ⅳ.①P731.2

中国版本图书馆 CIP 数据核字(2023)第 244440 号

审图号：GS 京(2022)0586 号

日本海多尺度海洋动力过程

Ribenhai Duochidu Haiyang Dongli Guocheng

责任编辑：苏　勤

责任印制：安　森

海洋出版社 出版发行

http://www.oceanpress.com.cn

北京市海淀区大慧寺路 8 号　邮编：100081

鸿博昊天科技有限公司印制　新华书店经销

2023 年 12 月第 1 版　2023 年 12 月北京第 1 次印刷

开本：787 mm×1 092 mm　1/16　印张：12

字数：296 千字　定价：298.00 元

发行部：010-62100090　总编室：010-62100034

序

日本海是东北亚地区最大的边缘海，被亚洲大陆、库页岛和日本列岛所包围，面积约为100×10^4 km^2，最大深度超过3 700 m。日本海是一个半封闭的海盆，它通过4个浅且狭窄的海峡与外海相通。日本海表现出明显的大洋特征：有深度超过3 000 m的日本海盆，有丰富的大尺度寒、暖流系统和深层对流系统以及中尺度涡系统，被称为“微型大洋”。研究日本海多尺度海洋动力过程的时空变化特征，对于研究全球海洋变化特征，掌握海洋环境变化规律具有重要的科学意义。目前，我国对日本海的研究基本处于空白。随着北极航道开通的可行性越来越大，作为“海上丝路”与“冰上丝路”对接的关键海域，对日本海海洋环境变化特征的研究越来越迫切。

本书共分5章：第1章“绪论”，介绍了日本海海洋环境特征和研究现状，聚焦日本海海洋环境调查的进展情况；第2章“日本海环流时空变化特征”，通过对多源观测、模拟资料的对比验证，对日本海海峡通道的季节和年际变化规律进行了探究，揭示了日本海表层、中深层环流系统的空间特征；第3章“日本海锋面时空变化特征”，对表征锋面的海表面温度的时空变化及其与大气的关系进行了研究，分析了副极地锋的季节和年际信号，首次发现副极地锋长期增强以及东西支北移、中支南移的变化特征，并分析了产生此物理过程的机制；第4章“日本海中尺度涡时空变化特征”，研究了中尺度涡旋的表面统计特性、三维结构以及特殊涡旋；第5章“日本海潮汐和潮流空间特征”，分析了海峡通道和海盆内部4个主要分潮的振幅和潮流的空间分布规律。

本书的主要作者包括张永垂、王宁、陈诗尧、刘凌霄、王辉赞等。在本书写作过程中得到了国防科技大学气象海洋学院周林教授和张立凤教授、南京信息工程大学董昌明教授、北部战区联合作战指挥中心信息服务大队谭成伟高工、海军参谋部航海保证局王本洪、军事海洋环境建设办公室汪洋等的关心和指导，以及与国防科技大学气象海洋学院余沛龙副教授的深入讨论，再次一并致以诚挚的谢意。本书得到了装备综合研究计划项目、战场环境保障计划项目的支持。由于著者能力有限，错误在所难免，恳请各位读者予以指正。

张永垂

2021年8月23日

感谢楼鸿程提供封面照片，拍摄于2023年7月日本海调查航次。

目　录

第1章　绪　论

1.1　日本海环境特征

日本海是西北太平洋最大的边缘海，被亚洲大陆、库页岛和日本列岛所包围(图 1-1)。大约西起 128°E，东至 142°E，南起35°N，北至 50°N，面积约 100×10^4 km^2，最大深度超过 3 700 m。日本海是一个半封闭海盆，它通过 4 个浅

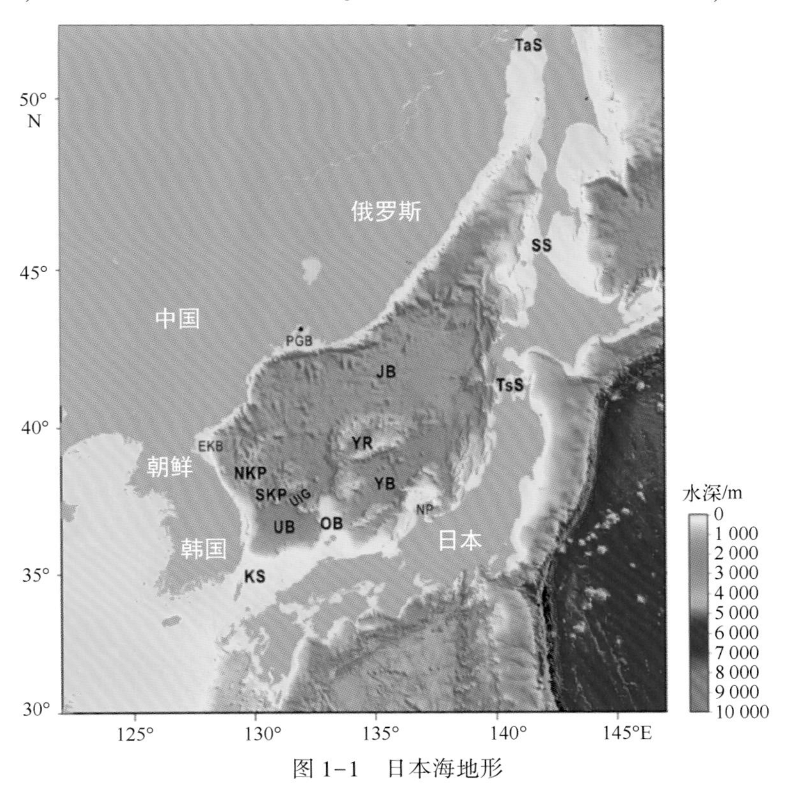

图 1-1　日本海地形

UB—郁陵海盆；YB—大和海盆；JB—日本海盆；KS—对马(朝鲜)海峡；TsS—津轻海峡；SS—宗谷海峡；TaS—鞑靼海峡；YR—大和隆起；NKP—北朝鲜高原；SKP—南朝鲜高原；OB—隐岐浅滩；UIG—郁陵缺口；PGB—彼得大帝湾；EKB—东朝鲜湾；NP—能登半岛。

而窄的海峡与外海相通：南部通过约 150 m 深的朝鲜海峡与黄海和东海相通；东部通过津轻海峡与西北太平洋相通；东北部和北部分别通过宗谷海峡和鞑靼海峡与鄂霍次克海相通。

1.1.1 地理与地质

日本岛弧形成于中新世早期，这一时期也对应日本海的逐步形成。在此期间，日本群岛的北部和南部开始相互分隔。在中新世中期，日本海逐渐扩张。后来，日本群岛北部进一步破裂，而南部仍然是一个相对较大的完整大陆。中新世晚期，陆地向北扩展。日本东北部的造山运动始于中新世晚期，并持续到上新世。

日本海的对马海峡、宗谷海峡、津轻海峡、鞑靼海峡四个主要海峡通道（不包括关门海峡，日本本州西端与九州北端之间的水域，濑户内海的西门户）均形成于最近的地质时期。其中，津轻海峡和对马海峡的形成时间最早，可追溯到新近纪末期（约 260 万年前）。形成最晚的是宗谷海峡，其形成时期可追溯至60 000—11 000 年前。海峡通道是日本海与其他外海连通的唯一途径，其最大特征是深度和宽度都较小。其中，对马海峡的宽约180 km，长约 330 km，海槛深度在 140 m 左右。对马海峡由对马岛分为窄（约40 km）而深（最深可达 220 m）的西水道和宽（约 140 km）而浅（约 110 m）的东水道。津轻海峡宽约 30 km，长约110 km，较对马海峡更窄且更短，海槛深度约为 130 m。宗谷海峡宽约 40 km，长度不到 20 km，海槛深度为 55 m。鞑靼海峡位于日本海最北端，是连接鄂霍次克海与日本海的关键通道，宽约 10 km，深度只有 10 m。如此浅的海峡通道限制了日本海与周围海域的海水交换，使得其内部海水与邻近海域隔离，进而形成了相对独立的物理、化学、水团和生物特征，造就了日本海独特的海洋环境特征。因此，人们称日本海为“微型大洋”。

日本海整体呈椭圆状，表层海域自北向南延伸逾 2 255 km，最大宽度约为1 070 km；主轴由西南向东北延伸，南部较宽，向北变窄；平均深度为 1 752 m，最大深度为 3 742 m。日本海海岸线总长度约为 7 600 km，其中，俄罗斯拥有该海域最长的海岸线，总长度约为 3 240 km。

日本海海底地形以陡峭复杂为主要特征，主体由各个海岭分割成三个大型海盆，分别是：位于日本海北部，深约 4 000 m 的日本海盆，位于日本海西南部的郁陵海盆以及位于日本海东南部，深约 2 200 m 的大和海盆。这三个海盆围绕在大和隆起周围。

日本海的大陆架在日本西海岸很宽，但在日本海西侧，特别是朝鲜海岸则很窄，平均宽度仅为 30 km。北部沿海(44°N 以北)存在三个陆坡，共同形成一个略微向南倾斜的阶梯状的结构，其中最后一阶在日本海中部(最深处)急剧降低至 3 500 m 左右。这一部分的底部地形相对平坦，只存在一些海底高原。此外，一条长达 3 500 m 的地形中脊由北向南穿过整个日本海中部。

日本海内部没有大型岛屿。除郁陵岛(韩国)外，大多数小岛分布在日本群岛沿岸附近。日本海海岸线较直，没有大的海湾或者海角。库页岛的海岸线形状平滑，日本诸岛则较为蜿蜒。

日本海内部存在诸多海湾，其中，面积最大的是彼得大帝湾，面积约 6 000 km^2。位于俄罗斯一侧的还有弗拉基米尔湾、波塞特湾；位于朝鲜以东的东朝鲜湾；位于日本北海道岛沿岸的石狩(Ishikari)湾，位于本州岛沿岸的富山湾以及位于本州岛沿岸的若狭湾。日本海著名的海角包括俄罗斯的拉扎列娃、佩斯坎尼、桑托、格罗莫娃、波吉比、泰克和科萨科娃等。

1.1.2 气候

日本海是典型的温带海洋性季风气候，每年 12 月至翌年 3 月盛行东北季风，有利于干冷空气进入日本海，形成降温和降雪天气。夏季，热带季风从北太平洋吹到亚洲大陆，此时温暖湿润的偏南风与北部盛行的冷空气交汇，产生降水和雾。冬季强风往往伴随着大浪，对日本西海岸产生一定的侵蚀作用。此外，季风增强了表层水与次表层水的对流运动，影响深度可达 30 m。

1 月和 2 月是日本海一年当中最冷的月份，在此期间，北部海域的平均气温可以达到-20℃，南部海域的平均气温为5℃。北部 1/4 海域，特别是西伯利亚近岸海域和鞑靼海峡附近会出现大量海冰，冰期平均可以达到4~5 个月，但各年冰期长短和海冰的覆盖范围不尽相同。不同海区的冰情也有所不同：部分海湾早在 10 月份就出现结冰的现象，有时甚至 6 月份就能观察到完整的海冰。冬季海湾中存在连续的冰盖，在开阔海域中形成流冰。春季融冰导致日本海北部出现寒流，对日本海的盐度分布产生较大影响。

日本海夏季与冬季风向相反并减弱至 2~7 m/s，其携带暖湿气流从北太平洋吹到亚洲大陆，使气温升高，形成充沛的降水和雾。全年最热月份是 8 月，期间北部平均气温可达 15℃，南部可达 25℃，表层水温 18~27℃。年降水量由西北(310~500 mm)向东南(1 500~2 000 mm)逐渐增加。

1.1.3 水文

尽管日本海面积较小，但它却表现出许多存在于深海大洋的特征。例如，日本海拥有深度超过 3 000 m 的日本海盆，随季节变化明显的温度、盐度、副极地锋和海洋涡旋以及丰富的寒、暖流系统和深对流系统等。

传统观点认为，日本海上层为逆时针的环流系统。高温高盐的黑潮水向北流动，通过对马海峡进入日本海形成对马暖流。受到对马岛的阻挡作用，对马暖流分东西两支进入日本海，分别是沿本州岛西岸向西北方向的近岸支流和沿朝鲜半岛东岸北上的东朝鲜暖流。贯穿日本海的暖水绝大多数属于对马暖流系统，大部分经由津轻海峡进入北太平洋，部分通过宗谷海峡和鞑靼海峡进入鄂霍次克海，其余继续在日本海参与表层循环。北部来自鄂霍次克海的黎曼寒流沿着俄罗斯沿岸南下，向南演变为朝鲜半岛沿岸的北朝鲜寒流。

日本海北部海水温度主要受海气相互作用影响，南部主要受暖流影响。冬季，日本海北部海温平均为 0℃，甚至更低；南部海温为 10~14℃。由于环流的存在，东西部海温分布存在明显差异。在彼得大帝湾所在纬度(39.5°N)，西侧水温约为 0℃，东侧水温可以达到 5~6℃。夏季，东西方向海温的差异降至 1~2℃，北部海温上升至 18~20℃，南部海温上升至 25~27℃。

日本海海水具有显著的层化特征，且层化强度和范围随季节和空间变化。冬季，北部海水温度几乎不随深度变化。但在中部和南部海域，海温在 100~150 m 深度处为 8~10℃，在 200~250 m 为 2~4℃，而在 400~500 m 为 1.0~1.5℃，之后向下保持在 0℃左右的海温直到海底。太阳辐射和热带季风的加热作用增加了春夏季的海温梯度。日本海北部海域表层(至 15 m 深)海温可达到 18~20℃，50 m 处海温急剧降低至 4℃，250 m 深海温缓慢下降至 1℃，此后直到海底，海水温度一直维持在 1℃左右。在南部海域，海温在 0~200 m 深度处逐渐降至 6℃，在 200~260 m 逐渐降至 2℃，并在 1 000~1 500 m 缓慢降至 0.04~0.14℃，但在底部附近会升至约 0.3℃。1 000 m 深度处的冷水团全年稳定存在，它由冬季日本海北部的冷水下沉形成，受到环流的影响而移动到南部海域。

日本海的半封闭性使得整个海域的平均海表面盐度(sea surface salinity，SSS)略低于北太平洋。冬季，南部海域的蒸发量高于降水量，盐度最高(34.5)。东南和西南海域由于降水频繁，盐度最低(33.8)。其他大部分海域的平均盐度约为34.09。春季海冰融化显著降低了北部海域的SSS，但南部海域的平均盐度仍维持在34.6~34.7附近。原因之一是高盐水通过对马海峡进入南部海域，抵消了海冰融化的稀释作用。夏季SSS自北向南的变化范围为31.5~34.5。盐度的垂向分布相对稳定。在一些海冰融化和降水多发的海域，表层海水往往更淡一些。

冬季，日本海北部的表层海水平均密度为1 027.0 kg/m^3，南部海域为1 025.5 kg/m^3。夏季则分别降至1 025.3 kg/m^{3}和1 021.5 kg/m^3。

陆地径流是影响日本海海洋环境的重要因素。亚洲大陆上有几条较大河流汇入日本海。本州岛和北海道岛上有四条主要径流汇入日本海。每年入海的总径流量达到210 km^3，径流量除7月略有增加之外，全年相对稳定。多数陆地径流通过对马海峡汇入日本海，并通过津轻海峡和鞑靼海峡流出。降水、蒸发和径流仅占日本海水循环的1%。10月至翌年4月，进入对马海峡的径流量显著减少，流出量逐渐超过流入量，这种平衡在5—9月之间出现反转。

日本海内部存在复杂的潮汐现象，这是由北太平洋潮汐系统穿过对马海峡和津轻海峡所导致。对马海峡和鞑靼海峡北部的潮汐类型为半日潮，韩国东海岸、俄罗斯远东地区和日本本州岛及北海道岛附近为全日潮，混合潮主要发生在彼得大帝湾和对马海峡附近。开阔海域的潮流流速为10~25 cm/s，海峡内部潮流流速有所加快：对马海峡内部潮流流速为40~60 cm/s，鞑靼海峡内部潮流流速为50~100 cm/s，流速最快的是津轻海峡，为100~200 cm/s。整个日本海的潮汐振幅相对较小且变化范围很大。对马海峡以南潮汐振幅达到3 m，向北迅速衰减，在朝鲜半岛南端和日本西海岸分别下降至1.5 m和0.5 m。在北海道岛、本州岛和库页岛南部也观察到类似的低振幅潮汐。然而，由于日本海北部呈漏斗状，鞑靼海峡北侧的潮汐振幅也较大，为2.3~2.8 m。除潮汐作用之外，整个海域的水位也存在内部的季节变化，夏季平均水位最高，冬季最低。风应力的作用会使局部海域水位改变20~25 cm。例如，夏季朝鲜半岛沿岸水位较高，日本沿海较低。

日本海水体颜色呈蓝色/蓝绿色，透明度约为10 m。水体富含溶解氧，特别是西部和北部海域比东部和南部更冷，浮游植物更多，极大提高了日本海的渔业生产力。海表附近的水体含氧量接近饱和氧气含量的95%，在3 000 m处，水体含氧量随深度降低至饱和氧气含量的70%左右。日本海底层水的高溶解氧特征明显，这与深层对流过程密切相关，已成为监测全球气候变化的一项敏感指标。

1.2 日本海海洋环境调查现状

由于日本海周边国家历史、文化以及语言的不同，早期的海洋环境调查多是由各个国家独立承担，往往没有邻国的参与，甚至因为领土主权的严重对立而受到邻国阻碍。20世纪90年代，周边国家才开始广泛合作，陆续组织了几次具有国际影响力的联合海洋调查，进一步加深了对日本海海洋环境的理解和认识。

1.2.1 单国调查阶段

直到18世纪末，人们对日本海大尺度环流系统仍缺乏了解，主要原因是当时中日两个地区大国没有适合远航的船只。欧洲科学家在这一时期首先展开了对日本海的海洋调查。1787年，法国人拉佩鲁斯(J. F. La Perouse)率领的一支欧洲科学考察队对日本海进行调查和测绘，成功绘制了第一张详细的日本海沿海地区水文地图，其中包括了海底地形和海表环流的部分信息。之后，布劳顿(W. R. Broughton)带领的英国探险队和克鲁森斯登(I. F. Kruzenshtern)带领的俄罗斯探险队也相继在1796年和1805年前往日本海开展海洋环境调查。

日本海周边的地缘政治变化对海洋学研究活动产生了重要影响，其中影响最深远的莫过于1860年的《北京条约》。该条约的签订使得俄罗斯掌握了对日本海西北海岸的管辖权，为此后在该海域开展的海洋调查活动奠定了基础。半个世纪后长达一年半的日俄战争爆发，日本占领了库页岛南部地区。1910年日本吞并朝鲜后，开始对日本海开展广泛的科学研究。随着第二次世界大战和朝鲜战争的结束，韩国也逐渐加入了日本海的调查研究。

1.2.1.1 俄罗斯

1859年，俄罗斯海军在日本海开展了首次系统的海洋水文调查，调查要素包括温度、密度和海流等。大约十年后，基于上述调查结果，Shrenk撰写了日本海物理海洋学领域最早的两部专著。这些专著首次提到了日本海海盆尺度的表层环流，并对主要支流进行了命名：从东海穿过对马海峡输运暖水的对马暖流，从北部沿俄罗斯海岸输运冷水的黎曼寒流。后续研究又发表了一系列关于海洋热力结构、海冰状况和表层环流的文献。这些工作提供了日本海北部和西部海域的海温、密度和海流分布等详细信息。这一时期，日本海的海洋水文科学研究主要由俄罗斯科学家主导。1917 年，十月革命爆发与随后的五年内战使得苏联中止了在日本海的一切科研活动。第二次世界大战期间，苏联也没有开展很多新的工作。

苏联的新一轮海洋调查由苏联科学院派遣调查船(Research Vessel，R/V) Vityaz 分别在 1949 年，1951 年和 1955 年实施，两艘调查船在不同季节进行走航观测，获取了日本海理化性质分布、环流形态以及地形特征的第一手资料。除调查船之外，日本海西北和北部沿岸区域也开始布放锚系设备对潮汐和海流开展长期监测。1959—1972 年，苏联在日本海开展的海洋环境调查研究并不多见。

20 世纪 70 年代，随着调查船数量的不断增长，苏联重返日本海开展了一系列大规模海洋水文调查。远东区域水文气象研究所(Far Eastern Regional Hydrometeorological Research Institute，FERHRI)在 1974—1976 年分别派遣 Okean 和 Priliv 两艘调查船开展 3 个航次的海洋调查，随后，又在 1984—1990 年派遣 Vyacheslav Frolov, Shokalsky 和 Valerian Uryvaev 三艘调查船开展了 12 个航次的调查。这些调查的主要目的是观测日本海环流和水团特征，但当时使用的温盐深仪(conductivity-temperature-depth，CTD)的精度不够，加之采用的盐度滴定法也存在一定缺陷，制约了对于深层水团的研究。因此，苏联科学家选择将研究重点放在了海洋上层(500 m 以浅)。这一时期的主要成果是大量实测资料的积累，但是由于仪器和方法的限制，苏联科学家在日本海的深层环流和水团方面没有取得任何突破。FERHRI 全面总结了 2000 年之前日本海海洋物理、化学和气象方面的大量研究成果，对早期海洋数据集进行统计、分析，整理归纳了日本海基本的海洋环境信息并出版了第三本日本海海洋学专著(FERHRI，2003)。1991 年俄罗斯发生的国内政治和经济剧变使其在日本海的调查活动大大减少，但另一方面也推进了俄罗斯与其他周边国家的广泛国际合作。

1.2.1.2 日本

1917 年十月革命之后，日本在该海域的调查活动日渐增多，成为 1922—1945 年日本海海洋水文调查研究的中坚力量。这一时期的海洋调查提供了日本海海盆内部的最新资料，由此人们发现了日本海底部的主要地形特征(大和隆起和深度超过 3 500 m 的日本海盆)。其中，1928—1930 年的成果最为突出，神户海洋天文台派遣 Shumpu Maru 调查船在日本海西部首次进行了深度超过 1 000 m 的观测。20 世纪 30

年代之后，日本海大规模调查转向了以沿海研究为主。

1932—1933 年，日本科学家 Uda 首次在日本海使用两艘调查船和 50 艘渔船同步开展了包括深水区在内的海盆尺度水文观测，绘制了一张奠定了近一个世纪日本海海流分布的示意图(图 1-2)。其中，Uda 特别提到日本海深水的极低温度、高氧含量和显著的均匀性等特征，指出这些物理性质是由冬季频繁的对流活动更新而形成的。

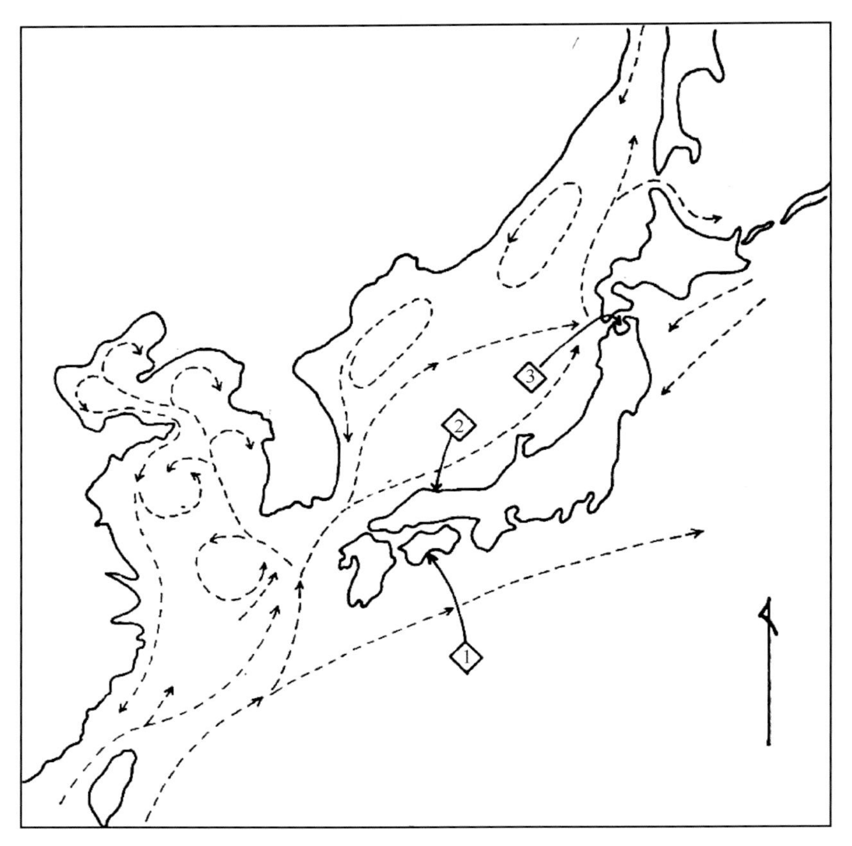

图 1-2　Uda 绘制的第一张日本海主要流系示意图

1. 浦之内湾；2. 中之海河口；3. 青森湾。

1941 年之后，第二次世界大战和朝鲜战争严重影响了周边国家的政治经济形势，日本海区域的相关研究也被波及。但日本政府机构的定期海洋调查仍在开展。日本气象厅(Japan Meteorological Agency，JMA)继续维持季节性的海洋观测，以监测海洋变化和气候变化，其中最著名的观测线是由日本气象厅舞鹤海洋观测站(Maizuru Marine Observatory，MMO)维持的 PM 断面(图 1-3)。自 1972 年以来，每个季节都会收集断面上物理、化学和生物要素信息，包括水温、盐度、溶解氧、营养物质、叶绿素和浮游动物等。此外，日本海岸警卫队也在监测日本海的海洋环境变化，重点关注潮汐、洋流以及海洋污染等信息，并由日本海洋数据中心负责（JODC，https：//www.jodc.go.jp/jodcweb/），定期收集并公开发布海洋环境数据和信息。出于海洋生态系统研究和渔业资源管理的需求，日本渔业研究机构和各县级渔业实验站也在日本海开展了大量的观测工作。

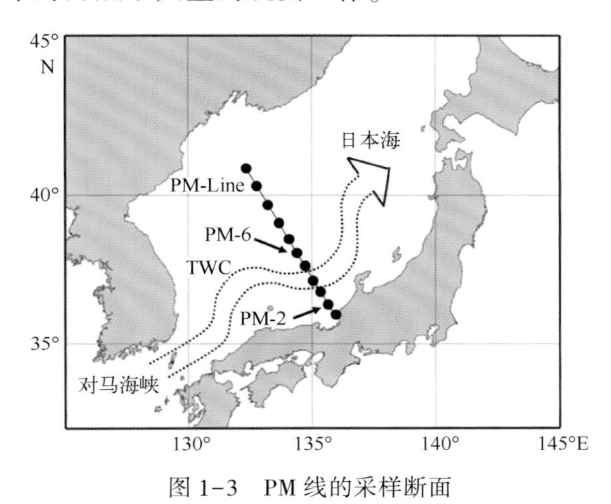

图 1-3　PM 线的采样断面

TWC 代表对马暖流。

1.2.1.3　韩国

韩国的海洋水文调查始于韩国国家渔业研究与开发研究所（National Fisheries Research and Development Institute，NFRDI）的成立。NFRDI 于 1921 年建立，最初只是一个渔业实验站，之后一直开展连续的海洋观测（Serial Oceanographic Observation，NSO）。NSO 是一个定期监测日本海物理、化学和生物状态的综合性观测计划，目的是收集渔场信息和监视海洋环境状况。20 世纪 20 年代，NSO 计划维持 6 条观测断面，每年不定期进行 2～6 次调查。1935 年，观测断面增加至 14 条，覆盖了韩国周边的全部海域，并延伸至海岸以外 100 n mile（161 km）。

1948 年韩国独立和 1953 年朝鲜战争结束使得韩国在日本海的调查工作取得了重要进展。1961 年，为了更好地了解朝鲜半岛周围复杂的海洋结构和海洋特性变化，NFRDI 重组了 NSO 计划，将观测断面数量从 14 条增加到 22 条，站位数量达到 175 个。在 20 世纪 90 年代再次增加了 3 条观测断面之后，NSO 计划现维持 25 条观测断面和 207 个观测站，其中 8 条断面和 69 个测站位于日本海（图 1-4）。通过长期观测，NSO 计划提供了许多有关日本海气候变化的重要信息。除此之外，它还支持海洋环境预报和海洋自然灾害预防，并为该地区生态系统状况评估提供良好基础。NSO 数据通过 NFRDI 维护的韩国海洋数据中心网站(http://kodc. nfrdi. re. kr)发布。

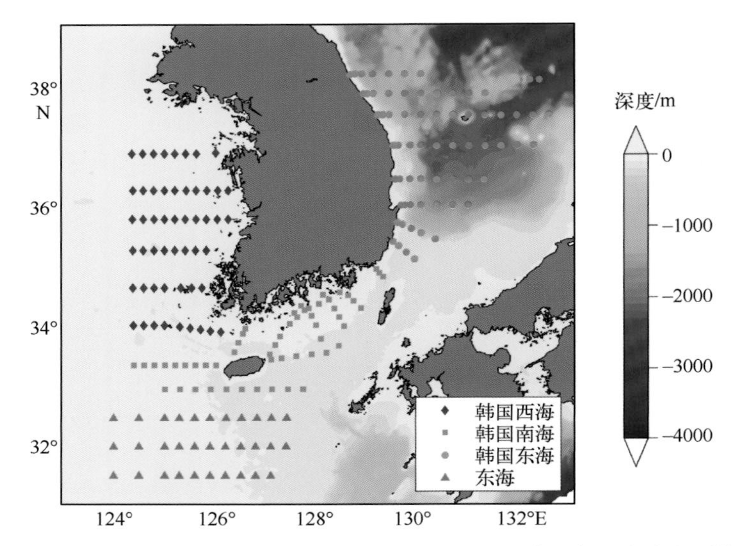

图 1-4　NSO 计划近 20 年(1995—2014 年)维护的若干条历史水文测线

不同颜色代表 NFRDI 划分的四个子区域，分为韩国西海(West Sea)，韩国南海(South Sea)，韩国东海(East Sea)和东海(East China Sea)。

1.2.1.4　其他国家

1)美国

第二次世界大战使得美国对日本海的战略地位开始有所重视，并在该海域开展广泛的研究。在此期间，日本海的研究产生了诸多重要成果，例如温度、盐度和密度图集的绘制，关于海洋环境的评论和一系列原创性研究论文等。

2)中国

与国际上尤其是日本、韩国、美国对日本海广泛而深入的研究相比，我国对日本海海洋环境的研究几近空白。截至目前，日本海海洋环境方向的中文文献仍然较少，这与我国海洋大国身份极其不匹配，与海洋强国的目标还有一定距离。作为一个 100×10^4 km^2、西北太平洋最大边缘海，我国参与日本海海洋环境的研究，在国际海洋学术研究中占有一席之地，具有重要的科学意义。

1.2.2　多国联合调查阶段

联合国 1982 年第三次海洋法会议做出关于专属经济区(Exclusive Economic Zone，EEZ)的决议，使得日本海海盆尺度的海洋调查大大减少。日本海周边国家都由海盆尺度的开创性观测转向中小尺度的常规监测。日本、韩国和俄罗斯开始对固定断面进行周期性观测。这些监测工作绝大部分直到今天仍在开展，提供了长达 40~50 年的宝贵时间序列数据。尽管一些观测计划会受到不同国家专属经济区的限制，但在日韩周边海域还是保证了相当好的空间覆盖率。俄罗斯渔业研究机构也维持了 4 个断面的周期性观测。但朝鲜 EEZ 内尚无公开的观测资料。在空间大尺度观测方面，苏联科学家在 20 世纪 60—70 年代在 FERHRI 维持的 4 个横跨日本海的长距离断面一直沿用至今。

20 世纪 90 年代初，日本海周边国家海洋科学家已经清楚地认识到，有必要对日本海海洋水文特性进行更系统的长期观测，研究长期的变化趋势，并尽可能揭示日本海环流及其他物理化学过程的发展机制。实现这一目标需要广泛的国际合作，加上“冷战”结束后出现的国际政治开放新局面，使得日本海首次出现了多国联合调查。

1.2.2.1　CREAMS

日本海和东海研究计划(Japan and East China Seas Study，JECSS)是在日本海启动的第一个国际性的研究计划，主要涉及日韩两国科学家的合作，自 1981 年起每两年组织一次专题研讨会，为同领域学者提供了紧密交流的机会。该计划 1993 年起更名为 PAMS(Pacific-Asian Marginal Seas)/JECSS，2009 年再次更名为 PAMS。关注区域已拓展至印度尼西亚海、南海、东海、黄/渤海、日本海和鄂霍次克海等边缘海。

在日本(Takimatsu 和 J.-H. Yoon)，韩国(K. Kim)和俄罗斯(G. Yurasov，M. Danchenkov 和 Y. Volkov)等多国科学家的联合倡议下，一个新的国际合作交流计划——东亚边缘海环流研究(即 Circulation Research of East Asian Marginal Seas，CREAMS)(Takematsu，1994)正式成立。CREAMS 的外业调查部分始于 1993 年由日本、韩国和俄罗斯海洋学家联合开展的一次综合性海洋调查，1999 年又开展了 7 个航次的海洋调查。CREAMS 计划由九州大学(日本)、首尔国立大学(韩国)和 FERHRI(俄罗斯)等十余个机构和组织的科学家团队共同实施，该计划的核心内容之一是每年开展一次日本海专题研讨会(1994—2000年)，常态化学术活动的开展极大促进了国际学术交流合作，并为此后日本海海域相关科学研究的进一步发展奠定了基础。CREAMS计划(包括国际合作调查和专题研讨会)是在日本海海域开展的第一个真正意义上的国际长期研究计划，在该计划的框架下产生了诸多重要的学术成果。CREAMS-Ⅰ计划于1993年完成，紧随其后的是为期五年的CREAMS-Ⅱ计划，CREAMS-Ⅱ不仅在原有基础上加入了更多研究项目和大量密集观测计划，还与全球海洋观测系统(GOOS)展开合作，以涵盖对边缘海内部动力学过程和边界条件的研究。

继CREAMS计划之后，美国海军研究办公室(ONR)在1997—2001年间发起另一项国际合作计划ONR(图1-5)。ONR计划框架下涵盖了15个研究项目，分别采

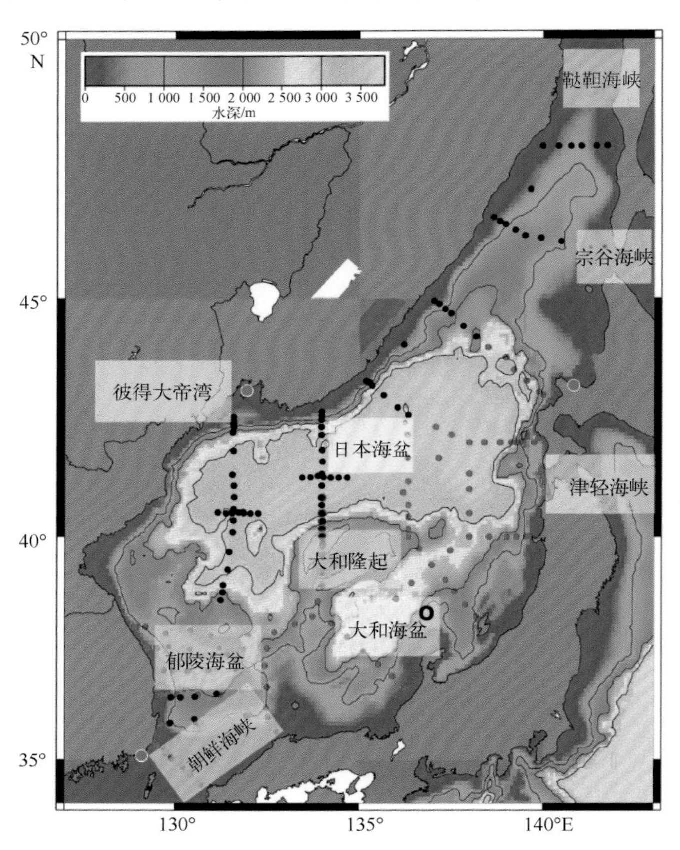

图1-5　1999年6—8月，两艘调查船对日本(东)海的水文勘测，未覆盖朝鲜和鞑靼海峡北部海域包括R/V Revelle(1999年6月24日至7月17日：红色)和Professor Khromov(1999年7月22日至8月11日：蓝色)的站位，叠加在etopo5水深上。调查站点颜色：郁陵海盆(绿色)，大和海盆(红色)，日本海盆(蓝色)，大和隆起(黑色)。

用多种观测技术搜集日本海海盆尺度的详细观测资料，包括高精度水文勘测、化学和生物采样、改进的锚系观测系统、浮标剖面观测和海洋遥感技术等手段和方法。此外，ONR 计划还强调了利用先进数值模式在日本海开展相关研究的必要性。

1.2.2.2 PICES

北太平洋海洋科学组织(North Pacific Marine Science Organization，NPMSO)也称为 PICES(也被称作亚太版的国际理事会海洋探测)，是一个政府间海洋科学组织，旨在促进和协调北太平洋的海洋科学研究。除此之外，PICES 还致力于促进有关地区海洋科学研究信息和数据资料的收集和交流。关注的区域主要位于北太平洋的温带和亚北极地区及其邻近海域，尤其是 30°N 以北的地区，涵盖了整个日本海海域。

近年来，NPMSO 大力支持海洋物理、海洋化学和海洋生物相互作用的机制研究，并为 CREAMS/PICES 研讨会提供赞助支持，研究内容涉及物理海洋过程及其对海洋环境影响的前沿问题。专题研讨会成果多以专刊的形式发表在国际学术期刊上。

1.2.3 立体全方位观测阶段

20 世纪 70 年代至今是日本海海洋环境调查的现代时期，其主要特征是将新技术广泛应用于日本海海洋学研究，包括高精度 CTD 剖面仪、海流计、化学示踪技术和海洋遥感技术等，这些技术的发展为此后的重大科学发现提供了可能。1976 年，第一张卫星红外图像揭示了精细的日本海表层海域热力结构及其他多种中尺度动力学特征(Huh，1976)。此后，日本科学家使用高精确度的尼尔·布朗 MK-Ⅲ CTD 系统(Gamo，Horibe，1983；Gamo et al.，1986)对温度和盐度的垂直精细剖面结构进行了观测，从剖面中可以识别出日本海中层水和深层水，科学家们在此基础上估算了盐度随深度的垂直变化梯度，并首次得出了日本海深层水团溶解氧含量降低的重要结论。此外，正是在首次获取的长期锚系流场观测资料的基础上，科学家提出了研究日本海深层环流及其时空变化的想法。

随着观测手段的多样化和观测仪器的精细化，21 世纪的日本海海洋环境研究进入了一个新的阶段。卫星观测资料的积累使得人们对海洋表面的精细结构有了更深入的了解。例如，人们发现大洋中广泛存在的中尺度涡现象在日本海同样活跃，包括常年存在的郁陵暖涡和多克冷涡等；Argo 浮标资料的不断更新使得人们对日本海中深层温盐结构和表层环流系统有了更深入的理解，Drifter 浮标流场数据集的更新发展为表层环流的研究提供重要支撑；数值计算能力的大幅度跃升为日本海涡分辨率的数值模拟提供了可能。迄今为止，日本海海洋学领域的研究成果无论在质量上还是数量上都有了大幅的提升。

1.2.3.1 表面漂流浮标

利用商船记录的船舶航行数据对全球海洋环流进行估算，是研究表层环流结构的基本手段。但由于商船很少横渡日本海，因此对日本海海域的海盆尺度的表层环流走航观测极为少见，仅有的环流信息也是根据船载水文观测估算得到的，这一问题直到卫星追踪漂流浮标的出现才得以解决(Niiler et al.，1987，1995)。表面流场计划(Surface Velocity Program，SVP)所属的 Drifter 漂流浮标载有球形表面浮标和15 m 标准深度的多孔水帆。由 Argo 卫星确定 Drifter 浮标的实时位置，记录并接收浮标经纬度位置和海表面温度信息。1988 年，伍兹霍尔海洋研究所(Woods Hole Oceanographic Institution，WHOI)在日本海部署了第一个卫星追踪漂流浮标(Beardsley et al.，1992)。1990 年，韩国海洋科学技术学院(KIOST)在日本海又部署了一些漂流浮标，以研究郁陵海盆沿海海流和涡旋的特征(Lie et al.，1995)。韩国首尔国立大学(Seoul National University，SNU)于 1994 年在日本海北部部署了两个漂流浮标(Yang，1996)。1992—1996 年，美国海军在副极地锋区域投放了一个小浮标(小型气象和海洋漂流浮标)。

自 1996 年开始，釜山国立大学、韩国海洋科学技术研究院、首尔国立大学、NFRDI 和日本水文局定期投放少量 SVP 漂流浮标。在 ONR 的赞助下，美国于 1998—2001 年期间每两个月在日本海东部和南部投放 SVP 漂流浮标和小型气象漂流浮标(Lee et al.，2000；Lee，Niiler，2005)。2003—2006 年，韩国水文与海洋局每两个月在对马海峡部署 SVP 漂流浮标，以研究东朝鲜暖流的变化特征以及中尺度涡现象(Lee，Niiler，2010)。截至目前，日本海部署的 Drifter 浮标数量达到 853 个(图 1-6)，浮标资料密度的分布特点是南多北少，年际变化为双峰值结构，分别在 2000 年和 2007 年达到极大值。质量控制的数据保存在 NOAA 全球漂流浮标中心(ftp. aoml. noaa. gov)。此外，NOAA 采用优化的插值方法制作了基于 SVP Drifter 浮标资料的气候态月平均和年平均表层流场产品，范围涵盖了除俄罗斯沿岸之外的大部分海域。

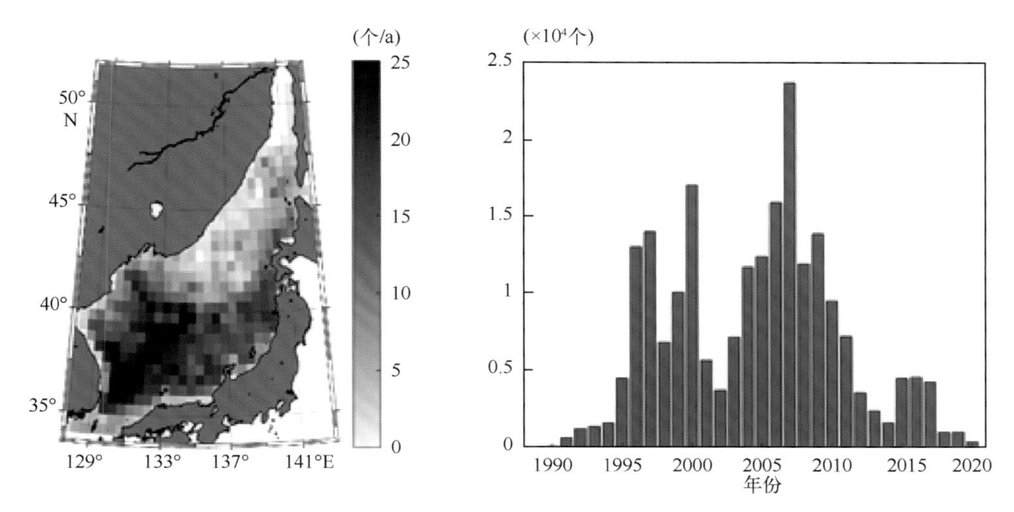

图 1-6 日本海 SVP 浮标资料分布

(a)分布密度；(b)逐年分布。

1.2.3.2 Argo

国际地转海洋学实时观测阵列计划(Array for Real-Time Geostrophic Oceanography, Argo)旨在建立全球海洋自由漂流剖面浮标观测网，以观测世界大洋上层海水的温盐分布情况(http://www.argo.net)。该观测网致力于季节到年代际尺度上观测大尺度温度、盐度和环流的气候变化，并为卫星测量的校准提供必要信息，同时为数值模式初始化和约束提供数据支撑。截至 2021 年 1 月 6 日，处于工作状态的全球 Argo 浮标共有 3 884 个。如此空前的数据量对海洋状态估计和海表面温度预报能力提升产生了巨大影响(Balmaseda et al., 2007; Fujii et al., 2008)。

日本海具有许多与深海大洋相似的特征，因此成为新研发自动浮标的测试良地。1999 年，华盛顿大学在日本海北部 800 m 深的位置部署了载有 CTD 传感器的 36 个剖面观测浮标。这些名为“自动剖面探测器”(Autonomous Profiling Explorer)的浮标也是目前 Argo 计划广泛使用的观测设备。CTD 传感器(与目前的 Argo 浮标中使用的传感器相同)的可靠性和准确性已经通过走航 CTD 观测数据的定量测试得到了验证(Park, Kim, 2007)。

根据 2000 年启动的“韩国 Argo”计划，KIOST 和韩国气象局(KMA)每年在日本海、西北太平洋和南大洋部署 10~30 个 Argo 浮标。1998—2012 年，部署在日本海的韩国和华盛顿大学浮标共捕获了 14 000 余个温盐剖面数据，相当于过去 50 年韩国海洋机构在日本海获取的全部走航 CTD 剖面数量。

高质量 Argo 资料极大推动了日本海区域海洋学的研究，也使人们更加深入地了解日本海环流特征，为国际 Argo 计划做出了巨大贡献。日本海是世界上 Argo 数据密集度最高的海域之一，尤其是郁陵海盆，在 0.5°×0.5°的网格内已获得 15 000 多个剖面(图 1-7)。

在保持原有数据覆盖范围和资料质量的基础上，Argo 下一阶段计划将朝着多学科传感器的方向发展，观测区域将覆盖整个日本海并利用附加传感器适当拓宽应用范围，未来可能实现表层水体采样、海洋混合现象的研究以及揭示气候变化对生物化学循环的影响，这些功能将显著提高对日本海物理、生物和化学过程的认识和了解。

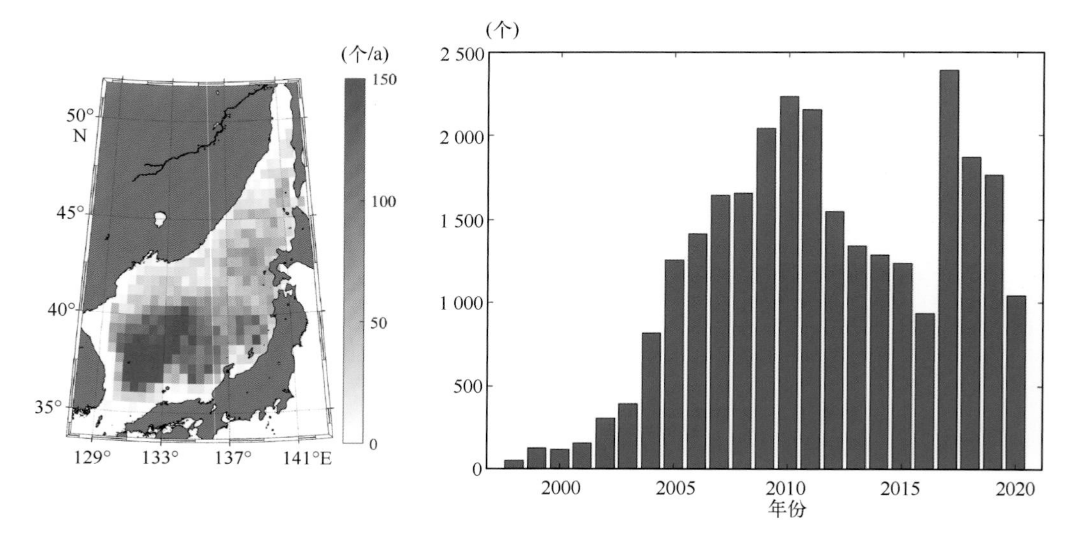

图 1-7　日本海 Argo 浮标资料分布

(a)分布密度；(b)逐年分布。

1.2.3.3　锚系潜标观测

示踪物方法是揭示日本海深层对流和热盐环流特征的主要手段(Gamo，Horibe，1983)。此外，根据示踪物的分布和扩散情况还可以定性地推断出特定水团的循环特征。时至今日，人们仍然难以对日本海深层环流进行定量描述，主要原因在于日本海水团大多具有同质性。自 20 世纪 80 年代末以来，科学家已经在日本海开展了多次锚系浮标海流测量，以更加量化地了解深层环流的特征，并对日本海的海洋动力学有更深层次的了解，其中一个很重要的发现是日本海的深层海水并非静止不动，而是一直处于活跃的运动状态(Takematsu et al.，1999)。

部署在日本海的锚系浮标可以分为两种：一种是布放在深层，由一根拉紧的锚系缆绳牵接，缆绳上挂有海流计和测量其他物理特征的传感器(Kim et al.，2009a)；另一种是安装在海底的声学多普勒流速剖面仪(Acoustic Doppler Current Profiler，ADCP)(Perkins et al.，2000)。锚系缆绳上系挂的设备又可以分为两类，分别为表面锚系设备和水下锚系设备。表面锚系设备用于测量生物地球化学参数以及浅(约 200 m 深)密度跃层以上的表面流场(Son et al.，2014)。日本海大多数锚系观测系统旨在使用水下锚系设备获取密度跃层以下的深层环流信息。少数情况下，安装在水下浮标上 100~200 m 处的 ADCP 也用于测量上层海流(Chang et al.，2004；Kim et al.，2009a)。

由于对马海峡是对马暖流的入流通道，因此对马海峡承担的质量、动量和能量交换及其时间变化特征，已被认为是对日本海海洋环境形成及其变化的主要贡献者(Kim et al.，2013)。但大量渔业活动和拖网作业严重阻碍了海峡的长期锚系测量，直到耐拖网底架(trawl-resistant bottom mounts，TRBM)首次出现为止(Perkins et al.，2000)。1999 年 5 月至 2000 年 3 月，对马海峡两岸共部署了 12 个海底 ADCP(Teague et al.，2002)。尽管在 TRBM 表面发现了拖网刮屑，但事实证明 TRBM 在保护免受拖网捕鱼作业方面非常有效。锚系观测设备获取的数据已被用于量化分析海峡体积输运的高频和低频变化特征(Jacobs et al.，2001；Teague et al.，2002)。

1993 年 8 月，CREAMS 计划率先在日本海盆部署了锚系观测阵列，以研究深层对流和水团的变化特征。其中，7 个位置的海流观测结果显示日本海盆存在活跃的深层环流，具有明显的正压波动和强烈的季节变化(Takematsu et al.，1999)。此后，日俄两国的海洋机构合作开展了锚系浮标观测(Senjyu et al.，2005；MSA report，1995-2007)。

韩国首尔国立大学、韩国海洋科学技术学院和伍兹霍尔海洋研究所(Chang et al.，2002)合作，于 1996 年首次在郁陵海盆部署了长期的水下锚系海流观测设备。EC1 的位置位于郁陵缺口(Ulleung Interplain Gap，UIG)，这里是日本海盆与郁陵海盆之间发生深水交换的一个瓶颈。EC1 锚系设备自 1996 年以来一直在运行，是日本海观测时间最长的深海海流监测站。它通常载有 3 个深度的海流计，布放的深度范围分别在 300~500 m，1 300~1 500 m 和 1 900 m 以下，有时会根据观测需要安装其他海流计，包括 ADCP 等，以测量全水深海流(Kim et al.，2009a)。2012 年，

EC1 成为 OceanSITES 观测站之一（http：//www. oc eansites. org）。EC1 的锚系观测结果显示，南向平均深层流速约为 2. 0 cm/s（Chang et al.，2002），并揭示了从日本海盆到郁陵海盆的深层入流。2002 年 11 月至 2004 年 4 月之间，郁陵缺口内又相继部署了 5 个锚系设备，主要关注郁陵缺口位置的贯穿流特征。观测结果显示，郁陵缺口内部存在不对称的双向环流，包括西侧大量入流和东侧边界狭窄而强烈的出流，称为“多克深海流”（Chang et al.，2009）。1 800 m 以下的净深水输送几乎可以忽略不计。

在 1999—2001 两年时间里，日韩两国合作完成了前所未有的大量锚系观测。其中，主要观测结果来源于 16 个海流计和 23 个配备压力计的倒回波测深仪（PIES），这些测深仪锚系在海床附近大于 1 000 m 的深度处，揭示了郁陵海盆的表层和深层环流特征（Chang et al.，2004；Mitchell et al.，2005；Teague et al.，2005）。

Senjyu 等（2005）根据 2000 年之前获得的 55 个位置锚系观测数据，绘制了一张日本海深层环流示意图，该图后来得到了基于水下浮体多年轨迹平均海流分布的验证（Choi，Yoon，2010；Park，Kim，2013）。锚系海流观测结果有助于更好地了解深海环流和其他海流及其动态变化（Yoshikawa，2012）。但是现有的观测资料还远远不足，仍有一些科学问题尚待解决，例如日本海盆深层海水输运的量化，东朝鲜暖流和北朝鲜寒流的相互作用以及表层-深层环流的耦合及其对海-气相互作用的影响等。

1. 2. 3. 4　卫星海洋观测

海洋卫星以惊人的观测能力从太空轨道捕捉到了日本海多种海洋特征信息。自 1978 年载有 SAR 的海洋卫星发射（SeaSAT）以来，各种卫星遥感数据已用于日本海的海洋研究。海洋卫星发展至今已经能够观测多种海洋要素，例如近极轨卫星和地球同步卫星上的红外传感器可以测量海面温度（SST），高度计可以测量海表面高度和有效波高，散射仪可以测量近海面风场，微波传感器可以测量海水中的叶绿素 a 浓度，海洋水色传感器可以测量水中悬浮颗粒的浓度，高分辨率合成孔径雷达（SAR）能够观测到近海表风、海面溢油、波浪和内波等。当前，海洋卫星产品已应用于多种科学研究。

在卫星观测的众多海洋要素中，海表温度对于日本海研究而言无疑是最基本的。迄今为止，科学家已经使用 NOAA-9 到 NOAA-19 系列数据开展了大量研究，包括 SST 分布、副极地锋、鞑靼海峡的海冰以及 SST 的年周期及其与水深和风场强迫关系的时空变化等(Park et al., 2004a, 2005b, 2006, 2007)。目前，美国国家航空航天局(NASA)/喷气推进实验室，NOAA 卫星与信息服务局等各种机构提供用于研究日本海 SST 的数据集。但是现有的数据集属于长期观测的全球低分辨率数据，因此，未来的发展趋势应该是连续不断地产出精度更高、分辨率更高(约 1 km)的观测资料，以适应日本海的海洋环境研究。

从 1978 年的 SeaSAT，1992 年的欧洲遥感 ERS-1 和 1995 年的 ERS-2 等散射仪卫星开始，到 1996 年 9 月开始广泛使用 NASA 散射仪(NSCAT)，卫星遥感资料在日本海海表面风场方面研究应用越来越广泛。卫星散射仪获取的风场资料大量用于日本海的海洋环境研究，主要用于探究近海表风场自身的时空变化以及风应力对海表温度变化和海气热通量之间的关系，也常用于多种数值模式中的表面强迫(Nam et al., 2005; Park et al., 2005b)。1999 年投入使用的快速散射计卫星(QuikSCAT)和 2006 年投入使用的高级散射仪卫星(ASCAT)提供了高时空分辨率(约 25 km 和 1~2 d)的风场数据。然而，散射计风场资料存在低风速下风向模糊和高风速下饱和度等误差。因此，研究日本海风场特征应当谨慎选择数据资料。考虑到迄今为止近海表风场资料的用途比较广泛，未来应当发射时间连续、时空分辨率和网格点(扫描轨道)一致的高精度散射计卫星，以获得更长时间序列的近海表二维风场资料。

卫星的另外一个重要应用是借助测高仪观测海表面高度。国际上已有多个业务化运行的测高卫星，包括 1978 年的 SeaSAT，1985 年的地质卫星(GEOSAT)，1992 年的 TOPEX/Poseidon 卫星，2002 年的 Jason-1 卫星，2002 年的欧洲环境卫星(Envisat)，2008 年的 Jason-2 卫星，2016 年的 Jason-3 卫星。我国于 2011 年、2018 年、2020 年分别发射了 HY-2A、HY-2B 和 HY-2C 卫星。目前计划发射的有 Jason-CS 卫星和 SWOT(Surface Water Ocean Topography)卫星。卫星海表面高度数据已用于研究与全球变暖相关的海平面长期变化趋势以及中尺度涡的时空变化特征(Choi et al., 2004; Kang et al., 2005)。从 TOPEX/Poseidon 卫星的 9 年数据计算得到的日本海南部海平面上升速率(6.6±0.4 mm/a)约为全球平均海平面上升速率的两倍(3.1±0.4 mm/a)(Kang et al., 2005)。

自 21 世纪以来，卫星 SAR 后向散射资料广泛用于研究日本海沿岸地区的各种物理海洋特征。其中，ERS-2、RADARSAT-1/2、Envisat 高级合成孔径雷达(ASAR)、TerraSAR-X 和高级陆地观测卫星(ALOS)/相控阵型 L 波段 SAR

(PALSAR)的SAR数据已用于研究二维风场、内波、表面波和有效波高等海洋现象，揭示这些海洋现象在日本海的具体物理过程。除此之外，还可以直接利用SAR图像提取出涡旋、锋面、涡丝、海流和海冰的部分特征(Yoon et al.，2007；Mitnik et al.，2009)。

除通过卫星直接观测获取物理海洋环境要素的分布特征外，还可以借助海洋水色卫星遥感资料研究日本海海洋物理环境变化对生物过程的影响，主要是借助海岸带扫描仪(CZCS)、海洋观测宽视场传感器(SeaWiFS)、Envisat的中分辨率成像光谱仪(MODIS)和欧空局中分辨率成像光谱仪(MERIS)等各种卫星数据，综合考虑混合层深度和风应力变化，对整个生物地球化学过程进行分析(Kim et al.，2000；Yamada et al.，2004，2005；Yoo，Kim，2004；Yamada，Ishizaka，2006；Kim et al.，2007；Jo et al.，2007；Yoo，Park，2009；Park et al.，2013)。全球首个静止轨道海洋水色卫星(Geostationary Ocean Color Imager，GOCI)成功发射，卫星收集的数据为日本海表层涡旋以及其他动力特征的短期变化提供了新的机遇(Lim et al.，2012a；Park et al.，2012)。

卫星资料的主要优势来自海洋表层和上空要素场同步的、大范围的、重复的观测。考虑到日本海现场观测的困难性和局限性，未来遥感卫星在数量上、功能上、质量上势必会不断完善，卫星遥感能力的增强将使多种海洋现象的同步高精度观测成为可能，使得对日本海各种海洋现象有更广泛、深入的认识。

1.3 日本海海洋环境专题研究现状

近年来，关于日本海的文献大量出版，尤其是以特刊(专刊)形式出现的文献集，如：东亚边缘海的环流研究[Journal of Oceangraphy，55(2)，1999]，日本海的物理和化学过程及其对生态系统的影响[Progress in Oceangraphy，61(2-4)，2004]，日本海-东海环流[Deep-Sea Research part Ⅱ，52(11-13)，2015]和变化中的日本海生态系统的现状[Deep-Sea Research part Ⅱ，143(1-120)，2017]以及专著The East/Japan Sea Oceangraphy(Springer，2016)。由于篇幅限制，本文仅列举21世纪以后关于日本海海洋环境的相关研究进展。

1.3.1 日本海的物理和化学过程及其对生态系统的影响专题

1992年北太平洋海洋科学组织(PICES)成立不久，便开展了一系列调查研究，重点关注西太平洋特别是边缘海区域的物理海洋学。由 PICES 物理海洋学和气候委员会专门设立 PICES 工作组，旨在研究鄂霍次克海和亲潮（WG1）以及日本海及其邻近海区的环流和通量（WG10）。这些观测与日本、韩国和俄罗斯的科学家共同参与的 CREAMS 计划同步开展。此外，美国海军研究办公室还资助美国参与日本海国际联合科学研究。这些合作是难能可贵的，尤其是日本海周边各个国家的科学家能够做到共同合作是来之不易的。因为众所周知，在整个 20 世纪，日本海周边国家的关系并不友好。尽管如此，从国际层面上还是看到了一些海洋科学方面的合作，一些海洋调查有时在其他国家的领海海域开展联合走航调查，并将观测资料共享。

2002 年，PICES 在韩国首尔国立大学共同赞助并举办了 CREAMS/PICES 研讨会，主要内容是关于日本海海洋物理过程及其对局地生态系统影响的最新研究进展。其中许多工作都具有开创性。首先，各国科学家一致同意将生物学纳入 CREAMS 计划，加深了物理-生物-化学各学科的紧密联系。其次，第一份《北太平洋生态系统状况报告》的编写，研讨期间各国科学家共聚一堂，分享有助于了解日本海生态系统状况的观测资料和结论。最后，研讨会鼓励在类似领域或主题论文的作者将自己的工作与他人合并成共同的文章，以对日本海做一个更全面的了解。

这次会议的部分报告内容以专刊的形式发表。专刊首先以韩国科学家主导的几篇关于日本海物理海洋学的前期、现在和未来为开头。之后的文献包括：Yamada 等将大气模式与物理海洋学联系起来以解释初级生产力的年际变化；Iguchi、Dolganova 和 Zuenko 分别探索了日本海南部和北部的浮游动物群落；Chang-Ik Zhang 等使用日本西南部/日本海的 Ecopath 模式探索了渔业生态系统生产的变化；最后，Deguchi 等进行了一项新颖的研究，展示了人类和海鸟如何捕食相似物种，并且随着猎物数量的变化而改变其猎物。对北海道西部海鸟殖民地的监测表明，某些海鸟的饮食结构也反映出中上层鱼类（沙丁鱼、凤尾鱼）及其渔业的兴衰。

1.3.2 日本海海洋环流专题

由于日本海大小适中，具有从北端寒冷的季节性冰区延伸到南端温暖的副热带环境的特点，因此日本海是研究海洋过程的天然实验室。这些极端环境的交锋产生了边界流、强锋面、深对流、陡峭地形引起的强混合以及其他丰富的海洋现象。世界大洋中很少能找到某个相对狭小的海域能够同时展现出如此多样的物理过程。20

世纪 90 年代，CREAMS 小组对日本海绝大多数海域开展调查，希望尽可能多地观测和量化各种海洋现象。CREAMS 计划的核心目标是探索日本海的深层环流，并试图了解海洋表层以下正在发生的变化。20 世纪 90 年代以来的大量长期锚系观测数据有助于揭示日本海深层环流的性质(Takematsu et al.，1999)，周期性的冬夏航次可建立基于含氧量观测值的混合模型，详细阐明了冬季热通量当前以及未来可能出现的变化特征(Kim et al.，2004；Kang et al.，2004)。

日本海实验室中存在的丰富海洋现象引起了美国科学家的注意。20 世纪 90 年代后期，一群美国海洋学家开始了一项雄心勃勃的海洋研究计划，重点是观测海峡通道的海流、化学示踪剂和副极地锋的性质。此外，美国主导的若干研究项目专注于物理/生物相互作用的研究。这些研究由美国海军研究办公室赞助，美国计划与 CREAMS 共同实施，两个小组密切合作。在这项合作的主持下，在大部分中央地区观察到了冬季中期的现场海气相互作用以及高分辨率的环流模式在日本海中模拟和分析。

《深海研究Ⅱ》专刊中主要刊登了 20 世纪 90 年代末至 21 世纪初 CREAMS 计划和美国研究项目的最新进展，共计 24 篇文献。这里只介绍部分与海洋环境有关的研究成果。

Dorman 等利用调查船全水深观测资料，结合沿海测站和锚系浮标的气象资料，对日本海/东海 1999 年暖季(5—8 月)的气象状况开展调查。Hirose 等通过涡分辨海洋环流模式以及近似卡尔曼滤波对 TOPEX/POSEIDON(T/P)和 ERS-1/2 高度计数据的同化来估算日本海环流时空变化特征。Lee 等利用 1988—2001 年期间在日本海部署的 226 个 ARGOS 固定浮标，得出日本海季节性海流东朝鲜暖流(EKWC)，对马暖流(TWC)，北朝鲜寒流(NKCC)以及沿副极地锋的局部东向强化流。Matsuno 等分别在 2000 年 6 月、2001 年 6 月和 2001 年 11 月观测了日本海南部湍流耗散率，结果表明两个季节耗散率的垂直结构存在明显不同，这表明风的搅拌作用是上层 200 m 和较深层之间进行垂直热交换的主要影响因素。Mitchell 等在 1999 年 6 月至 2001 年 7 月间，利用载有压力计的回声测深仪二维阵列，在横跨日本海西南部的整个郁陵海盆进行了声传播测量，分析这片海域表层温度场和流场特征。观测发现位于多克岛的西南方存在一个直径为 60 km 的冷涡，主要是由副极地锋向南移动后在郁陵岛和多克岛之间形成的。Teague 等利用郁陵海盆附近的 16 个锚系海流计和 23 个压力计记录了 1999 年 6 月至 2001 年 7 月之间的深层环流状态，发现郁陵海盆的深层是气旋式环流，并在次海盆空间尺度上存在多个气旋和反气旋小环流。Postlethwaite 等利用 1999 年 CREAMS 夏季航次收集到的一组水样进行示踪物分析，为日本海水团移动特征研究提供了见解。Teague 等利用 1999 年 5 月至 2000 年 3 月的海流计观测资料计算了对马海峡流量，结果表明，对马海峡两岸的流量变化很大，特别是在对马岛背侧存在逆流，西水道比东水道流量多 23%。

1.3.3 日本海专题

该专题主要介绍了美国海军研究办公室赞助的 1999—2001 年日本海/东海海洋学研究的成果，也是对这一观测计划的评估。随着国际海洋观测系统重要性的日益显现，未来可能会像卫星遥感一样集成化；海洋数值模式对海洋多方面现象的模拟能力将继续提升；数据通信传输能力将得到极大提高，以至于大多数数据集可以做到实时获取。

2006 年《海洋学》专题描述了 ONR 赞助的日本海观测计划的最新重要进展。本节仅简要介绍该观测计划的部分重要成果。日本海内部的物理过程和特征受边界条件影响很大，包括对马海峡流量和海气界面交换。但由于捕鱼和拖网作业频繁，对马海峡入口处长期观测资料较少。美国海军研究实验室研制了防拖网声学多普勒流速剖面仪(ADCP)，使得这一问题得到有效解决，随后出现了很多描述对马海峡观测结果的文献(Teague 等)。观测设备的进步使得人们进一步掌握了海峡内部的体积输运，温盐特性以及它们的季节变化和月变化，为日本海数值模拟提供了边界条件支撑。Dorman 等描述了通过飞机、船舶观测和数值模拟等手段研究海气界面的几个组成部分，重点是西伯利亚冷空气向南爆发对日本海/东海上空产生的影响。符拉迪沃斯托克(海参崴)(Vladivostok)是沿海山脉屏障之间的一个隘口，对海表面热量损失具有重要影响，是水团变性必须考虑的因素之一。

科学家在涡旋频繁活动的郁陵海盆部署了大量改进的声学多普勒流速剖面仪，通过分析流场数据集，改变对对马暖流在日本海分支特征的认知，开始认识到暖涡和冷涡在日本海的持续存在以及在环流系统中的主导地位。这些涡旋反过来可以影响对马海峡北端的内潮“束流”和转向。

黑潮的部分支流自对马海峡北上进入日本海，携带的高温高盐水与西边界的南向寒流(黎曼寒流)交汇离岸后，形成了一支延伸到 40°N 副极地锋附近的暖流。Lee

等使用高分辨率拖曳式船载剖面仪开展海洋多要素观测，揭示了锋面变化如何响应高风速强迫与浮力损失，认为两者都与西伯利亚冷空气爆发有关。他们观测到的垂直速度比海流蜿蜒驱动锋面模型的预测结果大十倍，使得低盐、富含叶绿素的表层水在锋面附近下沉。

Talley 等根据海盆尺度的物理化学要素观测，证实了深层水和底层水是由垂直对流和西伯利亚冷空气爆发引起的浮力损失以及海冰形成过程中的盐析产生。观测表明，2000 年冬季期间海表面风场较弱，但在 2001 年冬季，高盐水沿着陆坡向下扩散，充满整个日本海盆底部。因此，即使仅使用短短两年的资料，也足以说明深层对流是一种偶发现象，并由气候和天气尺度现象所驱动。然而，尽管上述推测合理有据，实际上底层水的形成从未停止。为补充海盆尺度物理特征和副极地锋的研究，Ashjian 等进一步研究了日本海生物分布特征的季节变化和空间差异的产生机制。

Mooers 等首次使用剖面浮标、漂流浮标和海流计对数值模式的三维环流模拟结果进行了评估，并研究了下沉流区域的流速特征，有效识别了观测设备盲区内的几个可能下沉流存在区域。Hogan 和 Hurlburt 重点描述了温跃层内中尺度涡的形成机制。

1.3.4 变化中的日本海生态系统的现状专题

日本海海洋环境正在迅速变化，导致了生态系统随之发生响应和改变。CREAMS 计划首先报告了日本海海水变暖和水体结构改变。PICES（北太平洋海洋科学组织）发起了名为“东亚海洋时间序列”（East Asian Sea Time-series-I，EAST-I）的观测计划，并得到了韩国政府的资助，该项目的成功实施加深了对日本海高频快速变化过程的认识（Chang et al.，2010）。这项研究关注的主要问题是变化的海洋环境对生物多样性的结构和功能有何影响。2011 年，韩国政府开始资助并落实“韩国海洋生态系统的结构和功能的长期变化”研究项目，使其在日本海的生态系统变化方面有了深入认识。2017 年 12 月《深海研究 Ⅱ》专题讨论了“变化中的日本海生态系统的现状”研究进展。

日本海作为“微型大洋”，对气候变化响应敏感。因此，日本海可以视作监测长期气候变化对海洋生态系统影响的理想场所。北太平洋的气候变化通常会导致日本海、东海和黄海的海洋状态特征发生较大的年代际波动。北太平洋地区主要年代际气候变率，如“太平洋年代际振荡”“阿留申低压系统变化”“北极涛动”“西伯利亚高压系统”和“东亚冬季风变化”，可能导致海水温度、海平面气压、混合层深度等物理要素发生剧变(Jung et al.，2017)。

过去数十年里，多位学者相继报道日本海海水的物理结构和化学性质垂直分布发生了巨大变化。尽管如此，对日本海生态系统的整体状况仍然了解不多。《深海研究Ⅱ》专题特刊中的论文报告了日本海物理、化学和生物等多学科的研究，并在卫星图像和调查船实地观测的辅助下得到了各种研究结论。这些成果加深了对日本海生态系统现状的考察和认识，并为未来监测持续气候变化对海洋生态系统的影响提供了重要支撑。

Woo 等利用 9 种不同的卫星高度计的有效波高(SWH)观测数据，提出了 SWH 的长期变化通过增强日本海上层海水的垂直混合，进而影响海洋生态系统的观点。研究结果表明，年均 SWH 存在急速增长。

Jo 等引入了一种新的基于粒子跟踪实验(PTE)的中尺度涡检测算法，研究了日本海温跃层内涡旋(intrathermocline ulleung eddies，IUE)的空间分布特征。结果表明：①IUE 的中心和最高海平面高度所在位置并不重叠；②最高的海平面始终锁定在郁陵岛附近；③IUE 的形状受郁陵海盆环流系统的强烈影响。

1.3.5 日本海海洋学专题

与西北太平洋类似，热盐环流是日本海海洋学的主要科学话题之一。连接日本海与北太平洋以及其他邻近海域的海峡深度均小于 200 m。300 m 深度以下的日本海模态水由日本著名海洋学家 Uda 教授于 1934 年首次命名。模态水和中层水占日本海总水量的 90%以上。它们在日本海北部形成，并向南运动，最终在日本海内部发生变性。日本海的另一个独特特征是海洋生物生产力极高，特别是在西南部的郁陵海盆等。尽管郁陵海盆被营养物质匮乏的黑潮支流(对马暖流)所覆盖，但其海洋生物生产力与深海大洋中的主要上升流区域处于同等水平。人们普遍认为沿岸上升流、大尺度和中尺度环流在维持高海洋生物生产力方面发挥了重要作用。因此，日本海是利用当前海洋状况以及过去观测记录检验各种海洋深对流现象和海洋生物生产力的理想场所。有足够多的证据表明，日本海物理特征和生物地球化学特性正在发生迅速变化。尽管在日本海开展观测和研究已有相当久远的历史，但至今对日本海正在发生的变化以及未来可能的发展趋势仍然缺乏全面的了解。

《日本海海洋学》系统地总结了日本海海洋学在各个领域的研究进展，是对每个主题重要研究的汇编，并为未来进一步深入研究提供了动力。该书共分 18 章，其中第 1 章为 CREAMS 计划的概述，第 2 至第 5 章介绍日本海的物理海洋学，第 6 至第 9 章介绍日本海的化学海洋学，第 10 至第 15 章介绍日本海的生物和渔业海洋学，第 16 至第 18 章介绍日本海的地质海洋学。每章均以一篇科学论文的形式阐述对应的主题，并在章末列出主要的参考文献。各章节都包含一些对跨学科过程的讨论，如物理-生物过程耦合等。这里只介绍日本海物理海洋学的第 2 至第 5 章内容。

第 2 章描述了日本海的大气强迫情况。由于日本海受到亚洲季风的强烈影响，冬季和夏季分别盛行北风和南风。4—8 月海洋从大气吸收热量，其他季节则损失热量，年净热量损失在 25～108 W/m^{2}之间。12 月到次年 2 月的冬季西伯利亚冷空气爆发的标志是极端强风的出现，偶尔会导致底层冷水团的生成。在冷空气爆发期间，符拉迪沃斯托克(海参崴)南部和东朝鲜湾(East Korea Bay)附近出现显著的风应力旋度异常结构。据估计，冷空气爆发每年会造成超过 500 W/m^{2}的感热通量和潜热通量损失。此外，冬季海表热量损失也是下沉流区域产生的重要因素，并在副极锋以南形成中层水。日本海海面的净热量损失主要由对马暖流的流入-流出系统得到补偿。

第 3 章回顾了早期对于日本海表层及表层以下海水特性的时空变化特征的研究，包括：海表面温度(SST)、混合层深度(MLD)、水团分布以及水团长期变化特征。重点介绍了 SST 和锋面结构的年内、年和年际变化以及 SST 区域适应性校准方法。MLD 空间分布具有明显的季节变化，这是由大气强迫和对流效应导致的。同时介绍了日本海的主要水团及变化特征，包括日本海北部形成的表层以下水团(例如中层水团)、来自其他海区的近表层水团(例如对马暖水团)。

第 4 章使用卫星数据对日本海近表层环流进行海盆尺度的直接观测，揭示了一些新的环流特征。详细讨论了东朝鲜暖流(EKWC)和东分支的形成机制。中尺度涡在日本海南部普遍存在，它们在由平均流涡度确定的条带中产生、生长、传播和衰减。郁陵海盆内的大部分(负涡度带)反气旋涡寿命均超过一年，能量主要来源于蜿蜒平均流的动能。日本海盆存在深层气旋式环流，其中部分深层水通过水道和豁口渗入郁陵海盆和大和海盆。

第 5 章总结了近期在日本海观测到的高频变化，包括海盆尺度的振荡、内潮、近惯性振荡和非线性内波等。由于朝鲜海峡陆架断裂处产生内潮的传播和折射，朝鲜东海岸的半日潮信号显著增强，对日本海夏末至初冬的水团特性(例如中层水)和环流(尤其是俄罗斯沿岸流)造成了显著影响。开阔海盆和沿海地区的非均质和随机近惯性振荡的研究表明，表面惯性运动具有明显的季节性周期，并且近惯性波与中尺度环流、水深、海岸陷波和海岸/底部边界均存在相互作用。

1.4 研究意义

日本海是中国进出北太平洋及北冰洋(北极地区)的关键海域。北极在军事战略上具有重要地位。“冷战”时期，美苏逐渐拉高其在战略核力量中的地位，使北极演变为军事战略区。“冷战”结束后，北极地区的军事战略价值有所下降。当前，随着全球变暖和北极冰融化，冰覆盖区锐减，北极的全球地缘战略价值和地位再次凸显。日本海是“海上丝路”与“冰上丝路”的关键对接海域，对日本海开展相关研究具有重要意义。

1.4.1 命名争议

也许有人会想，这么小的边缘海为何拥有如此多的命名方式。目前，国际上对该海域仍然存在命名争议，在这一问题得到有效解决之前，公认的说法是使用两个名字组合的替代名称：“日本海/东海”。

命名争议主要来自日本海的几个周边国家：日本、韩国、朝鲜和俄罗斯。1992年，朝鲜和韩国在第六届联合国地名标准化会议上首次提出对“日本海”名称的反对意见。日本政府支持专用名称“日本海”，而韩国支持备选名称“东海”，朝鲜支持名称“东朝鲜海”。当前，大多数国际地图和文件本身都使用了日本海(或等效翻译)这个名称，或者同时包含了日本海和东海的名称，通常在括号或斜杠中列出东海或以其他方式将其标记为辅助名称。

有关国家(尤其是日本和韩国)提出了各种论据支持其首选名称。许多争论都围绕着“日本海”这个名字何时成为通用名称而进行。韩国认为，历史上更常见的名称是东海，韩国海或其他类似的变体。韩国进一步称，直到韩国受日本统治时，“日本海”这个名字才变得普遍起来，当时的韩国没有能力影响国际事务。日本争辩说，至少从20世纪初开始，日本海就一直是最普遍的国际名称。双方都对古地图进行了研究，但两国的研究结论大相径庭。

1.4.1.1 国际水文组织

国际水文组织(International Hydrographic Organization，IHO)是与成员国就水文问题进行协调的组织。该组织的职能之一是标准化航海区划。1929年，该组织(当时称为“国际水文局”)出版了“IHO特别出版物23”(IHO SP 23)的第1版——海洋界限，其中包括朝鲜半岛与日本之间的海域界限命名为日本海；但是，当时韩国处于日本的统治下，无法参加IHO。日本海这个名字仍然保留在1953年出版的S-23的第3版中。韩国于1957年正式加入了IHO。

1974年，IHO发布了技术决议A.4.2.6。该决议指出：

建议两个或两个以上国家以不同的名称共享给定的地理特征(如海湾、海峡、海峡或群岛)时，它们应努力就相关特征的单一名称达成协议。如果它们使用的官方语言不同，并且无法就通用的名称形式达成共识，则建议图表和出版物接受每种语言的名称形式，除非由于技术原因阻止在小比例图表上使用这种语言。

韩国辩称，该决议与关于日本海的命名有关，并表示应同时使用两个名称。但是，日本认为，该决议不适用于日本海，因为它没有具体说明这一水域，仅适用于两个或多个国家之间拥有主权的地理特征。

以前，韩国一直在敦促IHO仅建议使用“东海”一词，但在2011年5月2日宣布，现在它更倾向于逐步使用这两个名称，并最终放弃“日本海”的名称。2012年4月26日，经过数年的尝试，修订了1953年版的《S-23——海洋界限》。结果，只有“日本海”继续出现在S-23中。一个IHO咨询小组打算在2020年报告此问题。2020年9月，IHO宣布它将采用一种新的数值系统，也称为“S-130”。

1.4.1.2 联合国

尽管联合国(United Nations)从未直接解决建立正式的、标准化海洋名称的问题，但联合国的几项决议和声明与此主题相关。日本于1956年加入联合国，韩国和朝鲜于1991年加入联合国。

1977年，第三届联合国地名标准化会议(UNCSGN)通过了题为“超越单一主权地名”的第III/20号决议。该决议建议：“当具有特定地理特征的国家不同意通用名称时，制图的一般规则是接受每个相关国家/地区的名称。仅接受一个或某些国家/地区的政策的名称，而排除其余名称，在实践中将是不一致的，也是不适当的。”与IHO技术决议A.4.2.6一样，韩国和日本对于该政策是否适用于日本海也意见不同。

在 1992 年第六届 UNCSGN 期间，韩国政府首次参加 UNCSGN，要求通过协商确定日本海的名称，朝鲜代表对此表示同意。日本代表说，日本海的名称已经在世界范围内被广泛接受，任何改变都会引起混乱。

2012 年 8 月 6 日，朝鲜和韩国代表在联合国地名标准化会议上的一次大会上致辞，要求将"东海"和"日本海"这两个名称同时用于该海域。会议主席回应说，该组织无权决定此问题。

1.4.1.3 国际学术论文

1993 年美国研究人员参与了 CREAMS(东亚边缘海循环研究)韩-日-俄共同开展的国际联合研究项目，并将其命名为 JES(日本海/东海)计划。2000 年后，在韩国科学家的努力下，北太平洋海洋科学组织(PICES)正式将日本海的名称指定为日本海和东海，并且在 2004 年发布的《北太平洋海洋生态系统报告》中将日本海的名称命名为日本海/东海。

国际上发表的科学学术论文在名称命名中起着重要作用。统计了 ISI Web of Knowledge 提供的 46 种国际知名期刊上发表关于日本海海洋学的论文。按年份(图 1-8)来看，直到 20 世纪 80 年代初，都被标记为日本海，尚无以东海命名的论文发表。但在 80 年代中期开始出现以东海命名的论文，末期开始迅速增加。自 2004 年以来，命名为日本海/东海的论文超过了仅命名日本海的论文数量。

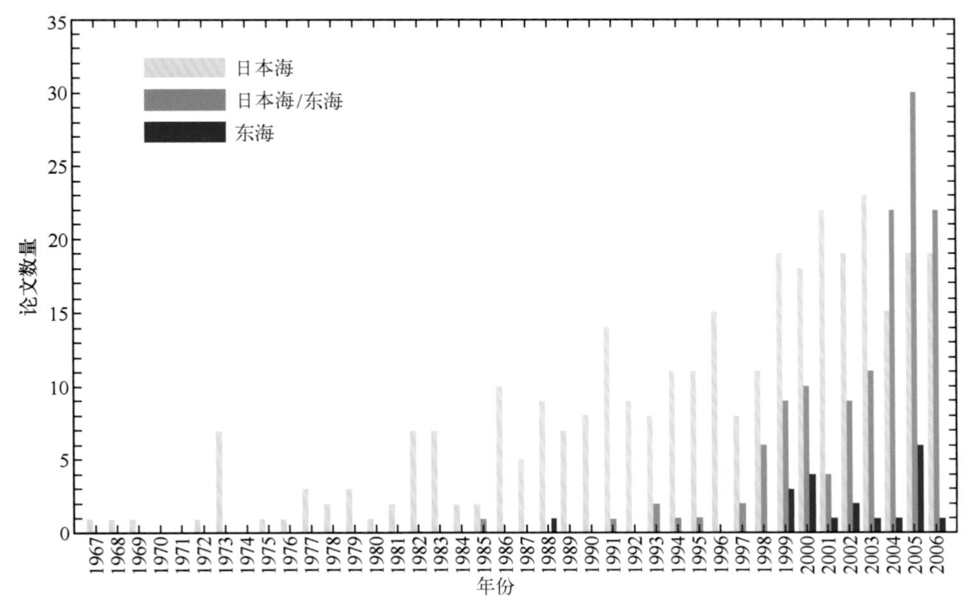

图 1-8 按年份在国际科学期刊中命名东海的地位

共有12个国家/地区学者针对日本海研究的论文出版。其中日本约占总数的50.6%，有239篇出版物，其次是韩国的104篇(22.0%)，之后依次是美国(13.8%)和俄罗斯(10.6%)。从第一作者的国籍来看，日本学者作为第一作者在《海洋学杂志》(Journal of Oceanography)上发表了76篇论文，在其他期刊上也发表了163篇论文。在104篇以东海/日本海名称的论文中，韩国是最高的，共98篇(94.2%)。以东海命名的论文数量增加是由于韩国海洋学家的努力(表1-1)。

值得一提的是，日本海洋学会出版的国际科学引文索引(SCI)《海洋学杂志》自2003年以来发表的所有论文中，主编建议的名称是“日本海”，不建议使用“东海，东海/日本海，日本海/东海”等术语。即使在文中使用了“日本海/东海”，关键字也仅使用日本海。

表1-1　国际学术期刊发表文章作者的国籍

第一作者国籍	文章数量	东海/日本海	日本海
日本	239	8 (3.3%)	231 (96.7%)
韩国	104	98 (94.2%)	6 (5.8%)
俄罗斯	50	2 (1.0%)	48 (99.0%)
美国	65	43 (66.2%)	22 (33.8%)

1.4.2　经济意义

“冰上丝路”的开拓，为“一带一路”的拓展和新的开放格局的构建奠定了更坚实的基础。由于全球气候变暖，北极冰川解冻、冰雪消融，北极航道的商业价值日益凸显。据航运业人士计算，北极东北航道航行，比传统的经马六甲海峡、苏伊士运河的航线节省约1/3的时间和航程，不仅可大大节省燃油等成本，提高航行周转率，还可以减少苏伊士运河通行费用，避开季风和海盗袭扰对船舶航行安全的困扰等。

北极航道是穿越北冰洋、连接北太平洋和北大西洋的最短航路，是东亚地区通往北欧和北美的捷径。其中，东北航道大部分航段位于俄罗斯北部沿海的离岸海域。西北航道以白令海峡为起点，向东沿美国阿拉斯加北部离岸海域，穿过加拿大北极群岛，直到戴维斯海峡。中央航道位于公海，从白令海峡向北极方向进发，长约 2 500 km，包含了北极点及其附近的公海海域。

随着北冰洋海冰持续消融和航运技术进步，北极航道通航季节不断延长，包括西北航线和中央航线在内的北极通航条件不断优化，将大大促进洲际间的互联互通。北极航道拓展对于外贸大国中国的国际贸易、世界经济、资本流动以及能源开发产生深远影响。

日本海是中国对外贸易航线上的一个关键区域。从中国港口启程去美国西部特别是经过韩国港口的船舶，几乎都是驶向对马海峡、日本海、津轻海峡，经千岛群岛北上经阿留申群岛南侧进入白令海海区航行，然后驶向美洲太平洋东岸的温哥华、西雅图、旧金山湾区和洛杉矶等港口。这条航线是横渡太平洋最短的一条航线。2018 年，我国与美国进出口额达到 6 335 亿美元，与加拿大的海关货物进出口总额也已达到 795 亿美元，其中有大量的贸易往来需要通过这条中国—美西航线来完成，而日本海正是这条航线上的重要海域。该海域的对马海峡、津轻海峡和宗谷海峡是中国通向北美航线上的咽喉地带。由此可见，日本海对中国的海外贸易和经济发展有着重要的作用。

1.4.3 科学意义

日本海通常被称为微型海洋，其相对较小的海盆跨越了北极到亚热带的各种条件，因此出现了大洋中发现的许多特征：深水形成，潜沉，边界流，锋面，涡旋，急流和生物带。预计未来对日本海的研究将从以下几个方面突破：

- 技术进步：锚系设备仍在持续观测，提供了长而连续的时间序列。拖曳平台可以进行 1/2 km 水平分辨率物理测量，并且无须降低船速(更不用停船)。真正的天气尺度调查已成为常规。更引人注目的是，拖曳的视频浮游生物记录仪能够检测单个浮游动物，使用专家系统识别它们并与物理海洋学家所解析的空间分辨率对它们进行计数。

- 遥感：卫星信息已完全整合到整个日本海的数据中。如卫星海洋观测的风场被认为是极高质量的信息，对于建模者而言至关重要。

- 多尺度相互作用：现有观测系统的高覆盖率，高分辨率，多样性和耐用性允许研究多尺度相互作用(例如涡旋和内潮之间)，这对于确定耗散、湍流和较小尺度的结构至关重要。对这些多尺度相互作用的了解越多，就越能理解单个尺度窗口的能力。

- 数值模式：数值建模在解释海洋现实和指出可能存在的未观测特征方面起着中心作用。数值模式以相同尺度解析物理、化学和生物系统，使所有海洋科学学科都更加认真地思考其工作的广泛背景以及如何影响其他学科所描述的过程。
- 国际合作：在所有海洋学研究中，对物理和智力资源集中的需求变得越来越明显，国际合作在未来可能会得到进一步发展。

第2章 日本海环流时空变化特征

2.1 数值模式资料的对比验证

尽管日本海海洋观测已经进入现代阶段，表层、中层和深层的流场数据仍然难以获取。当前对日本海环流研究主要依靠 Drifter 浮标资料、锚系浮标资料以及涡分辨率数值模式资料等。其中，模式资料由于分辨率高、覆盖面广、连续性强等优势，已成为边缘海环流研究的重要支撑。而模式数据本身存在误差，一是简化的海洋方程和参数化方案为模式自身带来不确定性；二是初边值条件、资料同化和网格差分求解过程带来的误差。因此，为了尽可能提升结论的可靠程度，模式数据在使用之前往往会首先根据已有观测资料进行对比验证。

2.1.1 锚系潜标数据对比

日本海流场观测资料稀疏，但存在一些长期单站观测资料，具有代表性的包括韩国首尔大学布放的日本海实时观测浮标(East Sea Real-time Observation Bouy，ESROB)以及多国科学家联合布放的 EC 系列潜标。这里我们选择 ESROB 和 EC1 潜标数据开展对比验证，原始数据可在海洋开放科学数据发布平台上下载(https：//www. seanoe. org)。图 2-1 是两个潜标的多年平均位置示意图，其中，EC1 大致位于对马暖流离岸分支的流核处，平均位置为 37. 36°N，131. 40°E，而 ESROB 位于北向东朝鲜暖流的流核位置，平均位置为 37. 62°N，129. 13°E。实际上，两个潜标位置均随时间有微小的变化，但偏离初始位置不足 1 km，逐年平均后可认为稳定不变。这两个位置的长时间流速资料基本能够刻画对马暖流两个主分支的变化情况，因此具有代表性。按照时间跨度最长、数据量最大、缺测值最少的标准，这里选择 EC1 潜标在 30 m 的流速资料和 ESROB 潜标在 400 m 的流速资料分别作对比验证，模式和实测数据均取年平均。

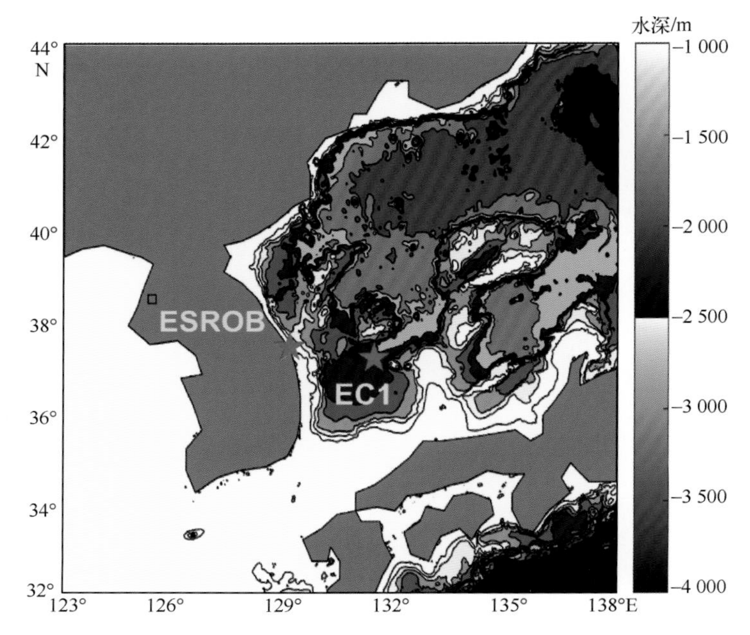

图 2-1 ESROB 和 EC1 两个潜标数据位置及其周边海底地形示意图

红色五角星几何中心代表对应潜标的多年平均位置，这里忽略 1 000 m 以浅的海底地形。

时间序列曲线对比结果(图 2-2)表明，四种数值模式的流速和流向与 EC1 潜标的实测结果具有大致相同的变化趋势，两者时间序列曲线的走向和振幅具有明显的相似性，存在多处共同峰值和谷值(图 2-2)。相比另外三种模式数据，ECCO 数据与实测值的偏差比较明显，对于离岸分支的模拟效果不够理想，其余三种模式数据偏差较小，可靠性较高。

这里采用与 EC1 相同的标准对 ESROB 数据进行选择和处理，选取深度为 400 m。相比 EC1 的各组对比结果，ESROB 资料在流速与流向两方面与四种模式数据具有更加一致的变化趋势(图 2-3)，原因可能在于 ESROB 潜标所处的位置恰好是 EKWC 和 NCKK 两股稳定流系的交汇处，使得模式结果和实际观测结果偏差不大。而 EC1 潜标位于郁陵海盆以东，多种流系交汇产生较大的年际变化和季节变化偏差，导致模式数据与实测结果出现偏差。模式流速与实测流速出现较多的共同峰值。注意到 ECCO 流向曲线有较大偏差。从曲线走势上来看，模式数据与潜标数据不存在特别大的偏差，理论上存在较高的相关性。但这种时间序列对比分析方法缺乏一定的量化标准，无法量化地表示模式流场和实测流场之间的相关性。

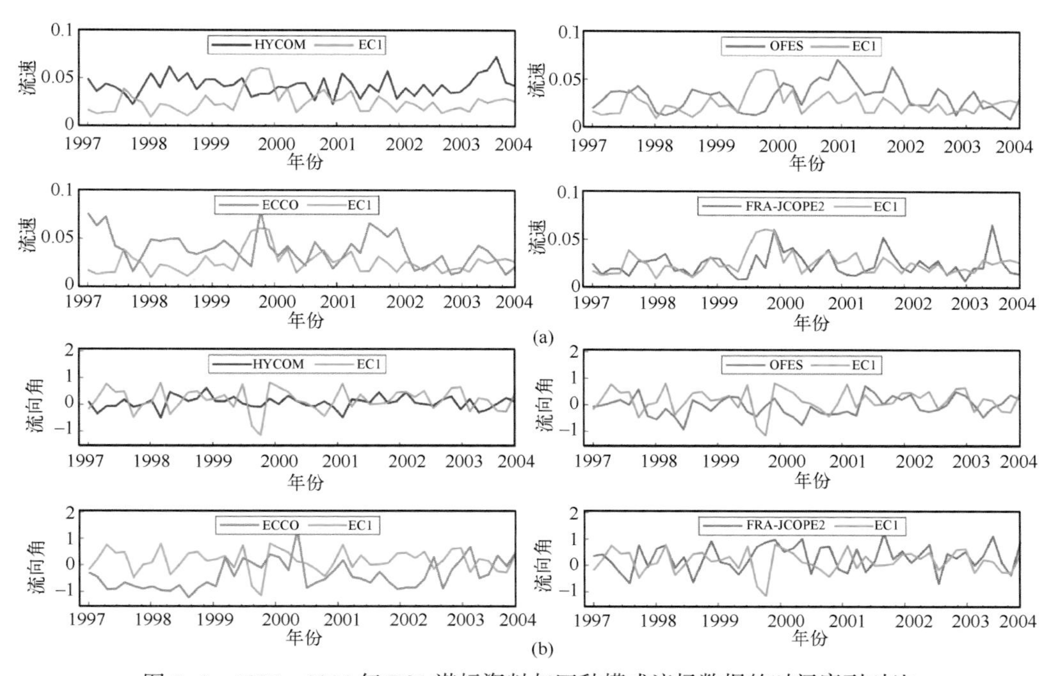

图 2-2 1997—2004 年 EC1 潜标资料与四种模式流场数据的时间序列对比

(a)为流速的对比结果，(b)为流向角的对比结果；缺测值采用临近深度值替代或线性插值法补齐，时间序列采取 30 天滤波平滑。

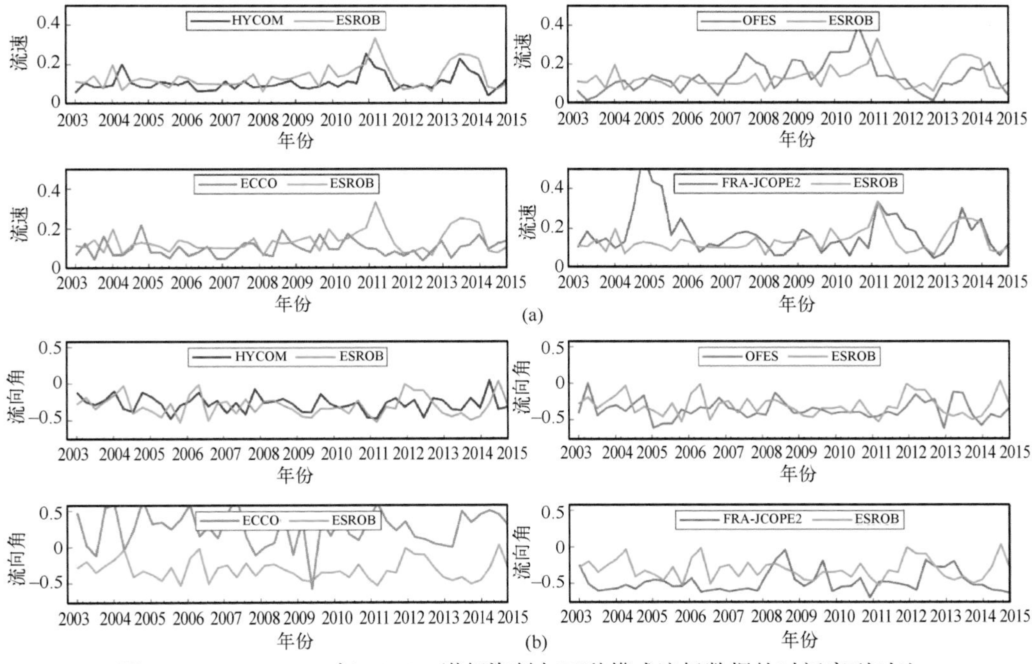

图 2-3 2003—2015 年 ESROB 潜标资料与四种模式流场数据的时间序列对比

(a)为流速的对比结果，(b)为流向角的对比结果，预处理方法与 EC1 相同。

2.1.2 SVP Drifter 浮标数据对比

气候态的数据在时间维度上只有一层，因此，余弦相似度公式的计算结果就是不同流矢量之间的夹角。具体处理方法为：首先对四组模式数据进行线性插值并做年平均计算，将其处理为水平分辨率 0.25°的气候态流场数据，之后利用余弦相似度公式计算各网格点的实测流矢量与模式流矢量的夹角余弦值，得到一张水平余弦值分布图(图 2-4)。

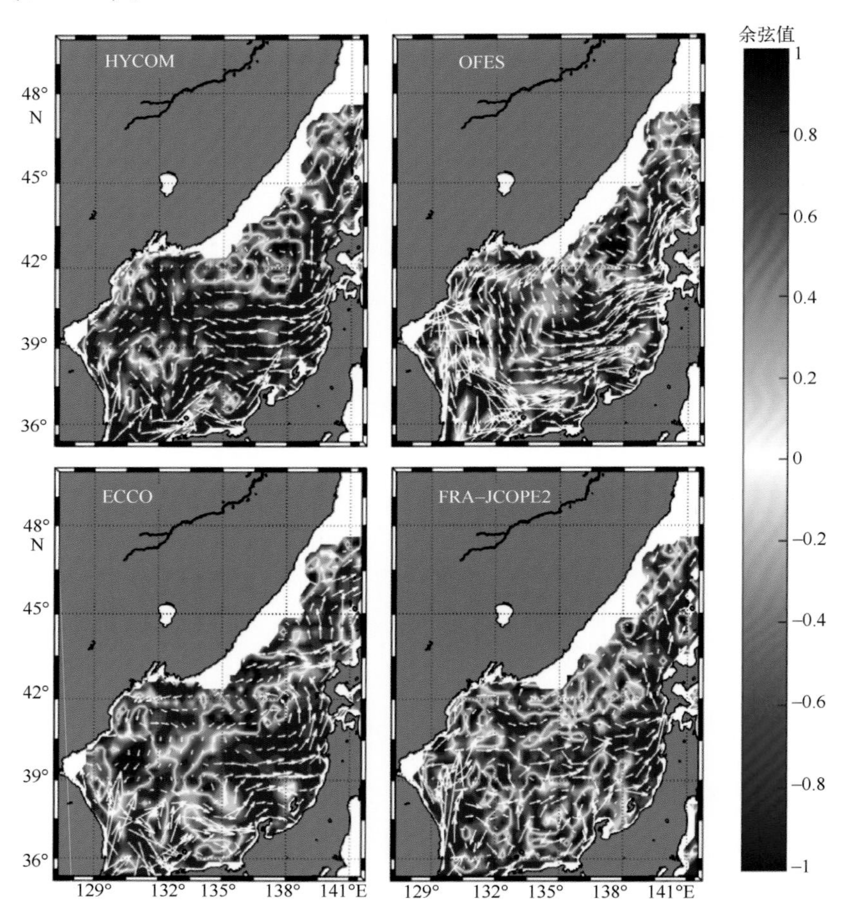

图 2-4　四种模式流场与 Drifter 实测流场的流向夹角余弦值分布

红色代表余弦值为正，流场同向，蓝色为负，流场反向。白色箭头是对应数值模式流场。

气候态的数值模式流场与实测流场在形态特征上高度相似，表现为主要流系位置的正余弦值区域远大于负相似度区域，且主要流系区域多为正余弦值(图 2-5)；除了 FRA-JCOPE2 余弦值分布散乱，主流系正余弦分布不明显，且平均余弦值较低之外，HYCOM、OFES 和 ECCO 的正负余弦值界限清晰，围绕主流系成片出现；任一模式流场，其主要流系，包括对马暖流、东朝鲜暖流、副极锋流等均处于大范围正值区，平均余弦值在 0.7 以上，而负的余弦值主要集中在弱流和无流区；模式流场和实测流场中都出现了 EKWC 的两次离岸过程；综合来看，HYCOM 流场的流向与实测流场相似度最高，HYCOM 正余弦值分布区域所占比例在四个模式流场中最大，余弦值平均为 0.54，是四个模式流场中的最高值。主要流系与 Drifter 实测流基本同向，流场形态与 Drifter 月平均流场相似。

为综合考虑流速的时空变化特征，在余弦相似度对比结果的基础上，考虑两类不同的相关系数：第一种是点相关系数，即在各网格点的月平均流速数据的基础上，以 12 个自由度分别计算相关系数，得到一个二维的水平相关系数场，主要反映不同流场在季节尺度的时间相关性；第二种是场相关系数，首先将模式流场与实测流场的气候态数据分别展开为一维向量，再进行相关性计算得到的相关系数，主要反映不同流场空间分布的相似程度。图 2-5 所示的点相关系数平面分布表征月平均的实测流场与模式流场年内变化特征的相似程度，可以看到，HYCOM 流场在副极锋以南的正相关区域分布远比北部更广，平均相关系数高于 0.5，说明数值模式对日本海南部流场的模拟比北部更为准确；OFES 流场在北朝鲜寒流附近的相关系数较低，在其他流系处的相关系数较高，因此对北朝鲜寒流和副极锋流之外的流系模拟效果比较理想；ECCO 和 FRA-JCOPE2 流场的平均相关系数较低，正相关区域覆盖面积少于 HYCOM 和 OFES 流场，主要流系的时空变化特征没有很好地与实测流场相匹配。出现了相关系数的正负值零散分布，负相关区域占比比较大，平均相关系数也低于其他两个模式流场，尤其是 ECCO 流场在对马暖流东水道流系占据的区域内出现正负值相间分布的现象，也能够说明该区域环流模拟效果不理想。从 ECCO 气候态流场的形态特征来看，ECCO 对日本海重要流系的模拟与实测流场存在较大差异，主要体现在沿岸支流，东朝鲜暖流和北朝鲜寒流的缺失以及主干流形态与实测结果相差较大。场相关系数表征气候态模式流场与气候态实测流场在空间分布上的相关程度，四种数值模式的计算结果分别是：HYCOM：0.782 7；OFES：0.671 9；FRA-JCOPE2：0.741 8；ECCO：0.739 3。可以看到，各个模式流场的场相关系数都达到了 0.6 以上，说明各模式流场的空间分布特征与 Drifter 实测流场都存在很高的相似度。HYCOM 场相关系数最高，说明其在空间分布上最接近实测结果。所有相关性统计参量的计算结果均在表 2-1 中给出。

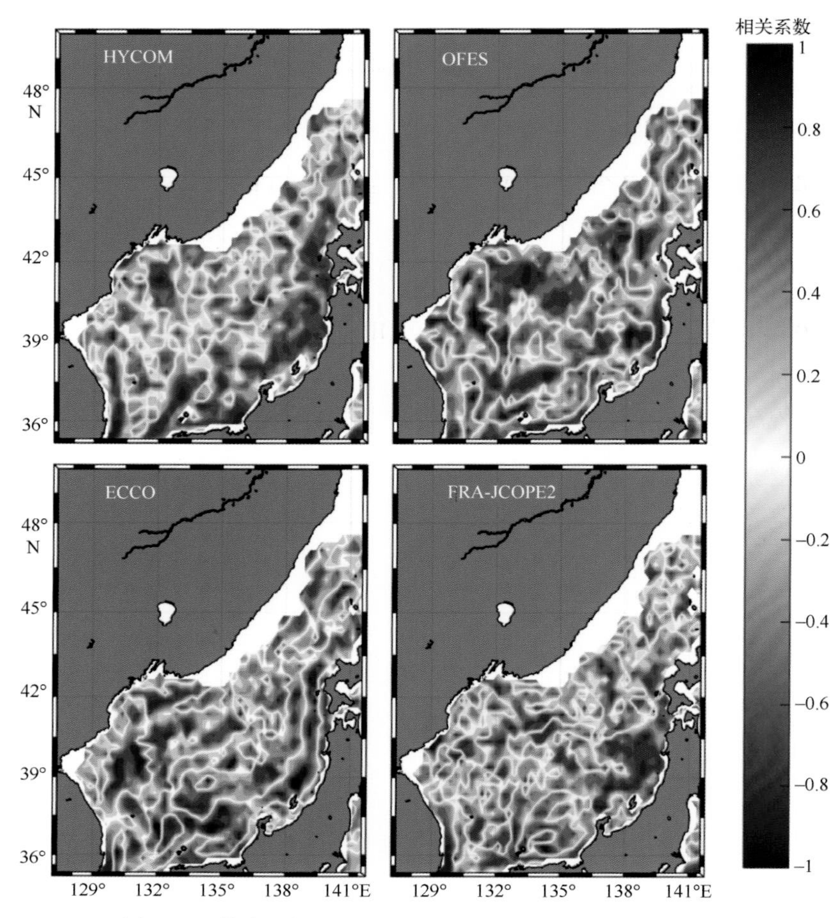

图 2-5 模式流场和实测流场的流速点相关系数分布图

表 2-1 相关性统计参量的计算结果

系数类型	系数	OFES	HYCOM	ECCO	FRA-JCOPE2
场相关	相关系数	0. 67	0. 78	0. 74	0. 74
	余弦相似度	0. 48	0. 54	0. 38	0. 40
	均方根误差	0. 09	0. 05	0. 05	0. 06
	标准差	0. 09	0. 05	0. 05	0. 05
点相关	合速度	0. 15	0. 20	0. 06	0. 13
	纬向流速	0. 11	0. 16	0. 12	0. 13
	经向流速	0. 32	0. 25	0. 29	0. 23

首先将四种模式的表层流场资料分别进行气候态平均，并插值为 0. 25°×0. 25°的网格点数据。之后将二维网格点数据展开成一维的空间序列，代入相关公式计

算，得到各个模式流场的场相关系数、标准差和均方根误差，最后根据上述统计参量绘制泰勒图。一般而言，泰勒图中代表模式数据和实测数据的两点直线距离越近，说明对应的数据之间的相似程度就越高。从图 2-6 的三张图像来看，经向流速、纬向流速与合速度具有一致的相关性。其中，HYCOM 与 Drifter 实测流场的相关性最高，三个相关系数都在 0.7 以上，均方根误差最小，在 0.06 以下，标准差约为 0.55。ECCO 模式仅次于 HYCOM，相关系数在 0.7 左右，均方根误差略大于 HYCOM，标准差与 HYCOM 接近。FRA-JCOPE2 的相关系数和均方根误差与 ECCO 基本相同，两者与实测资料的接近程度仅次于 HYCOM。FRA-JCOPE2 的标准差略大于 ECCO，均方根误差相近。OFES 的相关性最低，经向流速的相关性较低，且自身标准差较大，说明 OFES 流场的整体形态与 Drifter 存在差异，自身变化幅度也大于其他流场。

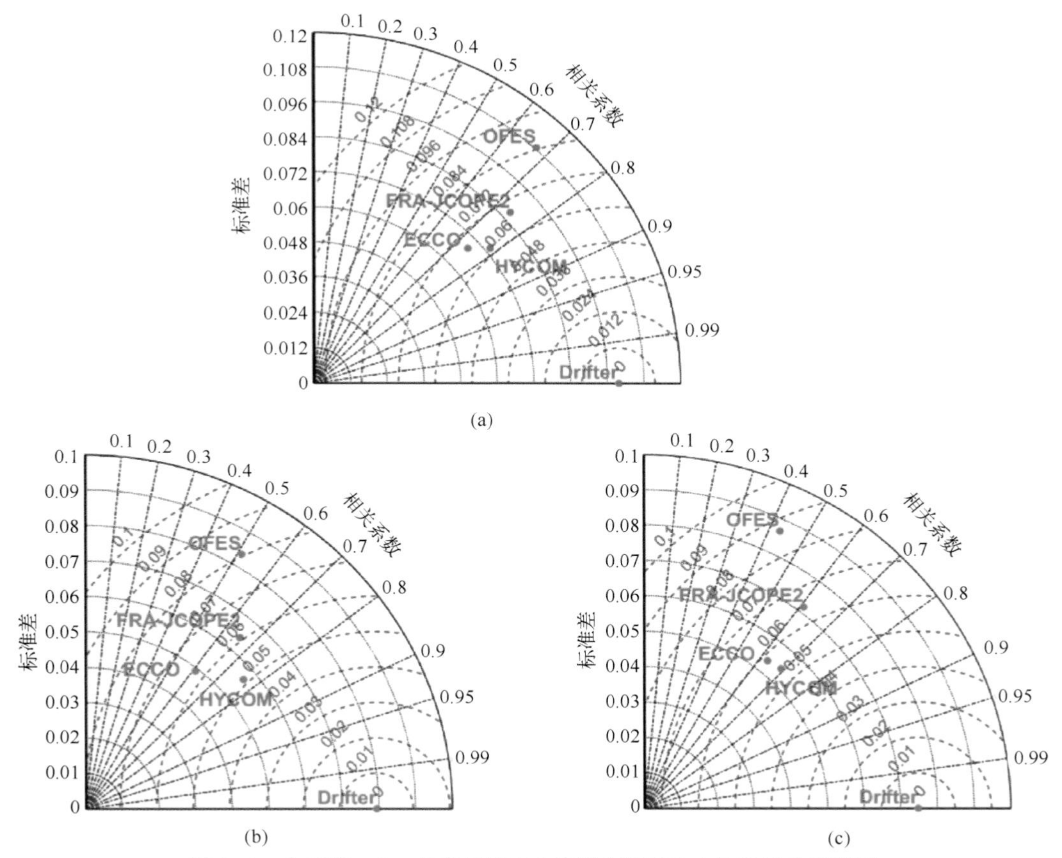

图 2-6　合速度(a)、纬向流速(b)和经向流速(c)的场相关泰勒图

蓝色虚线是相关系数的等值线，绿色虚线是均方根误差的等值线，蓝色点划线是标准差的等值线。以红色点表示各个流场序列泰勒图中所处的位置。

由于实际海洋中的流场是风海流、密度流和补偿流的总和，影响实际流场的要素多种多样，包括潮汐、地形、风场、科氏力、陆地径流等。甚至一些中小尺度的海洋现象，比如锋面、中尺度涡、湍流等，也具有相当显著的局地影响。资料对比的过程不难发现，在背景变化趋势以外，流场的时间序列曲线仍存在大量的细微波动。一方面是由于一些数值模式缺少对潮汐、径流等的模拟，造成了误差，另一方面，湍流等因素的存在使得流场自身也存在很大的不确定性。

2.2　海峡通道流量

日本海表层海水由对马海峡流入，并由津轻海峡和宗谷海峡流出，通过鞑靼海峡的体积通量可以忽略不计。这种单向贯穿式的水量运输机制决定了三个海峡的地理位置和通道流特征会对日本海表层环流结构起决定性作用，并对中深层热盐环流产生十分重要的影响。这一点在前人工作中已有涉及，例如，郑沛楠等利用 POM 模式进行无外洋强迫实验，通过关闭海峡通道并将边界条件设置为固体边界条件，验证了 Yang 等提出的一层理想模式假说，即对马暖流的主控驱动力来自外洋强迫，而日本海的局地风应力起次要作用。

考虑到对马、津轻、宗谷三个海峡深度小于 200 m，宽度也都在 150 km 之内，计算海峡流量要求模式数据在 200 m 以上有足够多的垂直层，且水平网格至少达到涡分辨率(1/10°以上)。ECCO v4 产品的水平分辨率低于 0.1°，FRA-JCOPE2 模式在 200 m 以上垂直层过于稀疏，两者均不能满足流量计算的最低要求。因此，日本海逐月海峡流量以及时空变化特征的计算和分析主要依赖 OFES 和 HYCOM 模式流场资料。海峡通道流量的计算方法包括体积通量法、P-Vector 方法、电压差法等。在数据量足够大、数据分辨率足够高的条件下，通常按照体积通量法计算流量，公式如下：

$$F_v = \sum_{k=1}^{nz} \sum_{k=1}^{ns} \boldsymbol{v}_{i,k} \mathrm{d}x_i \mathrm{d}z_k \qquad (2-1)$$

其中，$\boldsymbol{v}_{i,k}$是垂直于断面各点的流速；i 是断面网格点的位置序号；ns 是网格点的个数；$\mathrm{d}x_i$ 是相邻两网格点之间的距离；k 是垂直层号；nz 是垂直层的个数；$\mathrm{d}z$ 是两相邻垂直层之间的距离。得到各点流速数据后，通过对西北–东南 45°斜穿对马岛的剖面进行积分计算对马海峡流量，而津轻海峡和宗谷海峡流量分别以 140.52°E 经向剖面和 142°E 经向剖面作为计算剖面。

2.2.1 流速剖面

HYCOM 和 OFES 资料经过体积输运公式计算得到的对马海峡逐月流速剖面如图 2-7 所示，中间的地形凸起对应对马岛的位置。由于模式分辨率的不同，HYCOM 和 OFES 所取剖面的纬度（经度）略有差异，导致底部地形特征和流速剖面选取略有不同，剖面上流速的计算结果大致展示了相同的时空分布特征。在 HYCOM 剖面中，海底存在两个浅海沟，分别位于 129°E 和 130.5°E，其上方分别对应很强的两个对马暖流（TWC）的北向流核，西侧流核对应对马岛以西的东朝鲜暖流（EKWC），东侧流核对应对马岛以东的近岸分支（NB），两个北向流核之间存在一个南向的逆流流核，最大流速在 0.1 m/s 左右。尽管流核的强度和范围都不大，但足以说明对马岛以东存在小范围的岛屿尾流。OFES 流速剖面呈现诸多与 HYCOM 剖面类似的特征，首先，南北向的流核都有交替分布的特点，相比 HYCOM，OFES 的流核数量更多，但流核的强度普遍较弱。对马岛以西存在一个很强的流核，影响深度可以到达 100 m 以深接近海底的深度。以对马岛为界，西侧流核强度与流核范围比东侧略大一些，表明通过对马海峡西水道的海水通量比东水道要多一些。其次，对马岛东侧近岸区域存在一定范围的逆流区，逆流区的深度和强度相比 HYCOM 要小一些，不同之处在于，OFES 流速剖面存在多个逆流流核，可能的原因是不同的高分辨率流场具有不同的细尺度结构特征，比如存在小的涡旋结构等，因而在剖面上呈现略微不同的流核分布和流核结构，然而大的背景场都是一致的，近岸分支和东朝鲜暖流的流核都十分明显，且东朝鲜暖流的影响深度略大于近岸分支。此外，随着季节的变化，东水道流速剖面都存在一个多流核结构（夏季）向单流核结构（冬季）的演变。

采用相同的方法处理原始数据并进行海峡流量计算，得到津轻海峡的流速剖面特征（图 2-8）。从 HYCOM 和 OFES 剖面图中可以看到，津轻海峡流速剖面呈现单核结构，不存在逆流区，而 OFES 流速剖面图中流核北侧存在小范围逆流区。流核的强度具有一定的季节变化特征，在夏季对马海峡流量达到峰值的时候，津轻海峡流核强度也相应地达到最大，反之，冬季流量最小，流核强度有所减弱。各月流核的中心流速明显高于日本海主要流系的平均流速，最高可以达到 1 m/s 以上，这是因为海水通过津轻海峡时，受到地形的限制，流管截面积突然变小，导致流速明显增大，这一现象与风场的狭管效应相似。HYCOM 流核中心的位置常年稳定不变，大致位于 41.2°—41.4°N 的海面位置，而 OFES 流核存在季节性的垂向位移，夏季

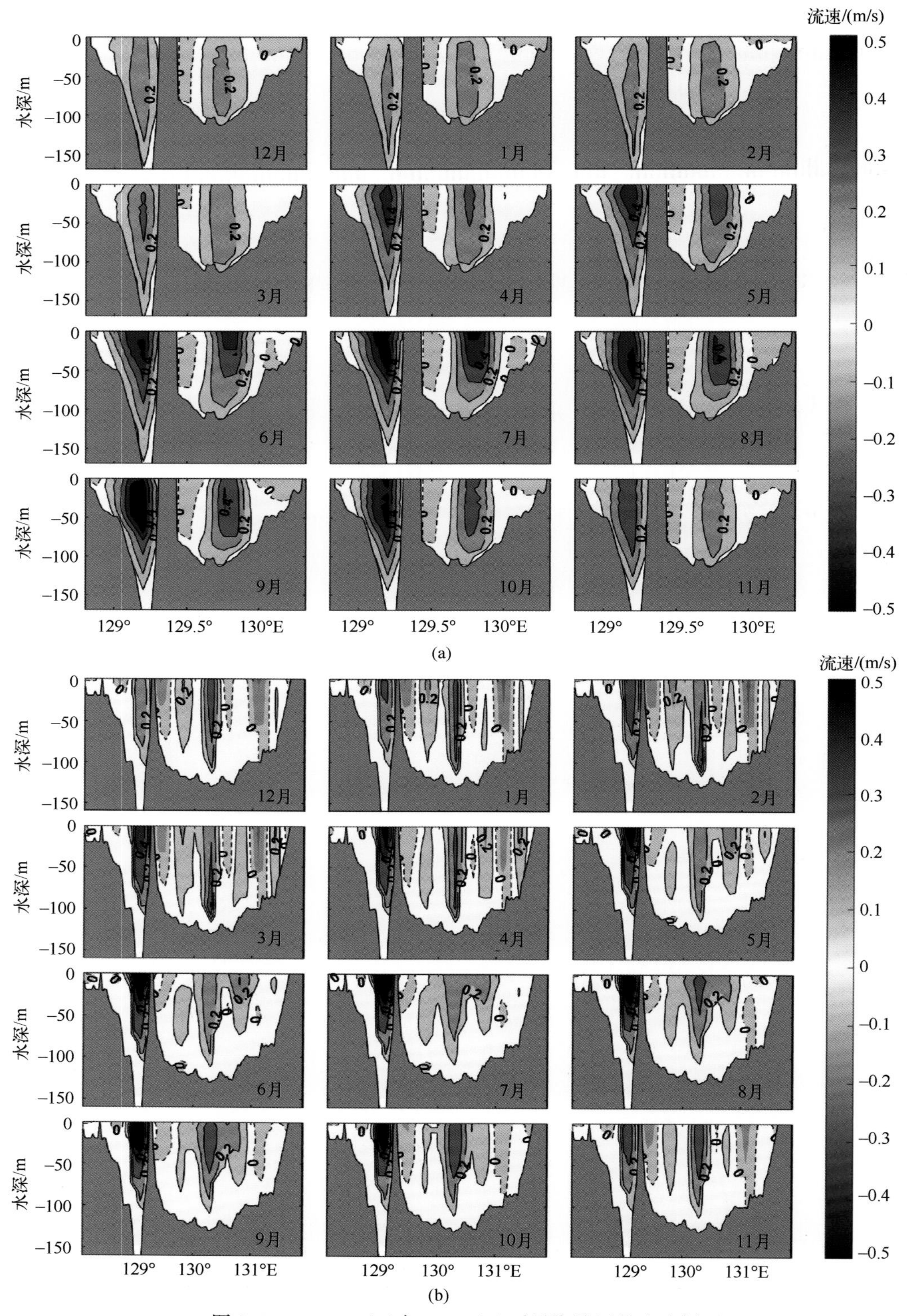

图 2-7　HYCOM(a)与 OFES(b)对马海峡逐月流速剖面

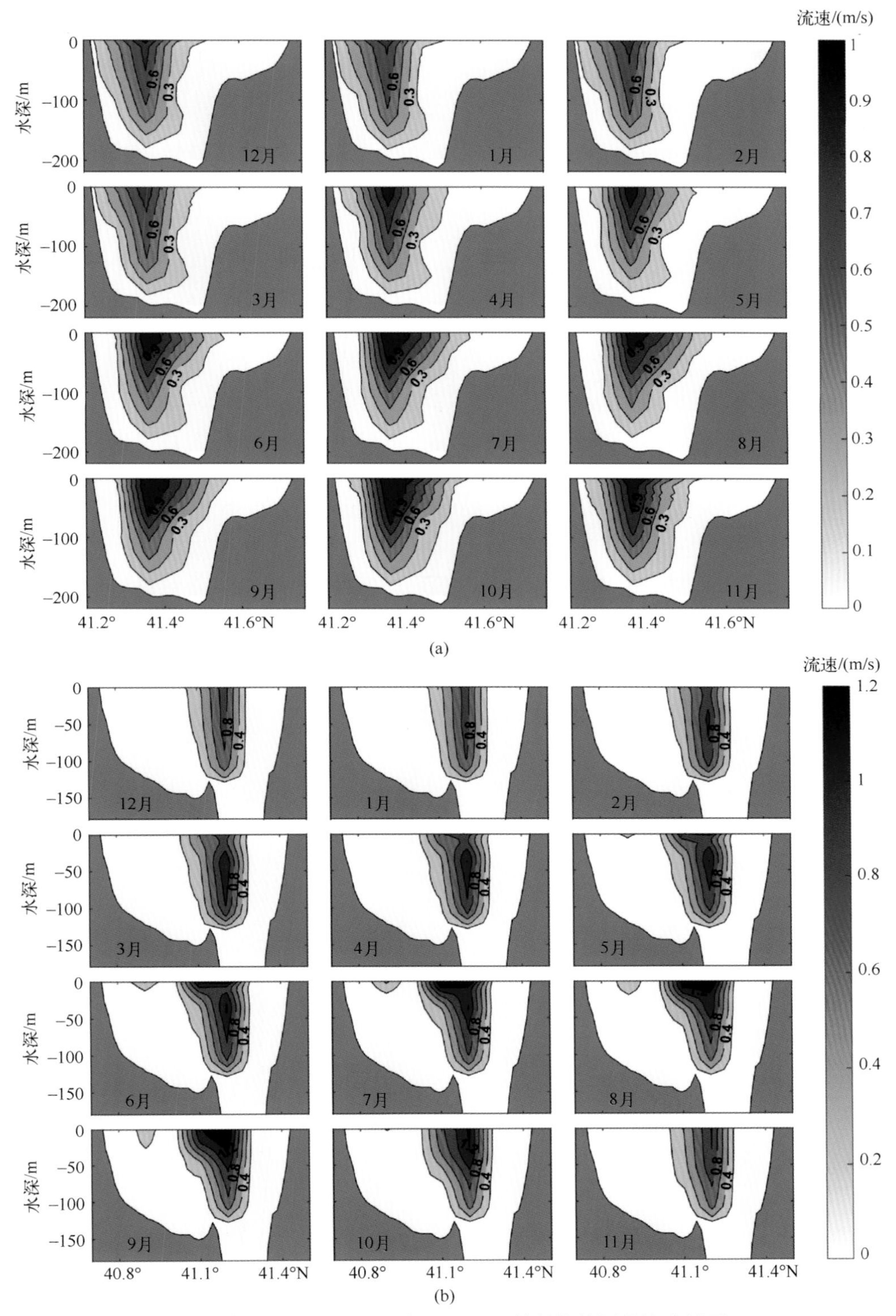

图 2-8　HYCOM(a)与 OFES(b)津轻海峡逐月流速剖面

流核下移，冬季流核上移。

以同样的方法处理 HYCOM 和 OFES 原始数据并选取适当的剖面进行宗谷海峡通道流量计算，绘制逐月流速剖面分布图(图 2-9)。由于模式数据的分辨率不同，所取的剖面位置也会略有差异，从而剖面附近的地形特征与流核分布位置有一定的偏差。但从整体特征来看，海底地形呈典型的凹槽状，流核形状与底部地形基本一致。HYCOM 和 OFES 剖面都是十分明显的单核的结构，夏季流速大，中心最大流速可以达到 0.8 m/s 以上，冬季流速小，中心流速不足 0.4 m/s。最大流速中心的纬度位置基本不随季节而改变，而流核的深度随季节有明显的上移和下沉现象。春夏季节流速中心位于 20~40 m 深度，夏秋季节流速中心抬升至海表面。此外，OFES 东向流核的北部还存在小范围的西向逆流，这可能是海峡通道附近的地形边界形态控制下的正常局地回流现象。

2.2.2 流量季节变化特征

无论是从 HYCOM 还是 OFES 的计算结果来看，日本海海峡流量的季节变化信号是最强烈的(图 2-10)。其中，对马海峡流量具有明显的年内双峰值结构，8 月和 10 月为流量极大值。全年平均为 2.6 Sv($1\ Sv=1\times10^6\ m^3$)，其中，1.4~1.6 Sv 经由西水道进入日本海西侧，0.9~1.2 Sv 通过东水道进入日本海东侧和北侧，最终 75%由津轻海峡流出，25%由宗谷海峡流出。流量季节变化显著，年内平均变化幅度为 1.1 Sv，月际标准差为 0.8 Sv。总流量 1—8 月的增长趋势比 10—12 月的下降趋势更加平稳。津轻海峡流量的年内变化特征呈现另一种双峰结构。年平均流量为 2.0 Sv，季节变化幅度为 0.5 Sv。HYCOM 和 OFES 均在 8 月和 10 月达到极大值。OFES 流量年内变化主要集中在 2—4 月，从 1.9 Sv 急剧增长至 2.3 Sv；HYCOM 流量在 1—8 月呈现平缓上升的趋势，9—11 月发生显著上升。宗谷海峡流量的季节变化是一个单峰值的曲线。HYCOM 中 7—8 月达到峰值，OFES 中 9—10 月达到峰值。最大值为0.9 Sv，仅比朝鲜/津轻海峡的首个极大值提早出现了 1 个月。季节变化幅度为0.8 Sv，约为津轻海峡的 2 倍，而宗谷海峡承担的流量输运仅为津轻海峡的 1/3。宗谷海峡的年内流量变化是一个单峰值的曲线，夏季流量大，冬季流量小，流量的变化曲线比对马海峡、津轻海峡平缓，在 0~1.2 Sv 之间季节循环。日本海海峡流量的输入和输出之间存在良好的收支平衡，满足质量守恒定律，逐月的入流量与出流量之差均小于 0.3 Sv。

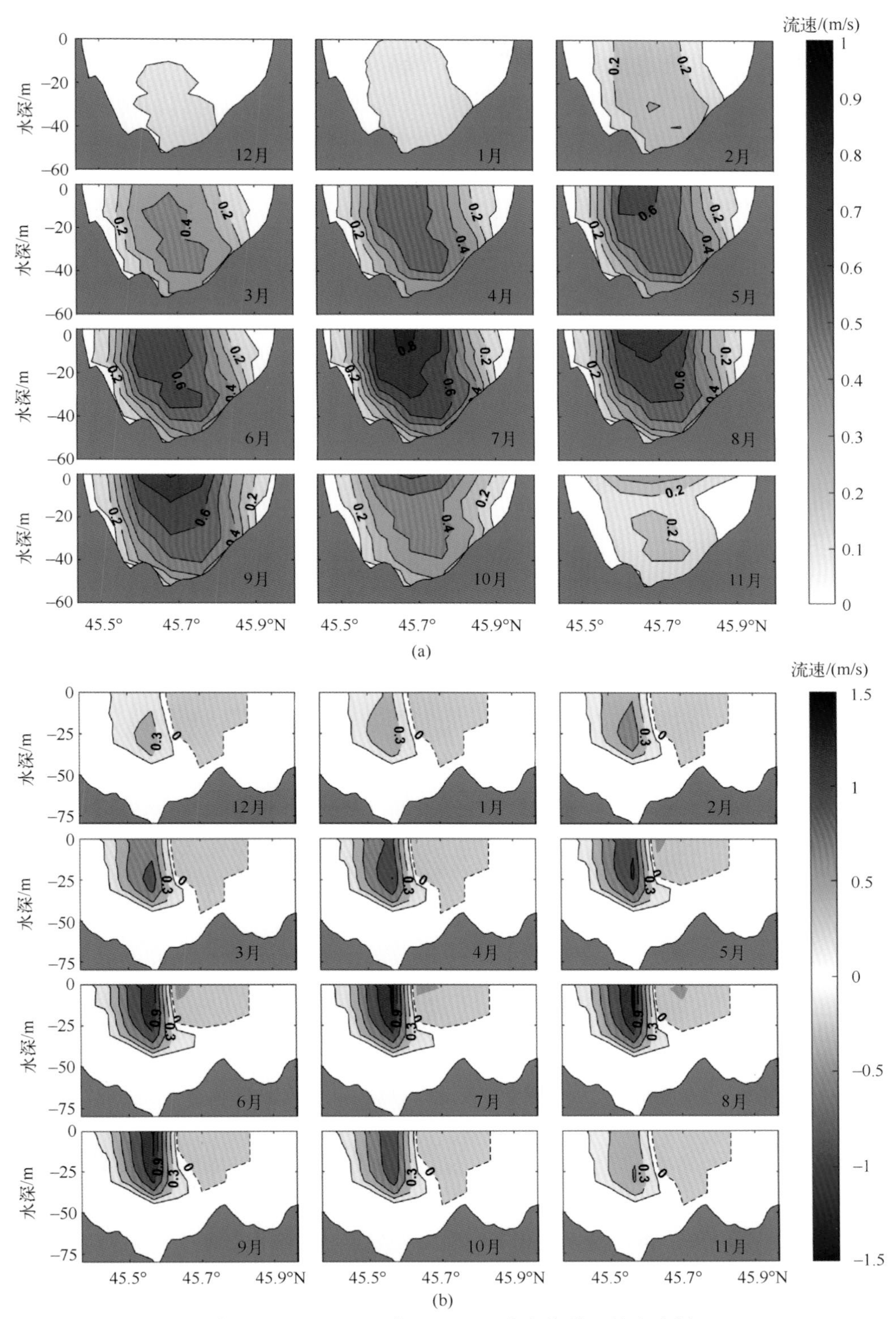

图 2-9 HYCOM(a)与 OFES(b)宗谷海峡逐月流速剖面

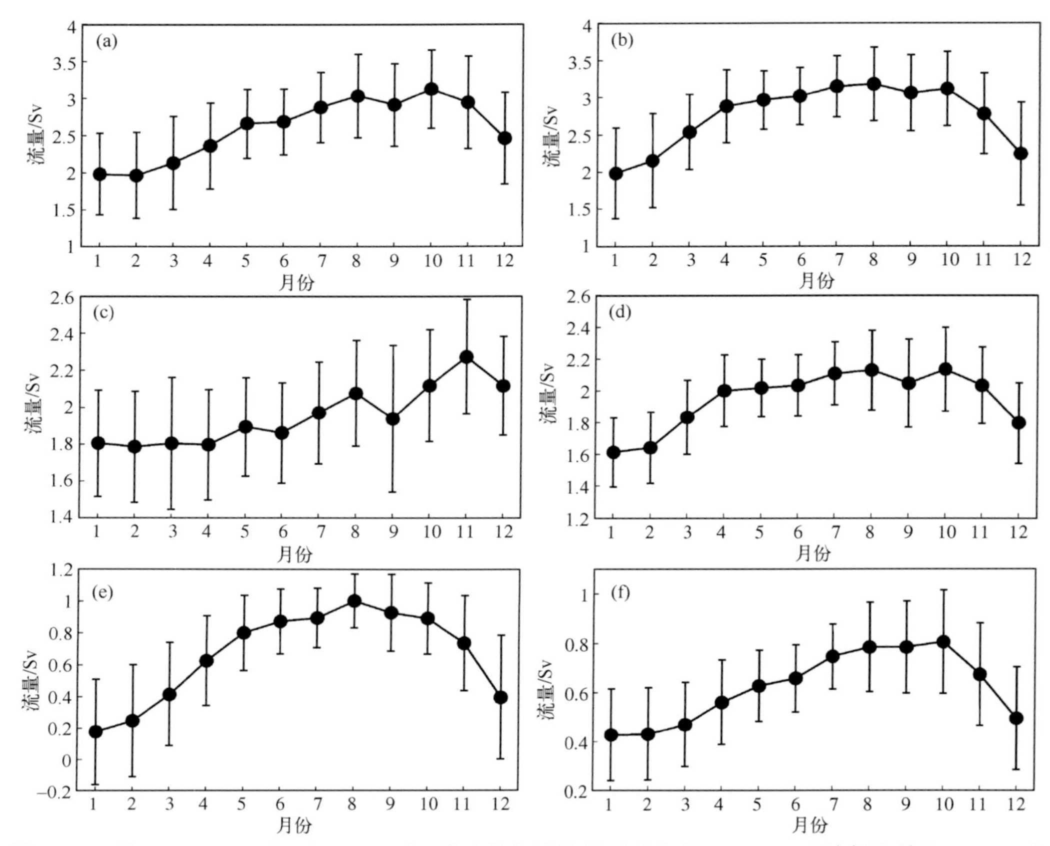

图 2-10　基于 HYCOM(左)和 OFES(右)模式数据计算的对马海峡[(a)-(b)]津轻海峡[(c)-(d)]和宗谷海峡[(e)-(f)]流量的季节变化以及逐月标准差

空间分辨率的差异在一定程度上导致了 HYCOM 和 OFES 计算剖面选取的不一致。但两种模式数据在断面流速分布、体积输运变化、岛屿尾流等方面都得出了相似的结论。涡旋分辨率模型的结果也与前人基于 ADCP 实测资料和地转计算得到的研究结果一致。因此，上述结论也侧面反映了两种数值模式流场资料在日本海的可靠性。

2.2.3　流量年际变化特征

由于 OFES 流量年际变化特征不明显，这里主要参考 HYCOM 资料由 1993—2018 年的流量计算结果，海表面高度资料来源于平均海平面永久服务中心(Permanent Service for Mean Sea Level，PSMSL)提供的验潮站月平均 SSH 数据。HYCOM 再分析和预测数据表明，日本海各海峡的流量存在明显的年代际增长(图 2-11)。1993—2018 年，流量在朝鲜海峡、津轻海峡和宗谷海峡分别增长了 0.9 Sv、0.6 Sv 和 0.3 Sv。朝鲜海峡过去 20 年的海峡流量与 SLD 同步增长了 10%~15%。两者逐月时间序列的相关系数为 0.46，而在去趋势化处理之后，相关系数降低到 0.02，说明朝鲜海峡流量与海表面高度差（sea level difference，SLD）之间的相关性主要来源于共同增长趋势，而不是地转关系，这是由朝鲜海峡较大的宽度（大于 100 km）决定的。从图 2-11 可以看到，朝鲜海峡流量与垂直海峡 SLD 在 1999 年、2004 年、2013 年存在显著的共同峰值，在 1996 年、2003 年、2005 年、2015 年存在明显的共同谷值；与平行海峡 SLD 的相关性较低，仅为 0.18。津轻海峡流量与平行海峡 SLD（0.68）和垂直海峡 SLD（0.65）之间均存在良好的相关性，这种相关性不随去趋势化处理而消失，并且通过了 0.05 显著性水平检验。多年共同峰值和共同谷值明显存在，且具有同步增长趋势。津轻海峡流量在过去 20 年增长了 0.6 Sv，相应地，平行/垂直津轻海峡的 SLD 也增长了 25~30 cm。宗谷海峡与平行海峡 SLD 呈现十分明显的线性相关，相关系数高达 0.78，去趋势后相关系数仍有 0.63。计算结果表明，宗谷海峡两侧 SLD 的增强速率分别为 2.1 cm/a 和 2.4 cm/a。由于缺少北侧站位数据，宗谷海峡流量与垂直海峡 SLD 的相关性还不得而知。HYCOM 资料显示日本海海峡流量存在明显的年代际增长特征。

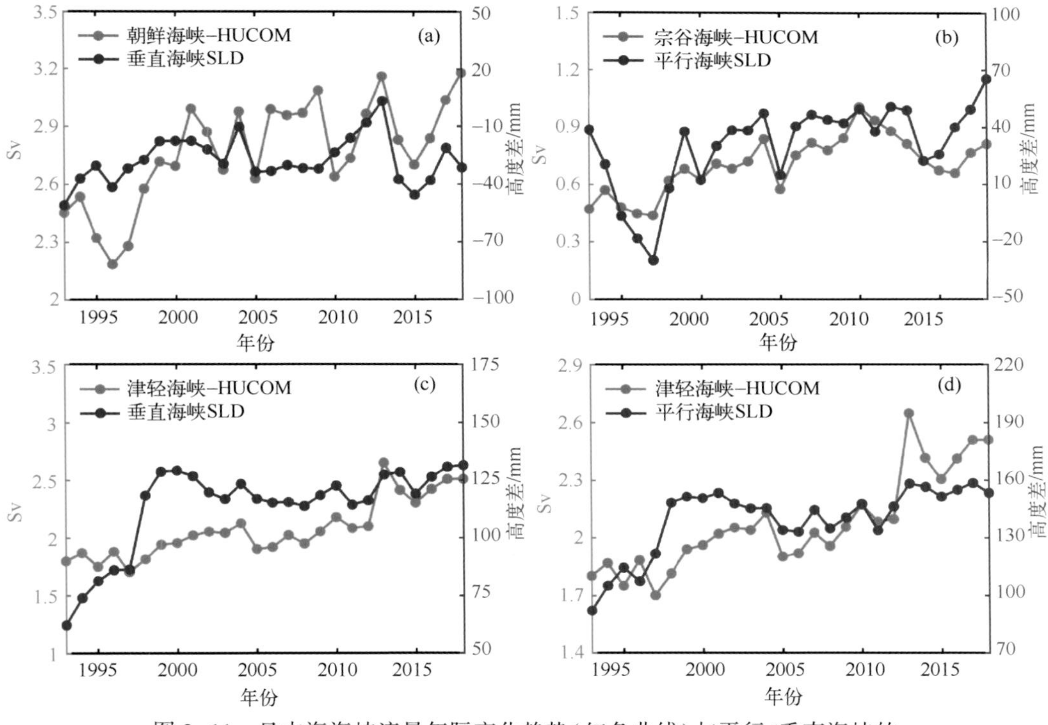

图 2-11　日本海海峡流量年际变化趋势（红色曲线）与平行/垂直海峡的海表面高度差年际变化趋势（蓝色曲线）

2.3 表层环流

对于大洋表层，无论是实测资料还是模式资料都是非常丰富的。实测资料的优势在于可靠性高，Drifter 漂流浮标以拉格朗日方法测得的流速受风场等外界因素影响很小，且原始资料已经排除了拖曳传感器损坏、脱落等一系列的设备故障，并对测得的数据进行了质量控制。模式资料的优势在于时间、空间的几乎全覆盖，数据以网格化的形式呈现，使得图像特征清晰，弥补了实测资料的不足。

2.3.1 Drifter 浮标实测流场

表面漂流浮标资料包含 Drifter 浮标的编号、经纬度、时间等的信息，逐小时记录了途经海域的实测流场和温盐数据。从中筛选出 1993—2015 年经过日本海(30°—56°N，124°—146°E)的全部数据。从漂流浮标的轨迹分布来看，Drifter 资料覆盖了整个日本海 80%以上的海域，涵盖了所有的主要流系，其中，副极锋以南的浮标资料远远多于副极锋以北，这是由于副极锋所在位置存在一个强大的副极锋流，它对 Drifter 浮标具有很强的携带作用，因此，绝大多数浮标不能自南向北越过副极锋。此外，东朝鲜湾(EKB)海域的近岸部分(39.3°N，128.5°E)几乎没有浮标经过的迹象，说明该区域的气旋式环流足够强，以至于可以携带任何经过该区域的浮标向离岸并向东。从浮标的起始位置和回收位置来看，大多数浮标最终会汇入对马暖流的东水道流系，并通过津轻海峡和宗谷海峡离开日本海。自 1979 年以来，NOAA 收集到的 Drifter 浮标轨迹几乎遍布了整个日本海。因此，除了 LCC 位置缺少个别月份的流速数据之外，NOAA 提供的月平均插值流场资料基本能够反映日本海所有主要流系的变化特征。通过分析 Drifter 插值资料并绘制表层水平流场(图 2-12、图 2-13)，得到的主要流系时空变化特征如下。

2.3.1.1 对马暖流

在传统三支理论的基础上，通过分析 Drifter 插值资料绘制的流场，修正了对马暖流三条支流的形态特征，并发现了符拉迪沃斯托克(海参崴)以南的风生流：对马暖流在经过对马岛时分为东、西两条支流，分别由对马海峡东水道、西水道进入日本海。东水道支流继续沿本州岛的西岸流动，流至 133°E 经过隐歧浅滩，在此产生了一个离岸分流，这股离岸分流与 EKWC 首次离岸向东南方向流动的部分海水交汇，形成了对马暖流离岸分支(JOB)，离岸分支先是向北流动，而后在38°N纬度向东转向，之后再次转向，指向东北方向流动，在此过程中，OB流幅显著加宽，直至津轻海峡西南部与其他流系汇合，形成津轻暖流。JOB的路径具有时空易变性，对于其形态特征至今没有统一的说法。JOB分离之后，东水道余流继续沿岸向东北方向流动，形成了对马暖流近岸分支(JNB)。JNB和JOB具有同相位的季节变化特征，即两者都在夏季达到最强，冬季达到最弱，这是由对马暖流流量的季节变化特征决定的。最后，JNB、JOB两股支流在津轻海峡汇聚形成津轻暖流并离开日本海。JOB以北的副极锋流被认为是对马暖流的第三分支，是常年存在的一支纬向流，平均位置在41°N左右，副极锋流的形成机制是EKWC与NKCC的交汇与离岸，维持的物理机制尚不清楚，进一步的研究需要借助数值模式进行热通量、地形和海峡通道流量的敏感性试验。风生流的位置在副极锋以北，自符拉迪沃斯托克(海参崴)南岸出发，向东南方向越过日本海盆。风生流的海水由SPFC和LCC提供，最终又在133°E返回并补充SPFC。

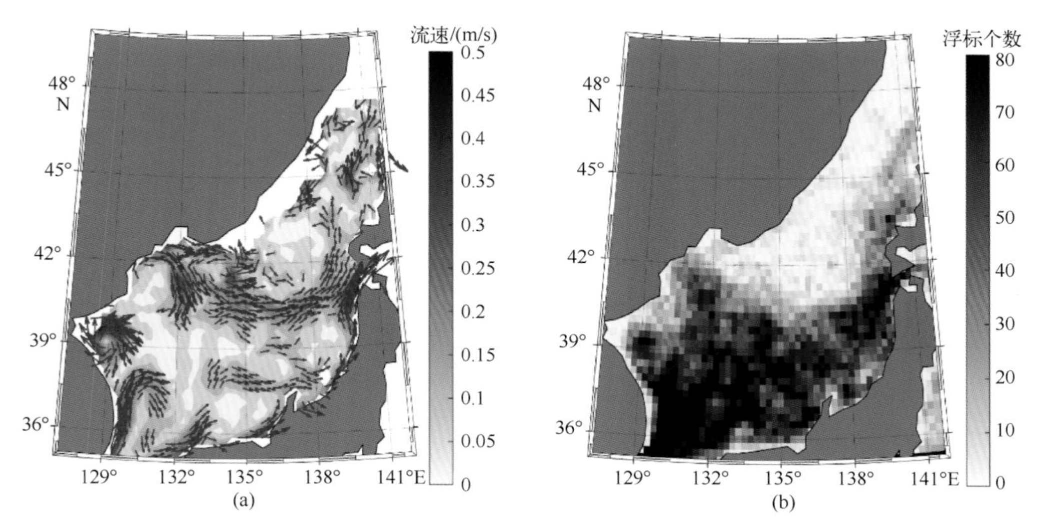

图2-12　由1979—2019年日本海Drifter浮标历史观测资料绘制的气候态流场(a)和插值后各网格点的数据量分布(b)

2.3.1.2　东朝鲜暖流

对马暖流进入西水道的分支形成一股较强的西边界流东朝鲜暖流(EKWC)。EKWC离开对马海峡之后分别在37°N，129.5°E和40°N，131°E位置处产生离岸现象。前者离岸之后的转向角度随季节变化，夏季转向角接近90°，不形成闭合流环，冬季转向角可以达到180°，形成近似闭合的流环。40°N的离岸现象是SPFC的生成

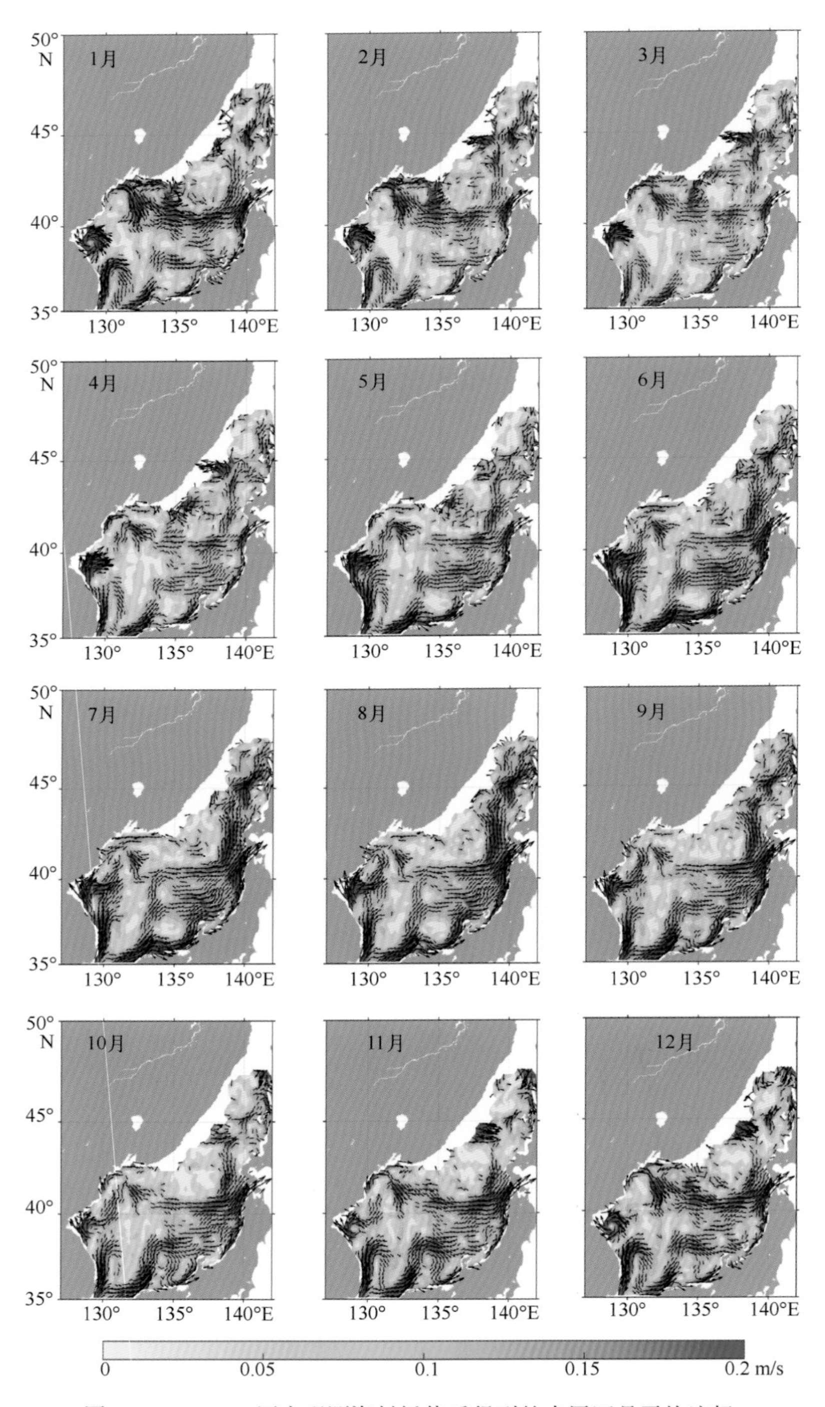

图 2-13 Drifter 历史观测资料插值后得到的表层逐月平均流场

机制之一，也是SPFC水量的重要来源。Ramp等指出，EKWC和NKCC的交汇是导致EKWC在40°N离岸并形成副极锋流的主要原因。而37°N的离岸现象则与郁陵暖涡(Ulleung Warm Eddy)的大小和经向位置的季节变动有关。

2.3.1.3　北朝鲜寒流与黎曼寒流

北朝鲜寒流(NKCC)是位于符拉迪沃斯托克(海参崴)港以南的西边界流，被认为是黎曼寒流(LCC)的延续，两股寒流都具有夏季弱、冬季强的特征，流向和主流轴的位置相对稳定。根据前人的研究，LCC和NKCC均有夏季逆流的出现，Drifter资料在副极锋以北的数据量很少，尤其是LCC流域很少有漂流浮标经过，因此不能借助Drifter插值资料分析LCC的时空变化特征。但从个别经过该区域的浮标轨迹和气候态流场图来看，黎曼寒流在冬季是显著存在的，NKCC与EKWC在东朝鲜湾附近交汇形成副极地锋，因此，也有学者认为日本海副极地锋的本质是寒暖流的“势力界限”。寒暖流交界处通常伴随着强烈的海气相互作用，对密度跃层以上的水团特征具有十分重要的影响。

2.3.1.4　符拉迪沃斯托克(海参崴)以南的风生流

在Drifter插值流场中，发现符拉迪沃斯托克(海参崴)以南存在十分强的一支东南向的寒流，这支流是常年存在的，每当冬季(12月、1月、2月)西伯利亚冷空气南下，产生强烈的西北季风时，这股风生流就会显著增强，对这支流的物理机制的探究，将会在后文展开讨论。

2.3.2　HYCOM模式流场

HYCOM流场能够较好地反映JOB、JNB、LCC和EKWC等主要流系的变化特征，但整体平均流速小于Drifter插值流场，说明相比实测流场仍然缺失了一部分环流特征。HYCOM各月流场揭示的日本海表层环流特征主要包括：存在LCC、SPFC、JNB、JOB、EKWC和NKCC等主要流系，EKWC在40°—42°N的下游部分没有被模拟出来(图2-14)。暖流在夏季的强度总是大于冬季，与对马海峡流量具有相同的变化特征。寒流的变化相比暖流有两个月左右的滞后，呈现秋冬季节强盛，春夏季节减弱的特征：LCC在夏季(8月)达到最强，由秋转冬(9月至翌年1月)时逐渐减弱，并在夏季(3—5月)几乎完全消失，6月LCC再次出现，相比秋冬季节流核显著偏南，此后逐渐增强，流核也缓慢向北移动；对马暖流呈现明显的三支结构：JNB、JOB和SPFC分别构成对马暖流的三条支流，其中，SPFC来源于西水道，JNB 和 JOB 来源于东水道，且 JOB 实际上是由 JNB 在 133°E 位置分离出来的一条支流。三条支流在津轻海峡前汇合形成津轻暖流，大部分海水由津轻海峡和宗谷海峡离开日本海，少部分继续沿北海道岛西岸北上，在鞑靼海峡南部海域形成气旋式小环流。EKWC 在 1—6 月由 0.1 m/s 逐渐增强到 0.2 m/s 以上，之后逐渐减弱，直到 10 月份再次达到峰值。EKWC 的流向角和流核位置比较稳定少变，流幅大小随着流速大小而变化，并且在 37°N 和 39.5°N 位置均没有出现离岸现象，也没有形成半封闭的流环；在对马暖流东水道流系中，JNB 明显强于 JOB 和副极锋流，流量和流幅具有单峰值的季节变化特征，6 月、7 月、8 月三个月份达到最强，平均流速在 0.2 m/s 以上。JOB 离开 JNB 的位置与 Drifter 插值流场相同，不同之处在于夏季 JOB 显著减弱，向东流动 4~5 个纬度之后再次返回本州岛沿岸并与 JNB 汇合。SPFC 呈现冬季强、夏季弱的特点，与日本海副极锋强度的变化特征一致。离开 EKWC 和 NKCC 的交界位置后的 SPFC 与符拉迪沃斯托克(海参崴)以南的强流混合并继续向东流动，形成对马暖流流系最北端的部分；符拉迪沃斯托克(海参崴)以南的东南向强流区在 11 月、12 月、1 月和 2 月均有出现，12 月份达到最强，秋季逐渐减弱，夏季完全消失，与日本海上空的风场变化具有相似性。这一结果与 Drifter 实测流场的分析结果可以互相印证；JNB 和 EKWC 大致沿 1 000 m 的地形等高线流动，主要受地形的控制。HYCOM 模拟出来的副极锋流较实际流场偏弱，个别月份甚至有缺失，尤其是在副极锋西段，这一点与 Drifter 实测流场和前人研究结果均不相符。出现这一现象的原因是 EKWC 的下游部分没有被模拟出来，NKCC 在绝大多数月份缺失，使得 EKWC 与 NKCC 在原本 39.5°N 没有交汇现象，也没有产生离岸和流环，导致西段的副极锋流很弱。

2.3.3 OFES 模式流场

由 NCEP 风场驱动的 OFES 后报资料绘制的表层水平流场包含对马暖流、东朝鲜暖流、黎曼寒流和北朝鲜寒流等主要流系的时空变化信息，没有出现完整的副极锋流。由 OFES 逐月流场图像(图 2-15)得到的日本海表层环流特征如下：主要流系各个月份的流速相近，大致在 0.15~0.2 m/s 之间小幅变化，水平流速大小的平均值为 0.073 m/s，与 HYCOM 平均流速是相同的，两者都是 Drifter 平均流速的一半；OFES 流场在日本海存在 LCC、EKWC、NKCC、JOB 和 JNB 五支主要流系，无法识别到 SPFC 以及符拉迪沃斯托克(海参崴)以南的风生流；暖流夏强冬弱，寒流夏弱冬强，寒流季节变化特征与 HYCOM 相比存在一定的差异；由于缺少了副极锋流，OFES 流场仅能模拟出对马暖流三支结构中的南侧两支。JNB 只在夏季和初秋出现，冬春季节沿岸支流的下游部分几乎完全消失，只存在上游部分的弱流区。JOB 在各个月均比 JNB 强，并且在 JNB 消失的个别月份仍然存在，只是强度略有减弱，说明 OFES 水平流场中 JNB 的水量绝大部分来源于 EKWC 的离岸补充，只有少部分来源于 JNB 的离岸分流，因此，JNB 在 OFES 流场中更像是西水道分支的延续。JNB 和 JOB 的年内变化较 EKWC 有三个月的超前，JNB 在冬春季节几乎完全消失。EKWC 在 1-7 月逐渐增强，夏秋季节维持在一个稳定的较强水平，直到 11 月份开始逐渐减弱，完成一个年内循环。EKWC 分别在 37°N 和 40°N 出现非常明显的离岸，与 Mitchell 等的结论相符，不同之处在于 OFES 模式得到的月平均 EKWC 在两次离岸之后都形成了近似闭合的流环，并且这两个流环是常年存在的，只是流速大小随季节存在小幅度波动。LCC 的季节变化特征与 HYCOM 流场大致相同，秋冬季节流量最大，流幅最宽，流速最大，春夏季节相对较弱，但各月均有明显的存在，不存在逆流。NKCC 作为 LCC 的延续，其强度的时空变化特征与 LCC 大致相同，在夏季 LCC 流核显著缩小的过程中，NKCC 逐渐减弱，但不会完全消失，NKCC 与 EKWC 在交汇的过程中没有产生纬向的离岸流，因此 OFES 流场中不存在副极锋流。OFES 流场的绝大多数流系沿 1 000 m 和 2 000 m 地形等高线流动，跨等高线流动的情况少有出现。

2.3.4 ECCO 模式流场

ECCO 计划得到的流场资料水平分辨率为 0.25°，在四个模式流场中空间分辨率最低。从逐月流场的形态特征来看，与实际流场差别较大(图 2-16)。ECCO 模式揭示的月平均流场时空变化特征主要有三点：①对马暖流以单支弯曲结构为主要形态，近岸处的流全年都很弱，只在夏季和秋季可以辨识。②EKWC 北上中断，在 36.5°N 处形成一个终年存在的闭合流环，也是 ECCO 流场在整个日本海中最强的流系，而实际流场中不存在这样强的流环，说明 ECCO 流场与实际流场存在较大差异。冬季流环最强，夏季流环的闭合性减弱，海水由流环右侧进入东水道流系，并补充对马暖流的中间分支，同时增强了单支弯曲的强度。③LCC 存在一定的季节变化，冬春季节有所增强，夏秋季节完全消失，多数月份较弱，同样没有季节性逆流的出现。NKCC 随着 LCC 同步变化。ECCO 模拟的整个日本海环流体系是由 EKWC 流环——对马暖流单支弯曲构成的强流轴，与实际流场差别较大。

2.3.5 PHY 模式流场

法国哥白尼海洋环境检测中心(Copernicus Marine Environment Monitoring Service, CMEMS)融合了海表面高度(SSH)资料和大量观测数据，经自动处理和人为质量控制后，发布了 PHY 再分析和预报数据集，以实现对全球海域的涡分辨率业务预报。由于融合了高质量的 SSH 资料，PHY 数据在边缘海的模拟效果较好。如图 2-17 所示，PHY 流场中，各主要流系的位置比较稳定，基本不随季节变化，只是流速大小存在明显的季节振荡。流速大值区主要分布在南侧海域。对马暖流全年以三支的形式存在，其中沿岸支流和东朝鲜暖流最强，离岸支流最弱。季节变化上，对马暖流流系夏季强，冬季弱，在 7 月达到最强；黎曼寒流冬季最强，夏季最弱，在 1 月达到最强。EKWC 冬季分别在郁陵海盆和东朝鲜湾附近产生两个较为清晰的流环，而夏季郁陵海盆的流环几乎完全消失，东朝鲜湾的流环也变得不再清晰。冬季，符拉迪沃斯托克(海参崴)以南的隘口传来的冬季冷风带来小范围的南向风生流，其流速大小和流幅与 Drifter、HYCOM 和 OFES 相比均较小。副极地锋流在夏季完整存在，冬季则受其他流系变化的影响而变得不连续。整个日本海流速最强的位置在津轻海峡附近，流速可以达到 0.5 m/s 以上。

2.3.6 FRA-JCOPE2 模式流场

FRA-JCOPE2 再分析数据融合了大量实测资料，对于大洋尺度的环流模拟较好，对于边缘海的海盆尺度环流存在一定的模拟误差。从月平均流场特征来看(图 2-18)，对马暖流的流系结构错综复杂，既不是多支结构，也不符合单支弯曲理论给出的形态特征，而且很多位置出现了跨等高线的流动。EKWC 在北上的过程中出现两次离岸现象，但离岸发生的纬度位置以及离岸之后的流环形态与实测流场和前人研究存在较大差异。副极地锋流在 132°E 出现弯曲回流的现象，汇入 JOB 之后再次弯曲回流，逐渐恢复原来的流向，形成分段的形态。流场形态基本不随季节发生改变，只是流速和流幅存在幅度的变化。俄罗斯以东沿岸没有出现黎曼寒流，也没有出现与实际风场对应的风生流，相应地也没有出现北朝鲜寒流。尽管 FRA-JCOPE2 流场具有稳定的结构，流速大值区也基本分布在副极地锋以南海域，但主要流系的形态及其时空变化特征都与实际流场存在较大差别，重要的寒流系统和风生流都存在缺失现象。

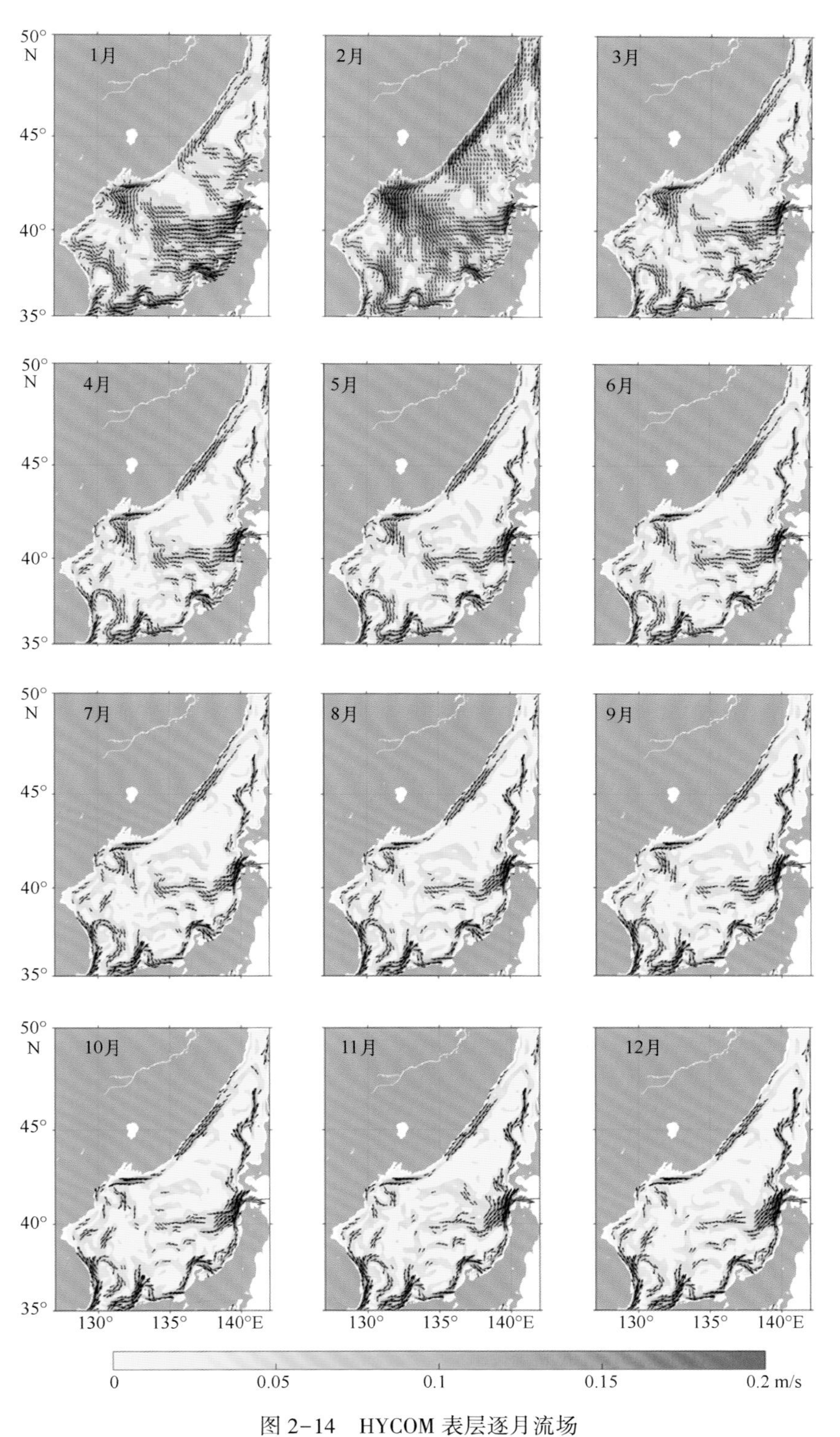

图 2-14　HYCOM 表层逐月流场

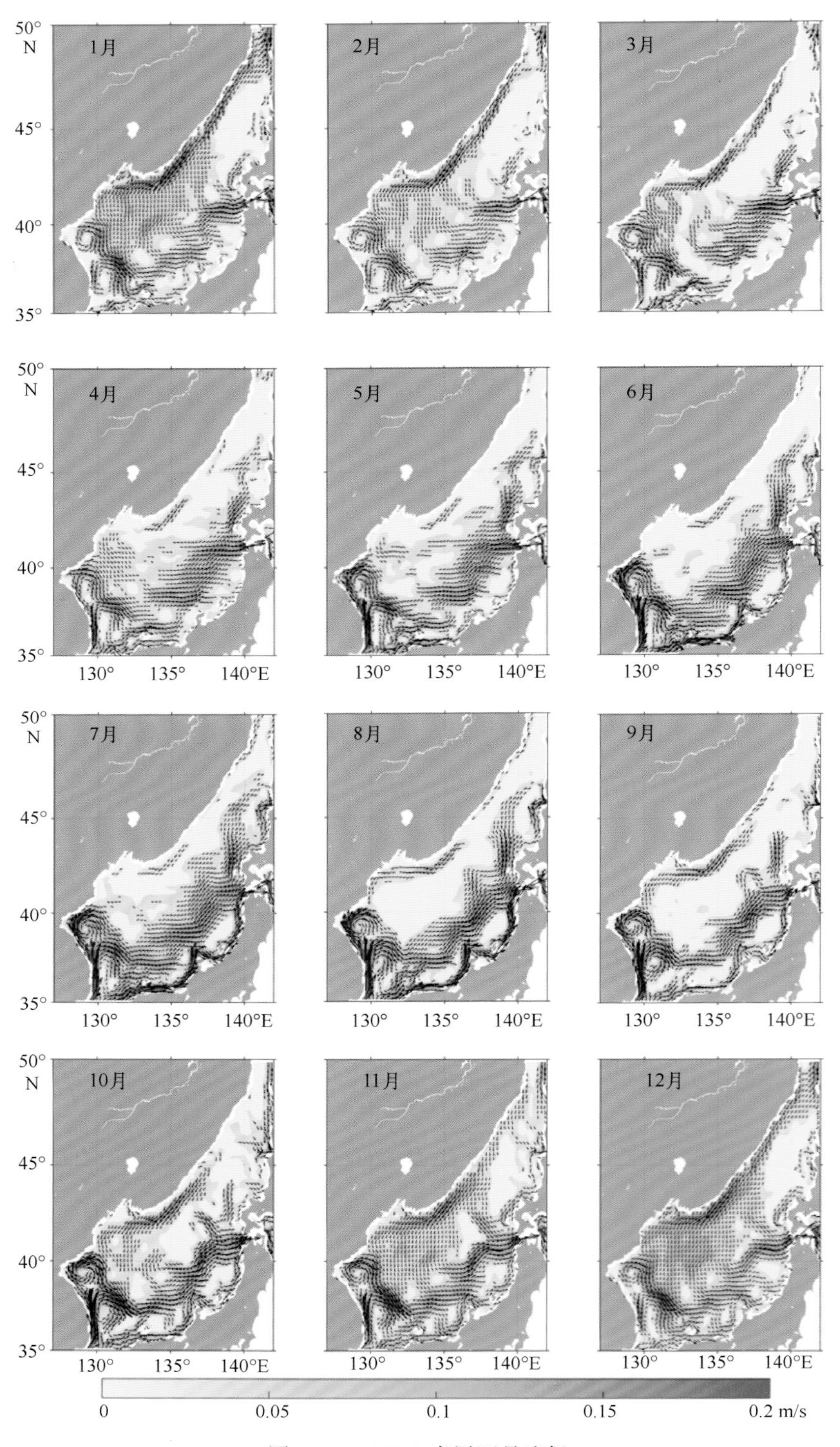

图 2-15　OFES 表层逐月流场

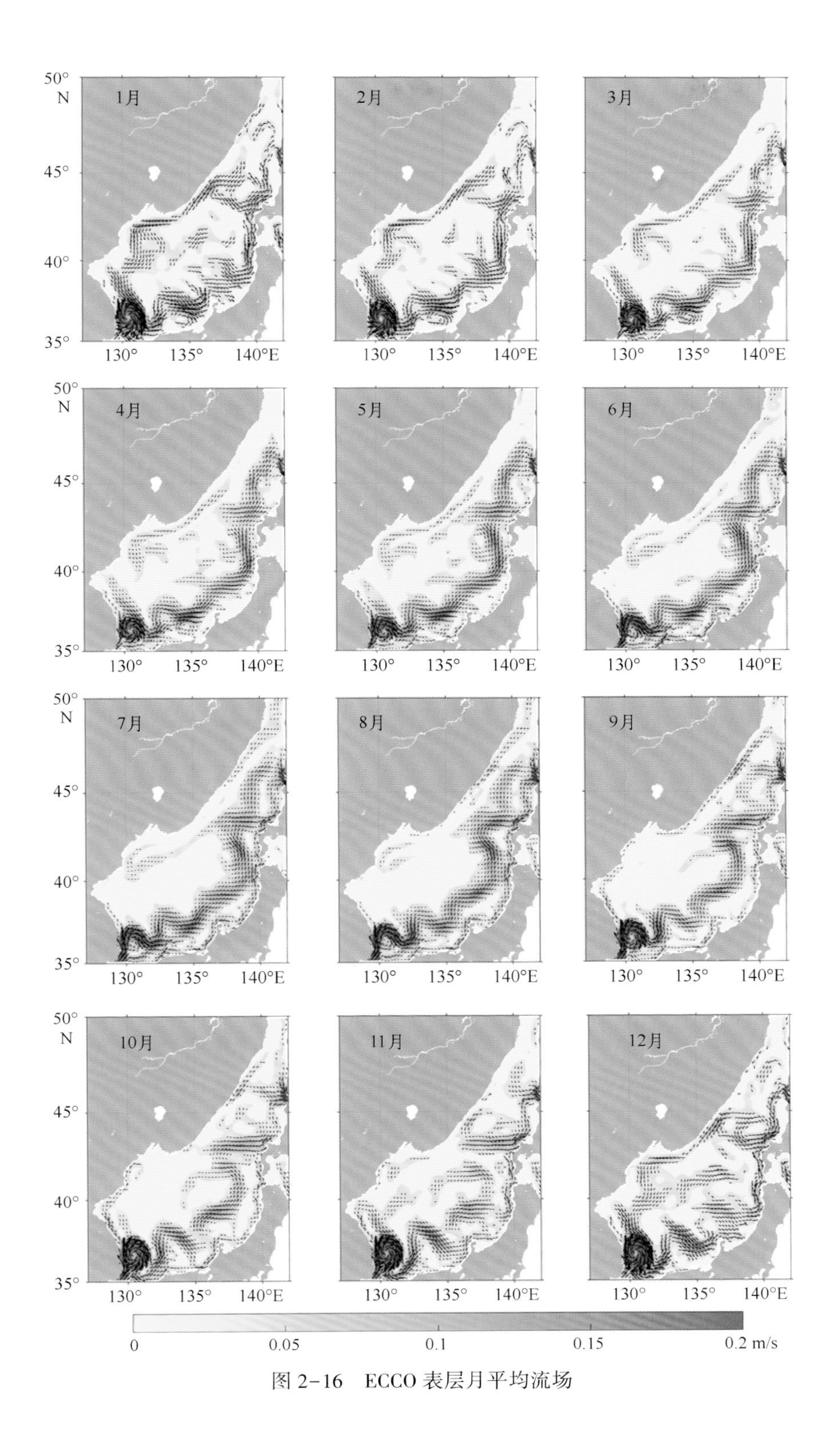

图 2-16 ECCO 表层月平均流场

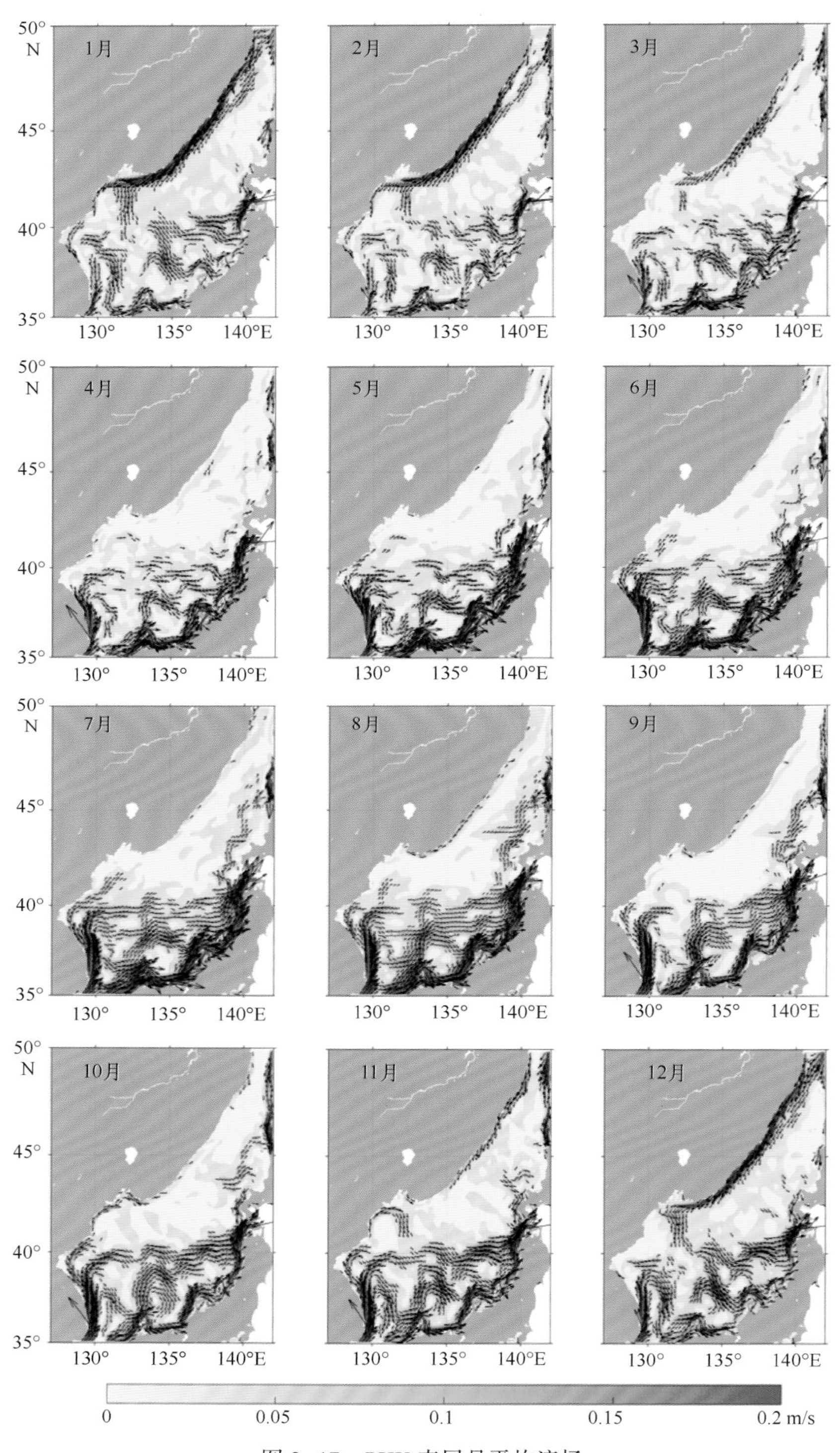

图 2-17　PHY 表层月平均流场

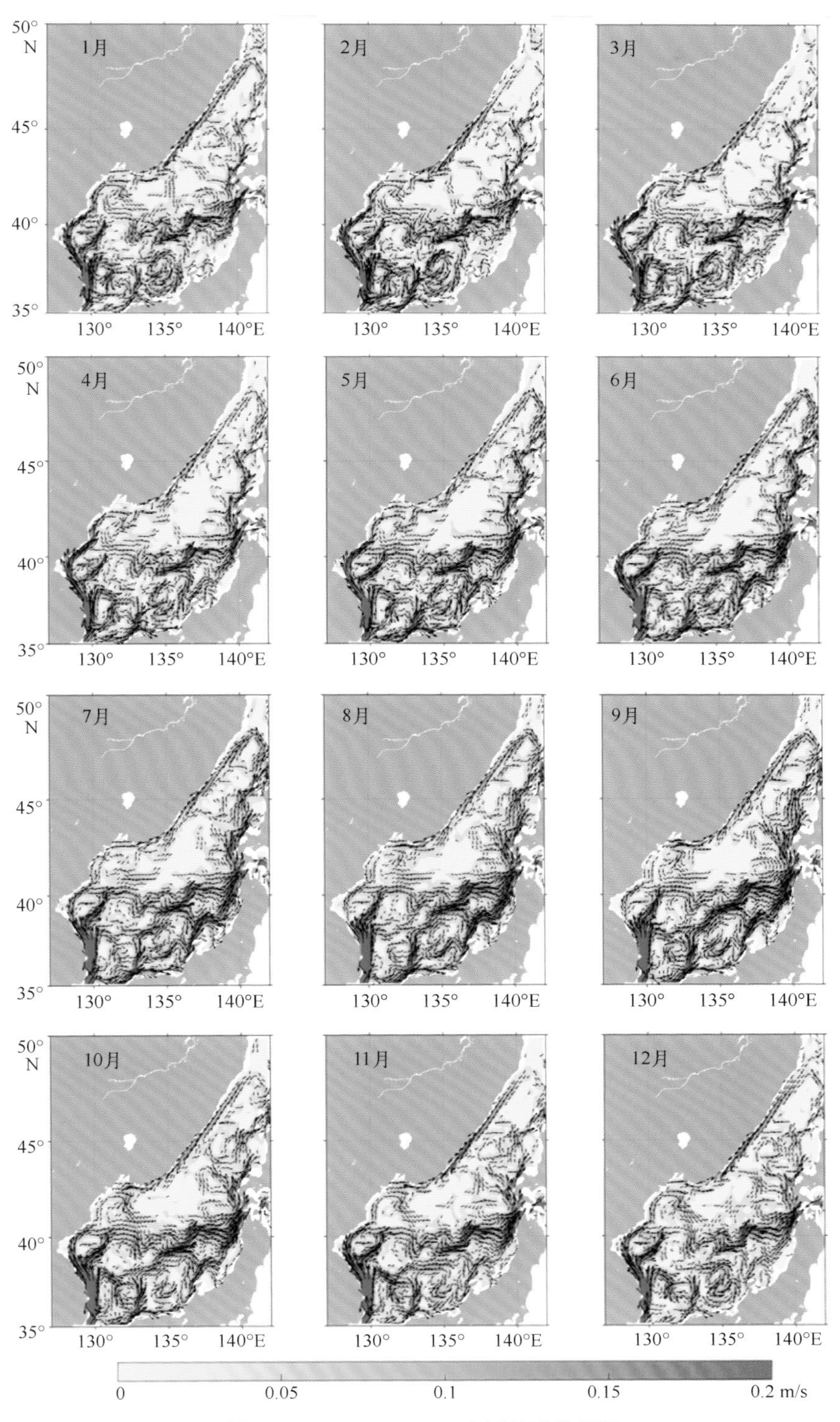

图 2-18　FRA-JCOPE2 表层月平均流场

2.3.7 表层环流示意图

综合分析 Drifter 实测流场的时空变化特征，结合 HYCOM、OFES、ECCO、FRA-JCOPE2 四种数值模式的流场资料作为参考，在 Park 等环流示意图的基础上，对日本海表层冬夏季节的环流示意图进行了修改和重构(图 2-19)，并总结了日本海表层环流的时空变化特征。

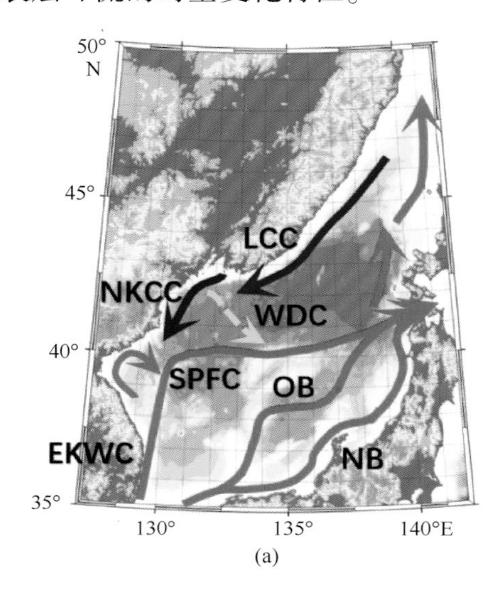

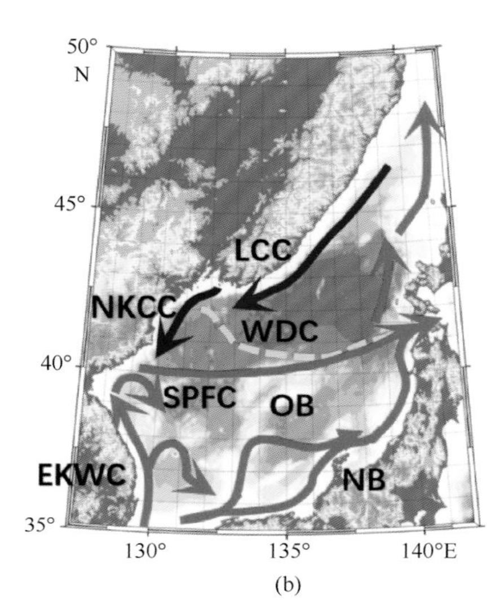

图 2-19　日本海夏季环流示意图(a)与冬季环流示意图(b)

其中红色箭头代表暖流，深蓝色箭头代表寒流，黄色箭头代表风生流。

NKCC：北朝鲜寒流；SPFC：副极地锋流；JNB：日本海近岸分支；JOB：对马暖流离岸分支；

WDC：风生流；EKWC：东朝鲜暖流；LCC：黎曼寒流。

对马暖流是日本海最大的主干流系，占据了副极地锋以南的全部海域。对马暖流进入日本海之后分别在冬夏两季呈现不同的三支结构，由副极地锋流、离岸分支和近岸分支组成。近岸分支和副极锋流全年稳定存在且位置不变，离岸分支和东朝鲜暖流的季节性变化是三支结构发生改变的根本原因：夏季，东朝鲜暖流在 37°N 一直北上，直到最后汇入副极锋流，成为西水道流系的一部分，离岸分支在津轻海峡与近岸分支相遇，汇合点位于 41.5°N。冬季，东朝鲜暖流在 37°N 离岸，沿着半封闭的流环汇入离岸分支，最终进入东水道流系，离岸分支在 137°E 回到近岸分支，汇合点在 37°N；对马暖流的所有分支在津轻海峡汇聚后一部分由津轻海峡流出，一部分由宗谷海峡流出，余下的部分继续北上，在鞑靼海峡附近形成气旋式小环流。

日本海靠近俄罗斯东岸的一侧存在一支西南方向的黎曼寒流(LCC)，纬向范围

42°—47°N，经向范围133°—140°E。冬季增强，最大流速在0.2 m/s以上，夏季强度逐渐减弱，直至完全消失。夏季流幅较窄，冬季流幅较宽。数值模式流场中黎曼寒流不出现夏季逆流的现象。

黎曼寒流的下游位置，即符拉迪沃斯托克(海参崴)以南、东朝鲜湾以北的沿岸区域存在一支北朝鲜寒流(NKCC)。北朝鲜寒流被认为是黎曼寒流的延续，最大流速小于0.1 m/s，流向为西南方向，逐渐向南弯曲。流速、流量、流幅等要素与黎曼寒流存在同相位的季节变化。

韩国东海岸存在一支沿岸北上的东朝鲜暖流(EKWC)，海水由对马暖流的西水道分支提供。东朝鲜暖流的经向范围为36°—40°N，主干流沿韩国东海岸一直向北偏西延伸，并分别于37°N和39.5°N两个位置向东离岸，形成两个流环，前者是NKCC与EKWC汇合并形成SPFC的机制，后者具有显著的季节变化。

符拉迪沃斯托克(海参崴)以南存在一支东南方向的风生流，冬季流速可以达到0.3 m/s以上，集中出现在冬季西伯利亚冷空气向南爆发的各个月份(12月、1月、2月)，春季随着冷空气向北回退而消失。

此外，在分析模式流场的过程中，发现HYCOM、OFES两种流场与Drifter流场具有更多的相似特征，主要流系的分析结论也更符合前人的研究结果。而ECCO、FRA-JCOPE2流场与实测流场偏差很大，仅有部分流系的时空变化特征可以作为参考，例如，Drifter资料缺少LCC所在位置的观测数据，对LCC的时空变化特征研究主要以模式资料为参考。

2.3.8 表层环流性质

利用AVISO卫星高度计资料计算了日本海气候态的平均地转流与相对地转流，通过去掉Drifter实测流场中的绝对地转流部分，得到日本海表层风生流部分，并对地转流、风生流的空间分布特征以及月尺度的时间变化特征进行分析。进一步利用ERA-5、Quikscat、Windsat等再分析风场资料和卫星风场资料，探究日本海表面的风场与风应力旋度场与表层风声流场的关系，对一些海域出现的风生流大值区进行物理机制解释。

将AVISO 1993—2018年的海表面高度资料做月平均处理，再根据地转流公式计算平均地转流和相对地转流，地转流的计算公式如下：

$$u = -\frac{g}{f}\frac{\partial h}{\partial y} \tag{2-2}$$

$$v = -\frac{g}{f}\frac{\partial h}{\partial x} \tag{2-3}$$

式中，u 是地转流的纬向分量；v 是地转流的经向分量；h 是海表面高度的平均值或异常值；f 是科氏力参数。将海表面高度异常值代入公式中的 h 得到的就是相对地转流，而将气候态的 SSH 代入 h 进行计算得到的就是平均地转流，绝对地转流等于平均地转流和相对地转流之和。从绝对地转流的时空变化特征来看，日本海绝大多数主要流系，包括黎曼寒流、东朝鲜暖流、对马暖流和副极锋流都具有地转性质，一些流系甚至近似可以看作完全地转性质的流。地转流速的扰动量(相对地转流)与背景场(平均地转流)相比要小得多。计算结果表明，相对地转流的平均流速约为平均地转流的 1/4，因而相对地转流对实测流场的贡献很小。从流场变化特征的角度来看，相对地转流比较显著的区域是东朝鲜暖流的两个离岸流环，但结合 Drifter 实测流场和风生流场年内变化来看，相对地转流年内变化对总体环流形势的影响远小于风生流。因此，日本海主要流系是以稳定少变的地转流为主，此外还存在少部分变化明显的风生流。

利用 Drifter 插值资料逐月地减去绝对地转流，得到各个月份的风生流流场(图 2-20)。从图像上看，风生流的大值区主要出现在冬季。符拉迪沃斯托克(海参崴)以南海域出现一片实测流速较大的区域。从分离得到的逐月风生流场中可以看到，符拉迪沃斯托克(海参崴)以南也是风生流的大值区，大值区的位置与 Drifter 流速大值区可以对应，并且这支强流出现在冬季冷空气爆发的三个月份。此外，地转流流场在该位置也存在一个流速大值中心，但中心流速最大值相比风生流偏小，在 0.15 m/s 左右。由此可以得出结论，这支东南向的寒流是一股风生流，同时还具有一定的地转性质，虽然该位置常年盛行东南向的流，但大范围的大值区只在特定的月份出现。为进一步探究这支寒流与表面风场的关系，利用 ERA-5 逐 3 天的 10 m 风场资料绘制了各个月份的风场图像(图略)，并结合 Quikscat、Windsat 卫星风场资料作为参考，分析风生流大值区所在的各个月份的海表面风场特征。分析发现，冬季西伯利亚冷空气南下，伴随这一过程的是出现在日本海上空的强大西北季风。西北季风最强的时间段是 11 月至翌年 1 月，正是这股风生流最盛行的时段，同时，冬季风速大值区位于符拉迪沃斯托克(海参崴)以南，同样对应风生流速大值区所在位置。由此可以推断，这股东南向的流是受冬季西北季风驱动的表层风生流。为了证明这一结论，对经过这一片区域的所有 Drifter 浮标进行轨迹追踪(图 2-21)，绘

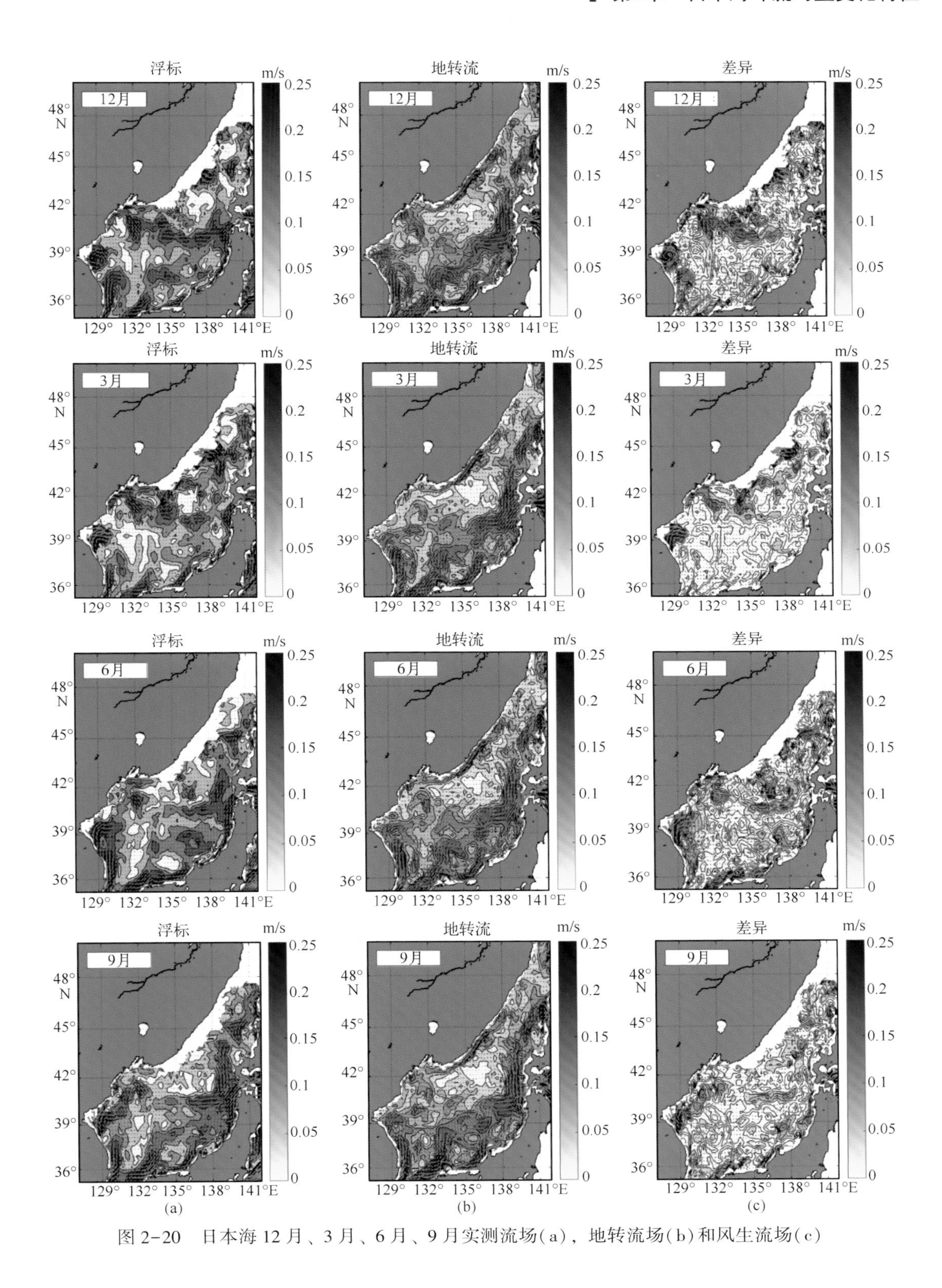

图 2-20 日本海 12 月、3 月、6 月、9 月实测流场(a)，地转流场(b)和风生流场(c)

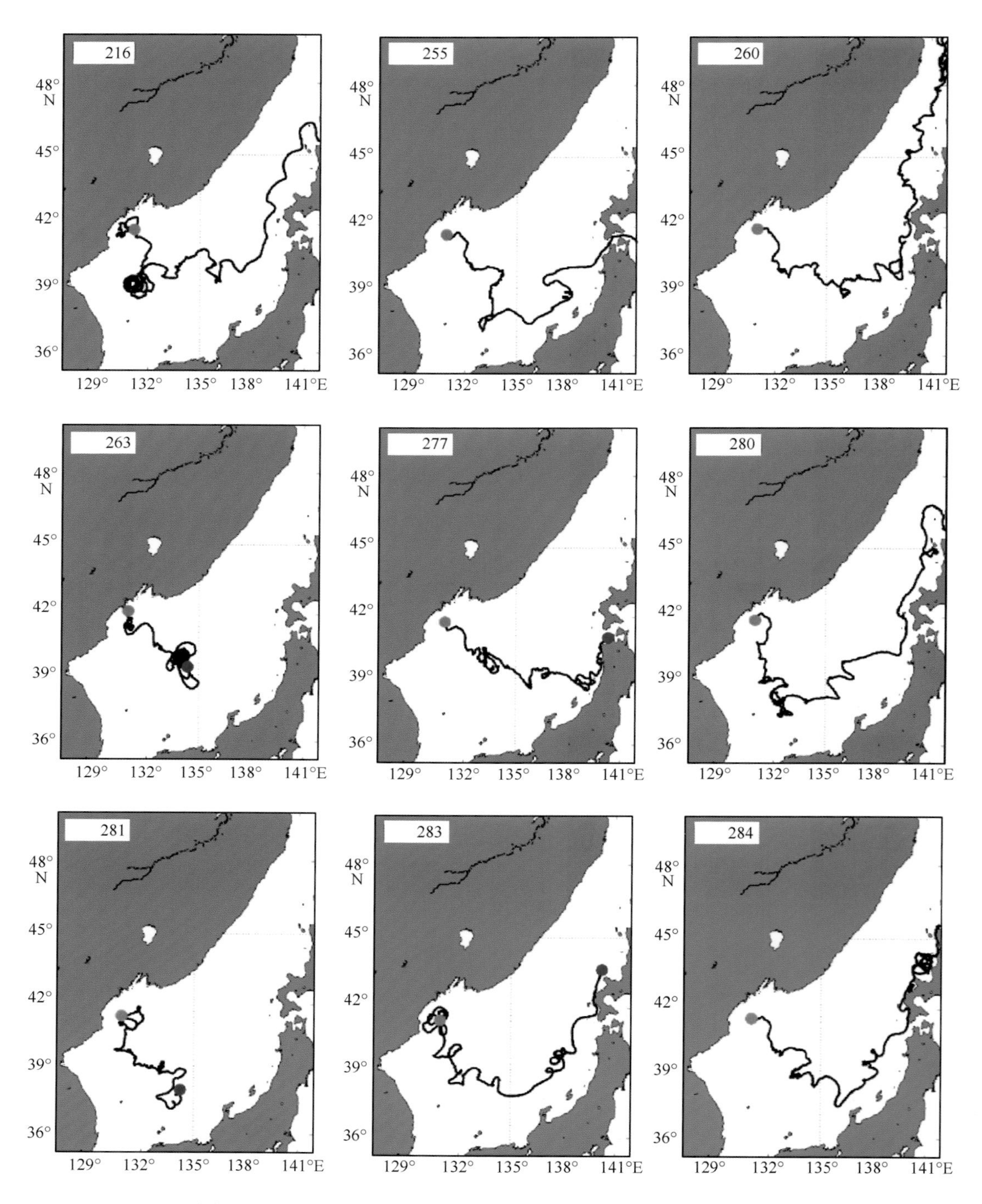

图 2-21 经过符拉迪沃斯托克(海参崴)以南的 Drifter 浮标轨迹

红色点是浮标的布放位置，蓝色点是浮标的回收位置，黑色线是浮标的移动轨迹，左上角的标签数字是浮标的序号。

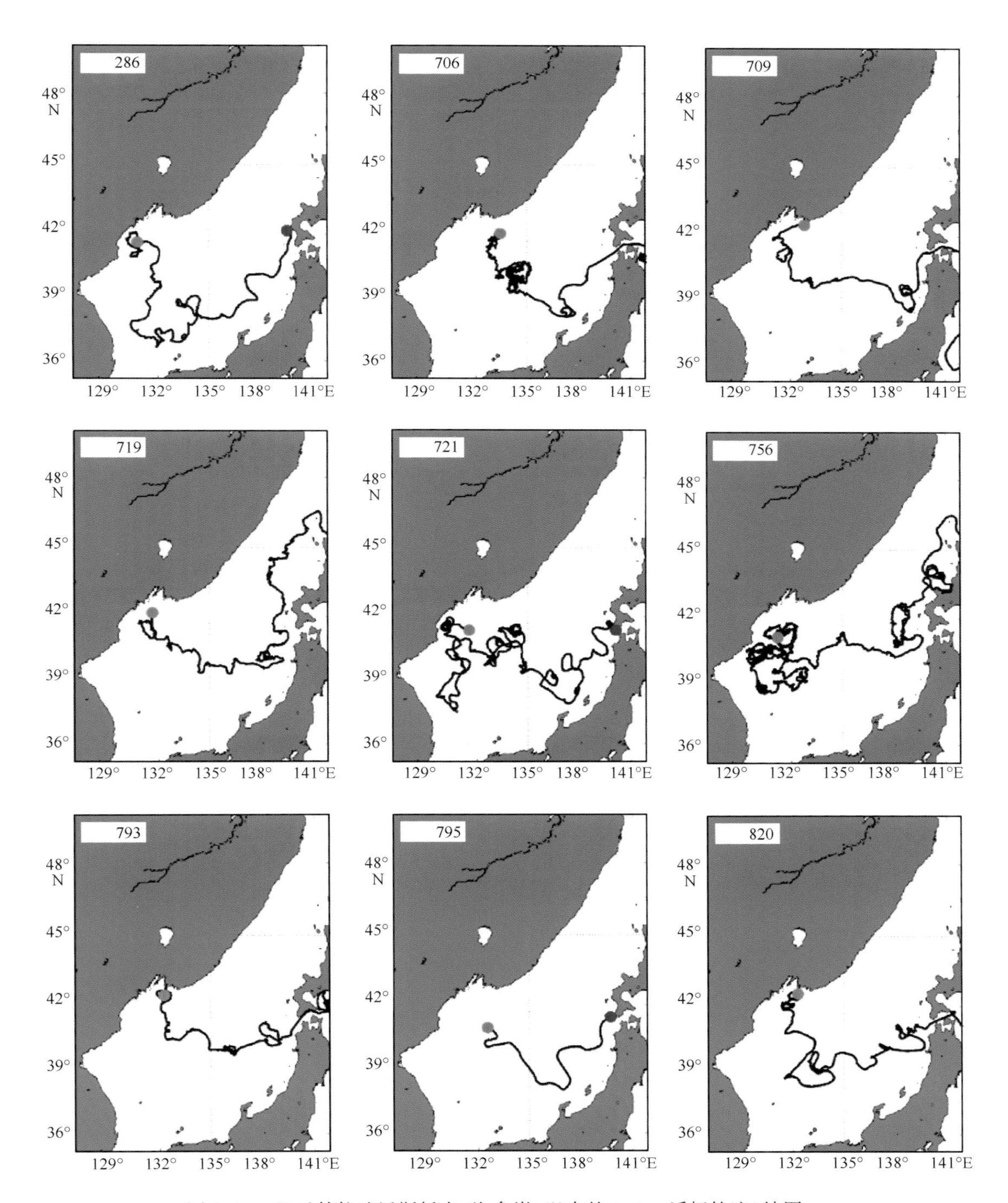

图 2-21　经过符拉迪沃斯托克(海参崴)以南的 Drifter 浮标轨迹(续图)

红色点是浮标的布放位置，蓝色点是浮标的回收位置，黑色线是浮标的移动轨迹，左上角的标签数字是浮标的序号。

制轨迹示意图并统计浮标的起放时间和回收时间(表 2-2)。从浮标轨迹图像中可以看到，经过该海域的浮标几乎都是在 42°N，131°E 附近布放。从统计到的浮标布放时间信息和漂流时间来看，绝大多数浮标布放在符拉迪沃斯托克(海参崴)以南的时间是 10 月、12 月、1 月和 2 月，向东南方向移动的时间段正值西北季风盛行。这些浮标的轨迹特征佐证了冬季符拉迪沃斯托克(海参崴)以南存在东南向风生流的推论。

表 2-2　风生流区域浮标详细信息

轨迹序号	浮标标号	起放时间	回收时间
216	56727	2005-10	2006-09
255	67164	2007-01	2007-06
260	67169	2007-01	2007-09
263	67172	2007-01	2007-10
277	67190	2007-01	2007-05
280	67193	2006-12	2007-07
281	67194	2006-12	2007-03
283	67197	2007-01	2007-07
284	67199	2007-01	2007-08
286	67201	2006-12	2007-06
706	9525698	1996-02	1996-12
709	9525702	1995-08	1996-08
719	9525713	1996-02	1996-08
721	9525715	1996-02	1997-05
756	9620230	1996-08	1998-08
793	9820335	1999-10	2000-04
795	9820580	1999-06	1999-07
820	9921963	1999-10	2000-04

通过对日本海风生流和地转流的计算分析，结合 ERA-5、Quikscat、Windsat 风场资料，在表层环流时空变化特征分析结论的基础上，进一步揭示了日本海各个主要流系的物理性质，并对符拉迪沃斯托克(海参崴)以南的风生流驱动机制做出了解释，认为这支风生流是由冬季西伯利亚冷空气南下带来的西北季风驱动的表层寒流。根据地转流场的分析结果，认为日本海环流的主要部分是常年稳定的地转流，小部分是年内变化比较显著的风生流。

2.4　中深层环流

以往针对日本海中层和深层环流开展的研究主要依赖有限次的航海调查搜集到的短时航线断面资料以及锚系潜标观测到的单点站位资料，例如，Takematsu等利用CREAMS深层流速资料和ECWMF风场资料，探究了日本海深层流场的季节性变化以及深层环流风应力的关系；Park等利用24个漂流浮标的1 381组断面资料，研究了郁陵海盆300~800 m中层环流的结构特征，并且讨论了地形对中层环流的控制作用。日本海1 000 m以下深度的长期观测始于第二次世界大战结束，但从观测计划和研究成果的统计来看，中深层数据量比表层要少得多，研究成果相比表层环流也少得多。因此，在充分利用实测资料的基础上，很有必要借助数值模式产品对日本海中层和深层环流展开进一步的研究。从表层流场的分析过程可以看出，数值模式得到的流场总是与实际流场存在差别，但各个模式流场所能体现出来的共同特征往往与实际流场是对应的，如果不同的数值模式能够得到相同的海盆尺度或者稳定的中小尺度现象，说明这些现象能够满足一定的物理机制，在数值模拟的结果中应当得到体现。因此，对于中深层环流的研究，本章讨论了不同模式的流场特征，并集中关注不同模式流场之间的共同特征和现象。

2.4.1　100 m环流结构特征

图2-22至图2-25分别是HYCOM、OFES、ECCO和FRA-JCOPE2的逐月平均流场矢量图。总的来说，100 m环流结构特征与表层环流结构特征相似。HYCOM流场的主要流系分布在日本海的南部，平均流速冬季大于夏季。100 m环流基本上保留了对马暖流全部支流，只是形态上有所改变。对马海峡、津轻海峡的深度大于100 m，海峡通道流仍然影响整个100 m环流体系，因此保留了表层环流西南进、东北出的单向贯穿水量运输机制。此外，秋季、冬季在日本海盆出现了反气旋式环流，流速大于0.05 m/s，环流中心位于42°N，138°E。OFES流场中，100 m环流与表层环流的形态特征几乎完全一致，不同的是对马暖流缺少了近岸分支，只保留了离岸分支。

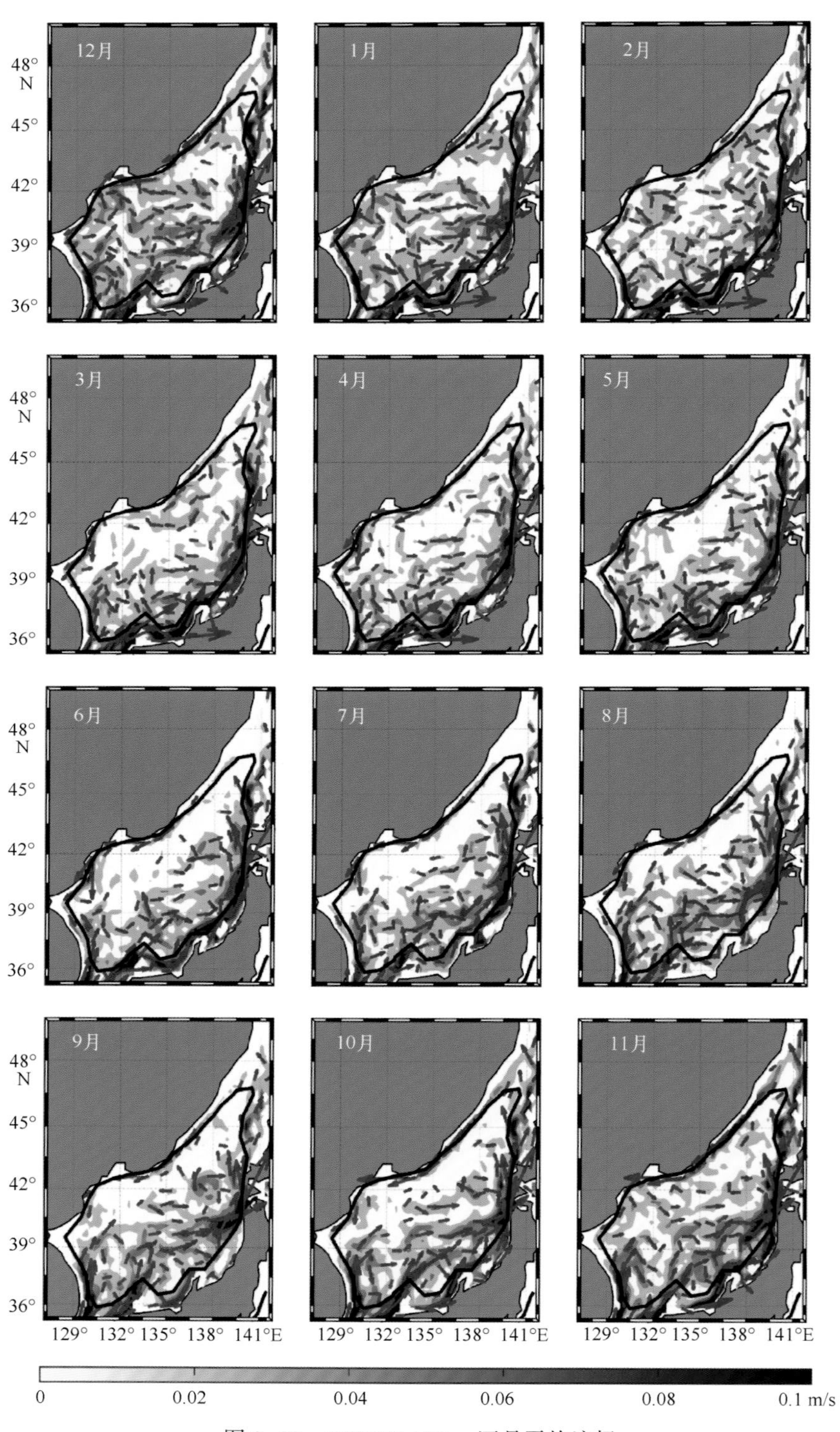

图 2-22 HYCOM 100 m 逐月平均流场

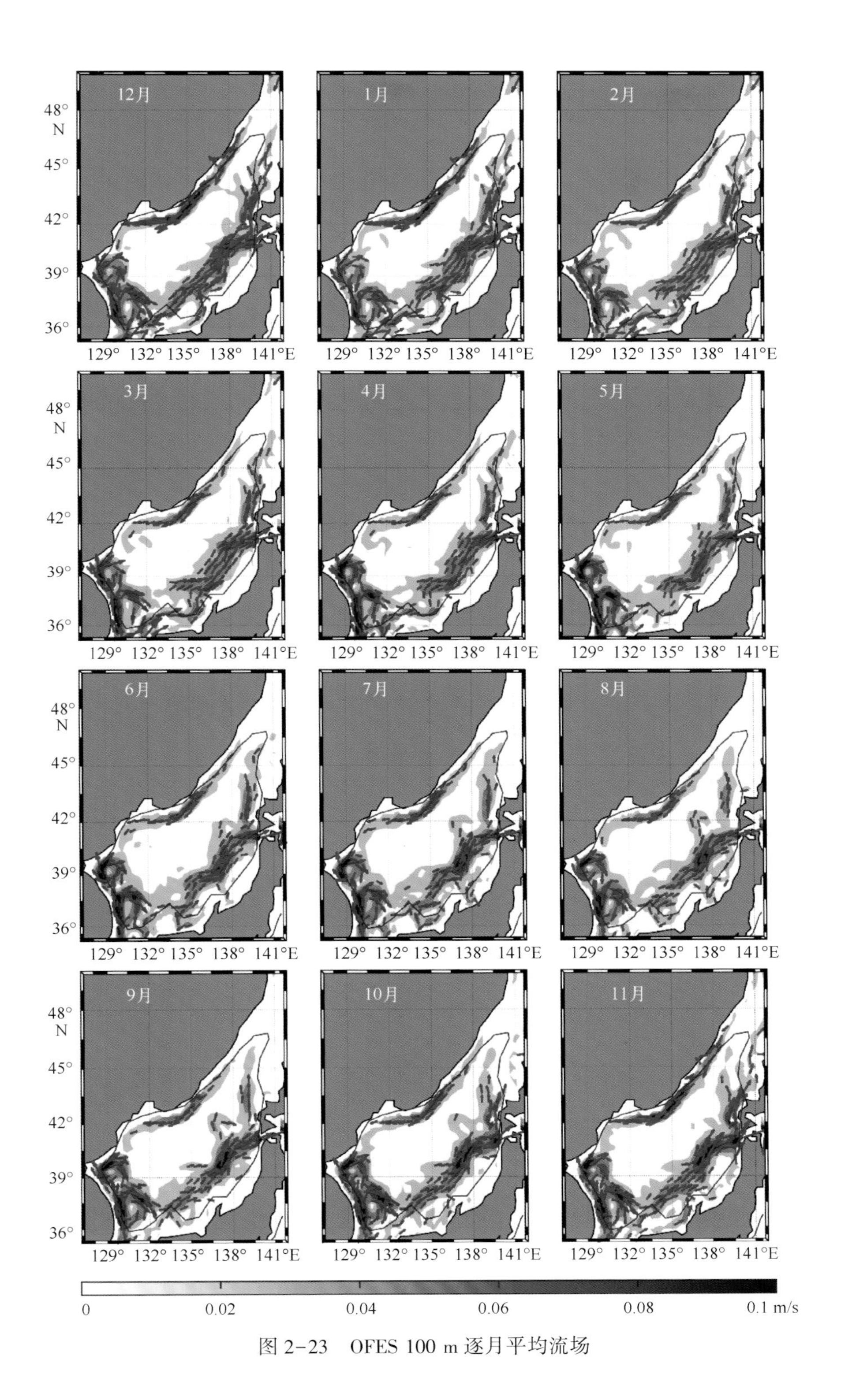

图 2-23 OFES 100 m 逐月平均流场

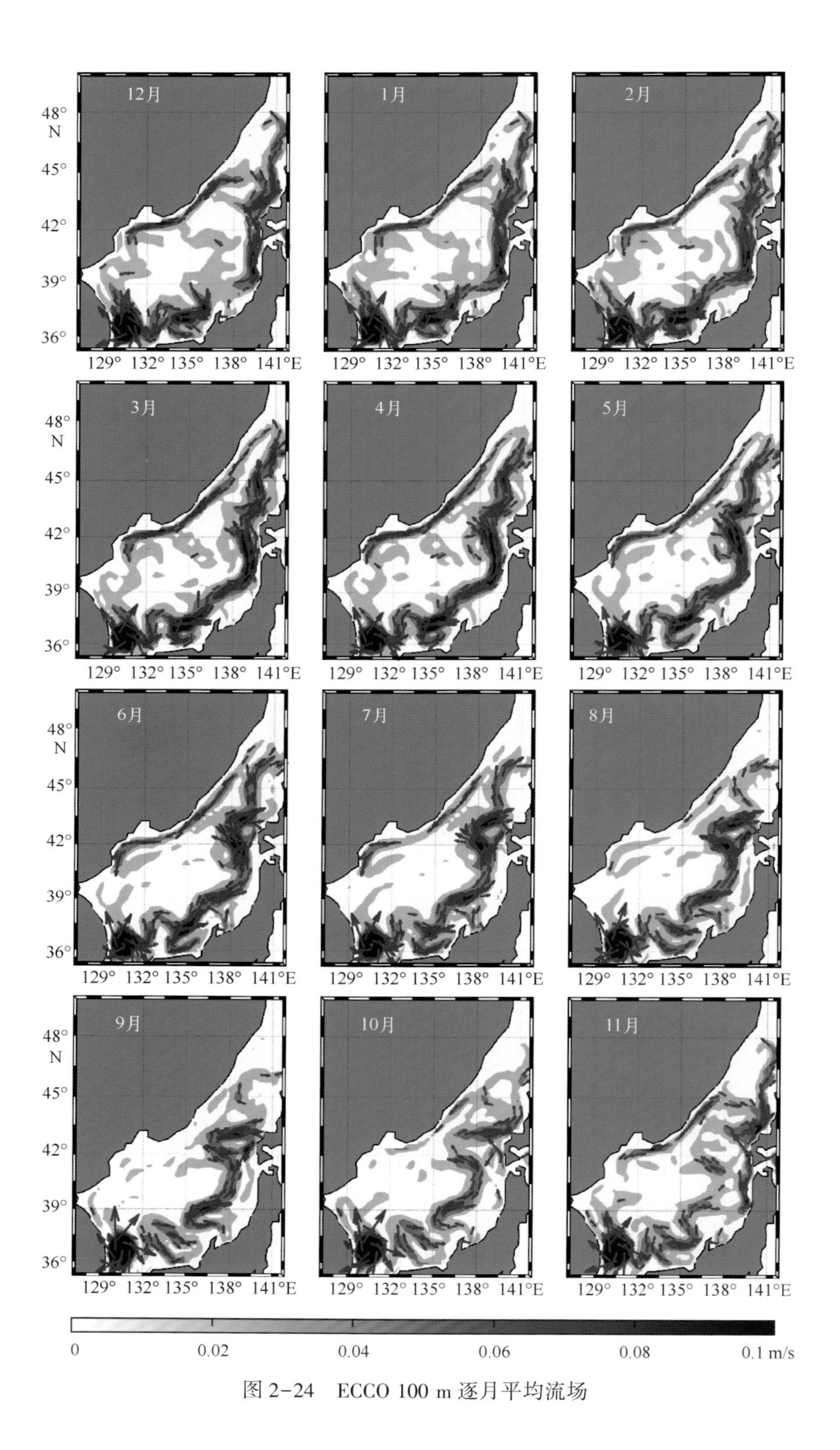

图 2-24 ECCO 100 m 逐月平均流场

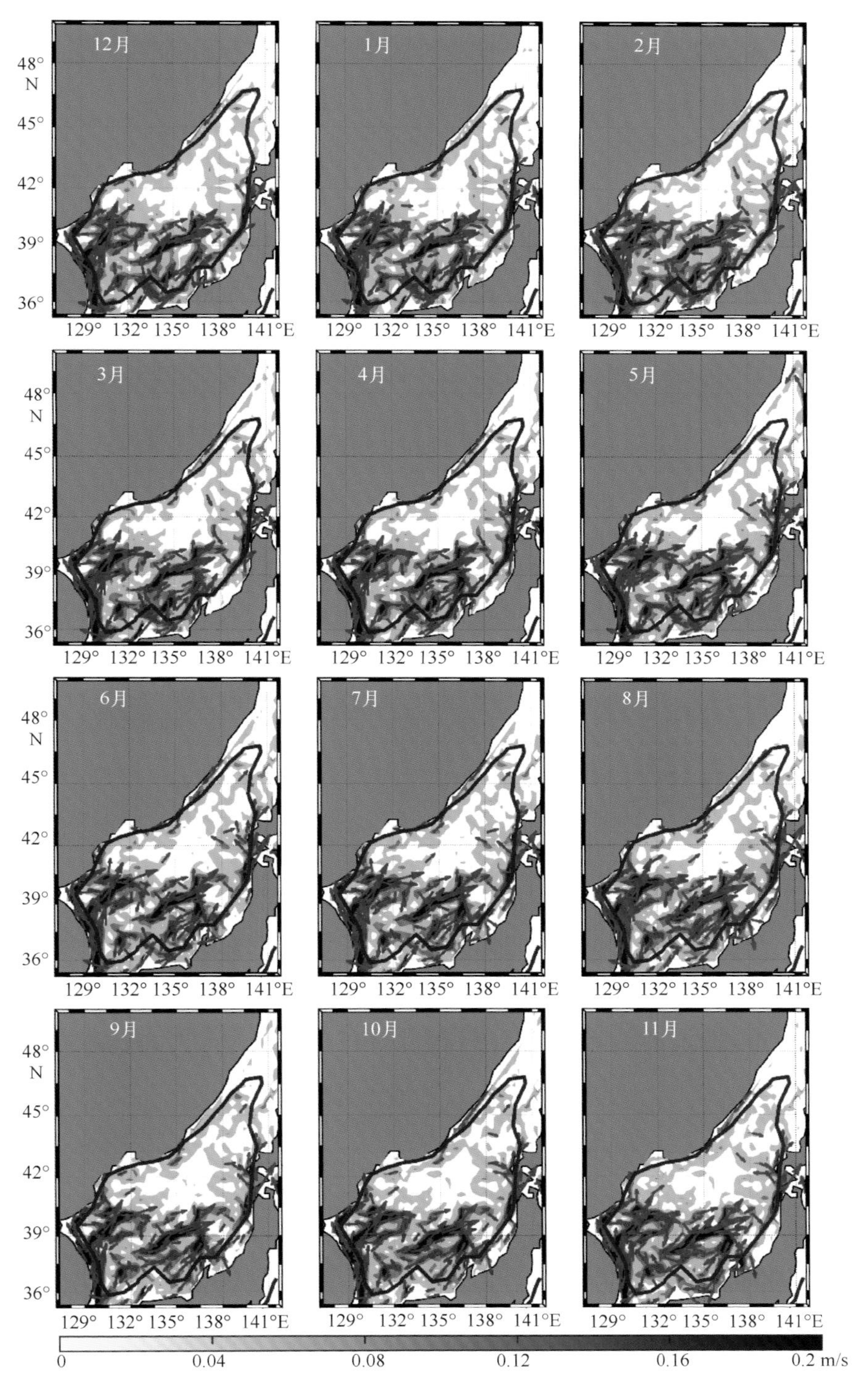

图 2-25　FRA-JCOPE2 100 m 逐月平均流场

东朝鲜暖流北上过程中的两次离岸现象仍然明显，且离岸后形成的两个流环常年稳定存在。黎曼寒流相比表层有所减弱，季节变化特征与表层相同。在 ECCO 流场中，单支弯曲的形态仍然很明显，韩国东海岸的反气旋涡依然是整个 100 m 流场中最强的一部分，环流结构与表层相同，存在黎曼寒流，强度比表层弱，年内变化特征与表层相同。FRA-JCOPE2 的 100 m 流场特征与表层相同，只是流速略有减弱。流速的大值区全部位于副极地锋以南，与其他三种模式的流场存在显著差异。大和海盆存在一个近似椭圆形状的反气旋式环流，环流的中心位于 38. 5°N，136°E。东朝鲜暖流北上过程中只发生了 40°N 的一次离岸，且不形成季节性变化的流环，这一现象与表层也是一致的。

2. 4. 2　500 m 环流结构特征

与 100 m 流场相比，500 m 流场受到表面流场的影响显著减小，流速在 0. 01 m/s 的量级。由于深度向下加深了 400 m，地形对环流的控制作用也发生了一定程度的变化，三个海峡通道的进出流也基本上失去了对中层环流的影响和控制。因此，500 m 环流相对于 100m 环流具有相对的封闭性和独立性。图 2-26 至图 2-29 分别是 HYCOM、OFES、ECCO 和 FRA-JCOPE2 的逐月平均流场图。HYCOM 流场呈现涡旋主导的特征，表层的主要流系在 500 m 已经变得不明显，在日本海盆附近存在一个明显的气旋式环流，环流中心的位置随着季节变化，11 月至翌年 1 月环流中心位于日本海盆西侧，大致位于 41. 5°N，137°E，2—5 月环流中心东移，在移动的过程中流速逐渐加快，流环逐渐缩小，5 月基本固定在 139°E 的位置，此后环流继续增强，直到 9 月份环流开始回退，强度减弱的同时流环也在扩大，最终回到 12 月份的位置。此外，沿着 1 000 m 地形等深线可以观察到海水存在一个整体的反气旋式流动趋势，尤其是夏季存在很明显的南向东边界流，但由于个别位置的流速很小，因此沿 1 000 m 等深线没有形成一个闭合的环流。OFES 流场呈现多个闭合环流共存的特征，首先是副极地锋以北的区域存在一个围绕整个日本海盆流动的大型气旋式环流，其西部流速明显强于东部，表层和 100 m 未出现的副极锋流在 500 m 深度出现，平均流速在 0. 01 m/s 以上。其次，尽管东朝鲜暖流自身的特征在 500 m 已经不明显，但是它两次离岸后形成的表层流环在深层仍然维持，并且 41°N 的流环比 37°N 的流环更强。37°N 的流环存在一定的季节变化，即夏秋季节较强，流环轮廓明显，而冬春季节流环减弱甚至消失。黎曼寒流仍然维持且强度最大，成为日本

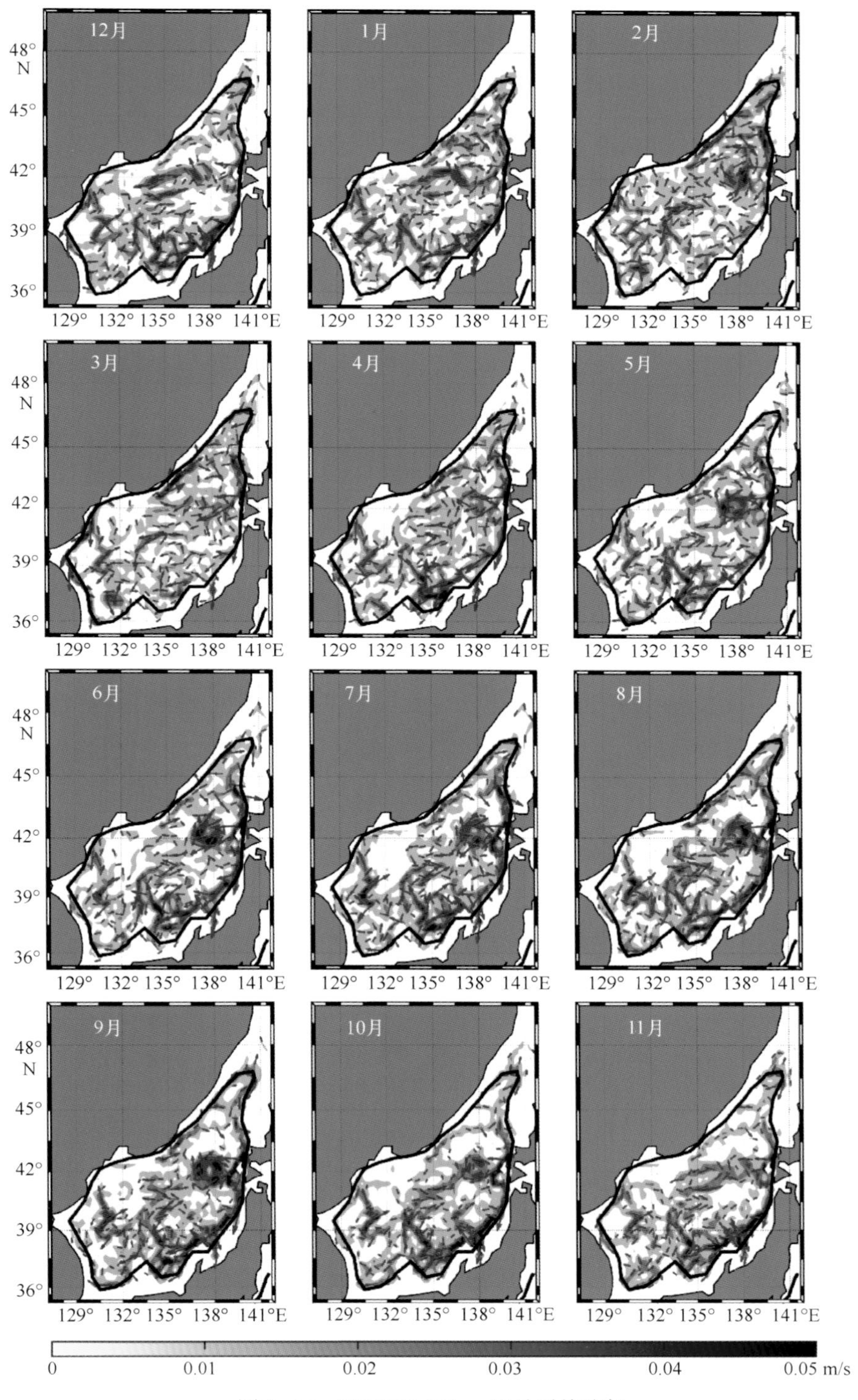

图 2-26　HYCOM 500 m 逐月平均流场

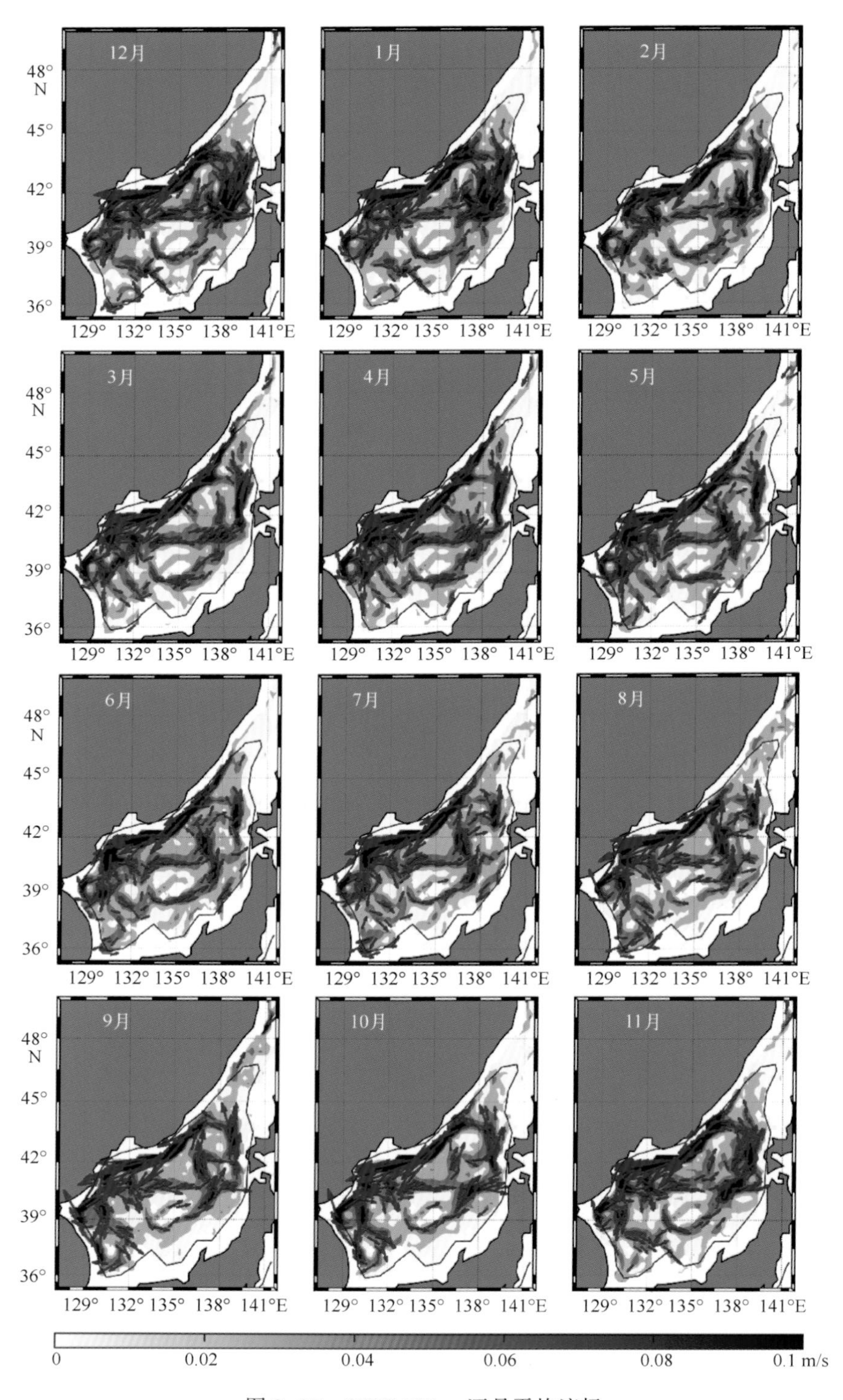

图 2-27 OFES 500 m 逐月平均流场

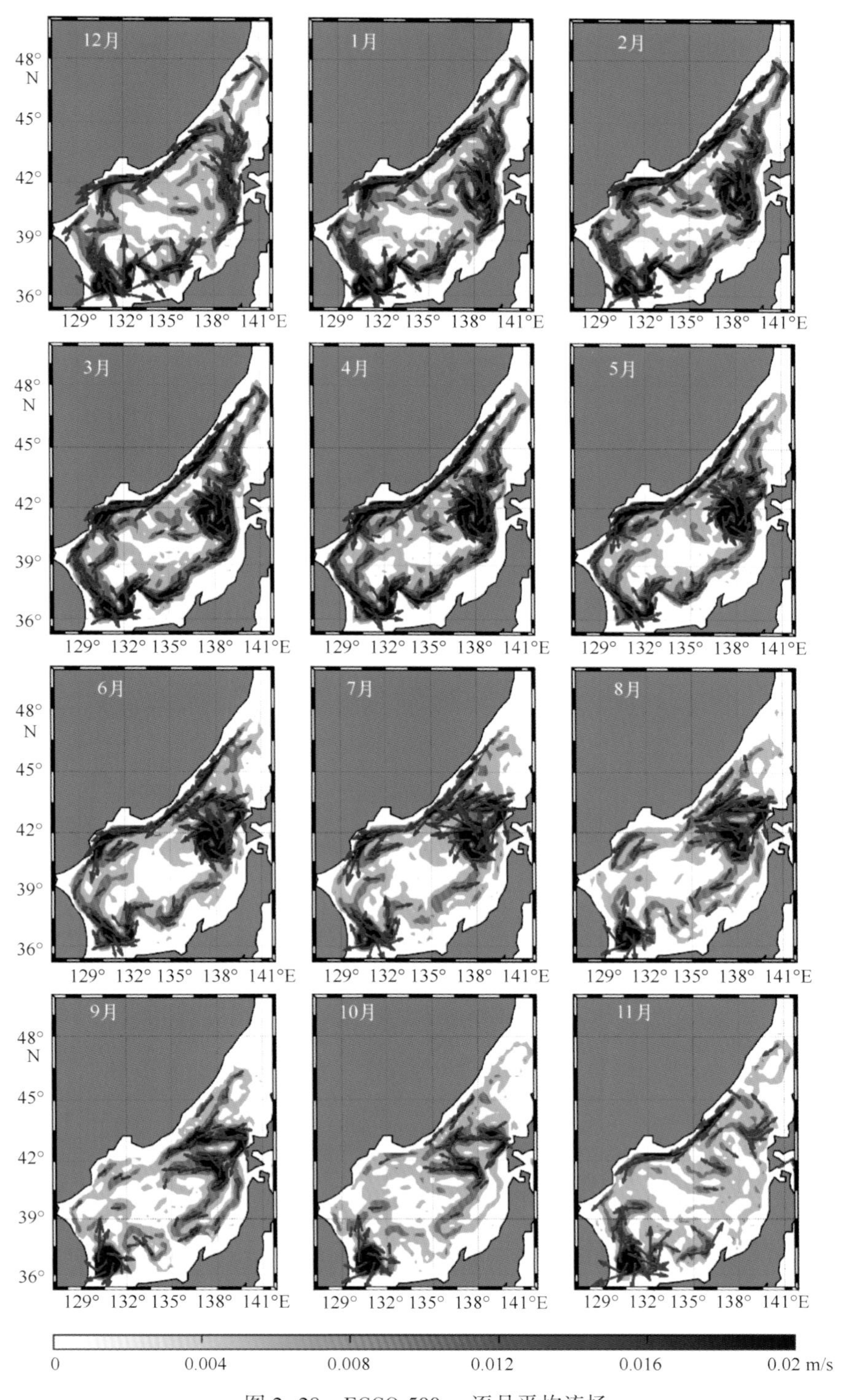

图 2-28 ECCO 500 m 逐月平均流场

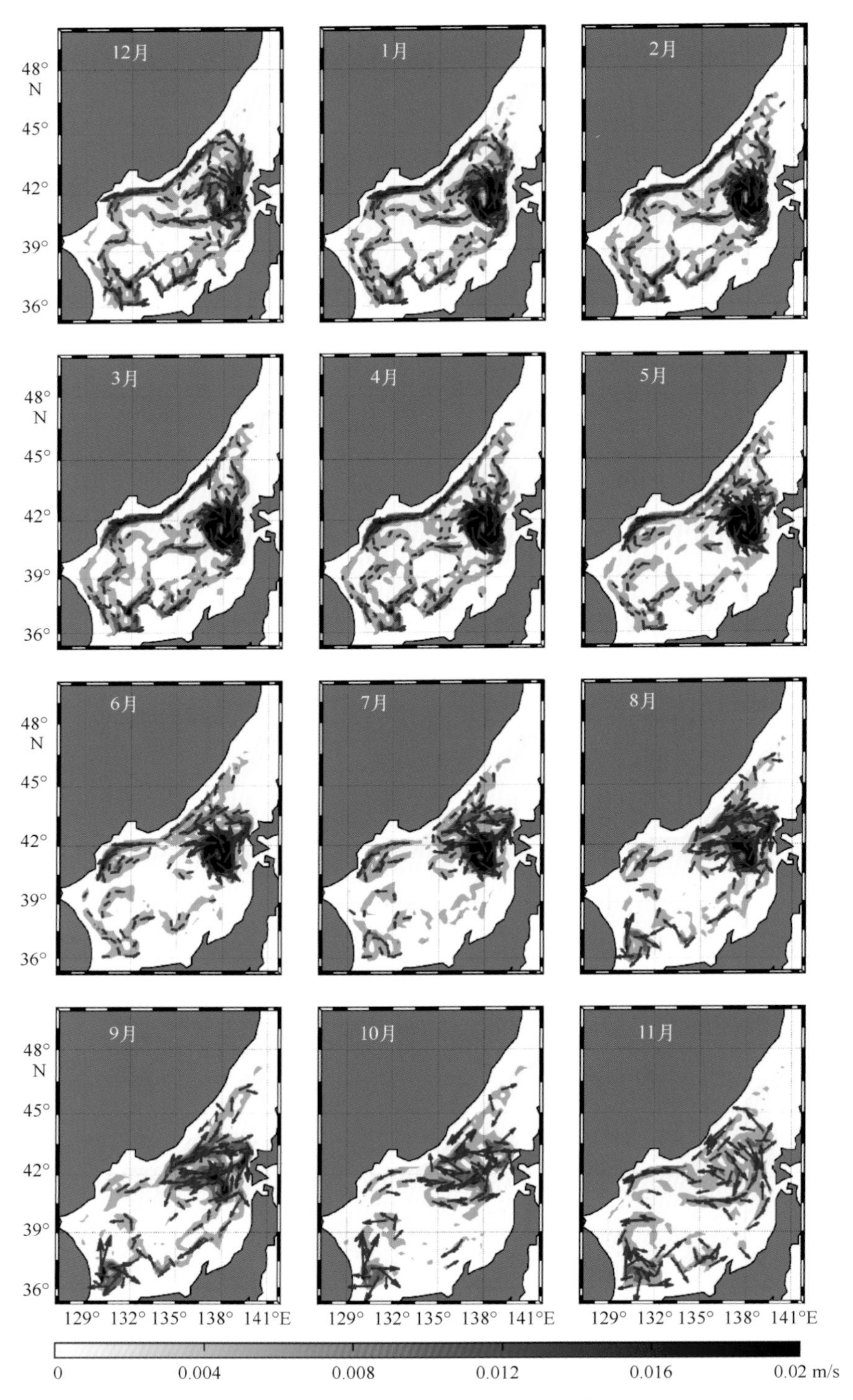

图 2-29 FRA-JCOPE2 500 m 逐月平均流场

海盆气旋式环流的一部分，随季节变化不是很明显。ECCO 流场存在一支围绕整个日本海 500 m 地形等高线流动的气旋式环流，同样表现出西强东弱的特征，黎曼寒流和日本海盆东侧的小型气旋式环流是整个 500 m 环流最强的部分。值得注意的是，日本海盆东侧的气旋式环流与韩国东海岸的反气旋式环流存在一个很明显的反相季节变化特征：当秋冬季节西南侧反气旋环流达到最强的时候，东北侧的气旋式环流就会逐渐消散，而夏秋季节东北侧气旋涡达到最强时，西南侧反气旋环流不会消失，而是闭合性减弱，流速略有减小，形成弯曲流。同时，东北侧气旋涡的强度与整个 500 m 等高线的气旋式环流强度也有同步变化。FRA-JCOPE2 的 500 m 环流特征与表层环流和 100 m 环流相近，流系比较紊乱，没有明显的环流系统出现，可能与模式自身的计算误差有关。总的来说，各个数值模式的 500 m 流场都呈现一定的独立性和封闭性，存在多涡结构，但同时也会受到表层流场的一定影响，部分流系与表层流系相对应。由于海峡通道流的控制作用减小，海盆尺度的环流输运替代了单向水量运输机制。各模式流场的共同特征是黎曼寒流仍然很强，影响深度可以达到 500 m 甚至更深；在日本海盆的东侧存在一个气旋涡，气旋涡的强度随季节变化；此外，环绕最外围的 500 m 地形等深线有一股海盆尺度的边界流在流动，从流速上看，边界流的西段比东段流速更快。

2.4.3　1 000 m 环流结构特征

日本海 1 000 m 以深的海水覆盖面仍然很大，各个海盆的最大深度都超过了 1 000 m，所以海底地形特征仍然会对流场具有重要的控制作用。由 HYCOM 深层流速资料绘制的 1 000 m 流场图像呈现复杂多变的多涡旋结构(图 2-30)。其中日本海盆的一对气旋涡和反气旋涡是较为稳定存在的，且两者的强度具有一定的反相变化特征。东侧气旋涡的中心位于 42.5°N，138°E，西侧反气旋涡的中心位于 41°N，135°E。夏季东侧气旋涡较强，冬季西侧反气旋涡较强，两者有强度交替增强(减弱)的变化趋势，涡旋中心附近的流速可以达到 0.05 m/s 以上。表层黎曼寒流和离岸分支对应的位置出现弱的东北向流，这与表层和 100m 流场是反向的。OFES 1 000 m 流场与 500 m 流场具有诸多相似的特征，不同之处在于深度增加，一部分环流结构消失，同时也保留了一部分 500 m 的环流结构(图 2-31)。围绕整个日本海盆常年存在一个海盆尺度的气旋式环流，沿着 2 000 m 等深线流动。海盆中心是无流区，边缘流速可以达到 0.01 m/s 以上，其南侧流存在于表层副极地锋的位置。海盆北侧的流速明显强于南侧，东西两侧都是大值区。海盆尺度的环流之外还存在一些中小尺度的涡旋，这些涡旋强度较小，相比气旋式环流要小得多。ECCO 1 000 m 流场也具有与 500 m 流场相似的特征，在对马岛以北和日本海盆东侧存在一对气旋涡和反气旋涡，两者强度随着季节而发生反相变化，当东北侧气旋涡加强的时候，西南侧的反气旋涡减弱直到完全消失，反气旋涡增强的时候，反气旋涡会有一半以上幅度的减弱，但不会完全消失(图 2-32)。此外，表层 LCC 位置处仍然存在沿岸的西南向流，季节变化特征与表层相同，说明黎曼寒流的影响深度在 ECCO 的模式结果中可以达到 1 000 m 以上。FRA-JCOPE2 1 000 m 流场与 500 m 流场也是相近的，但多个位置处的流速超过了 0.1 m/s，显著大于其他模式流场在这一深度的最大流速(图 2-33)。1 000 m 流场没有出现大型环流特征，流场形态基本不随季节变化，涡旋特征也不是很明显。各个模式1 000 m 深层环流的形态结构各异，时空变化特征也不尽相同，但仍然具有几个大致共同的特征：①黎曼寒流可以影响到 1 000 m 的深度，流向基本稳定，流速流幅的季节变化特征与表层基本相同。②日本海盆东部，也就是深度最大的海域常年存在一个气旋式环流，且环流强度具有一定的季节变化。

2.4.4　2 000 m 环流结构特征

深度增加 1 000 m 之后，近岸区域的流场范围再次缩小，此外，大和隆起(YB)的最大深度不足 2 000 m，所以对应日本海的中间区域缺少了一块流场数据。HYCOM 2 000 m 流场最主要的特征是日本海盆东部存在一个随季节发生强度变化和位置变化的气旋涡，秋冬季节气旋涡的尺度有所增大，移动到日本海盆中心位置附近，涡旋流速没有发生大幅度的变动，春夏季节气旋涡尺度显著减小，退回到日本海盆东侧位置，夏季流速略有增大(图 2-34)。气旋涡之外还存在一系列中小尺度的涡旋，它们出现的位置是比较固定的，而形态特征上存在比较明显的年内变化。OFES 2 000 m 流场与 1 000 m 流场具有相似海盆尺度环流特征，即围绕日本海盆都存在大的气旋式环流，在此背景场之外，日本海盆东部存在一个季节变化的环流，它在冬季表现为逆时针的气旋式环流，夏季表现为顺时针的反气旋式环流(图 2-35)。ECCO 2 000 m 流场完全由日本海盆东侧的气旋式环流占据，环流最大流速可以达到 0.01 m/s 以上，夏季增强，冬季减弱，涡旋中心位置与 HYCOM、OFES 相同(图 2-36)。FRA-JCOPE2 2 000 m 流场形态结构与表层、次表层几乎完全一致，类似表层流场在中深层的投影，并且最大流速仍然可以达到 0.1 m/s 以上，说明对深层环流的模拟是不可靠的(图 2-37)。

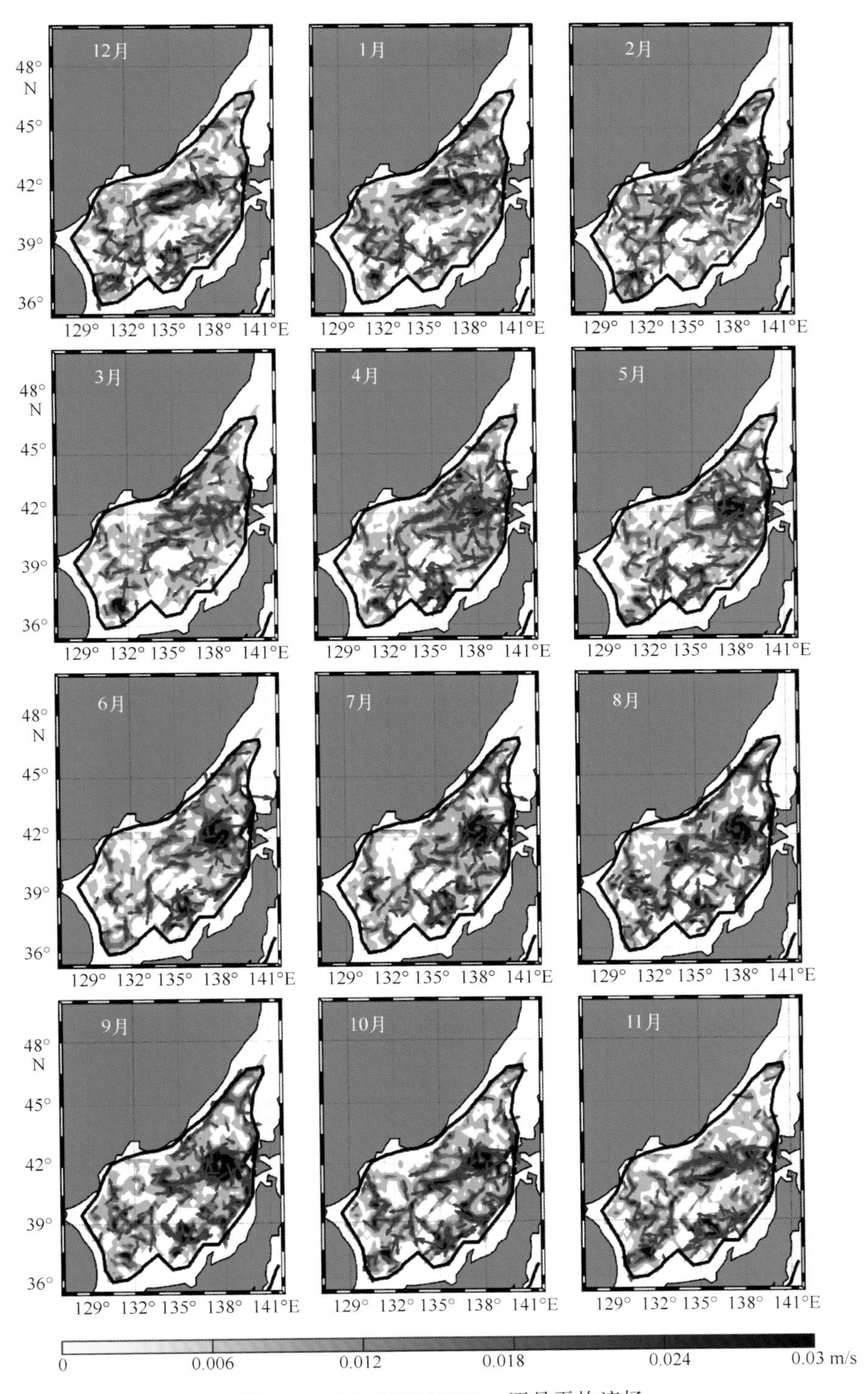

图 2-30　HYCOM 1 000 m 逐月平均流场

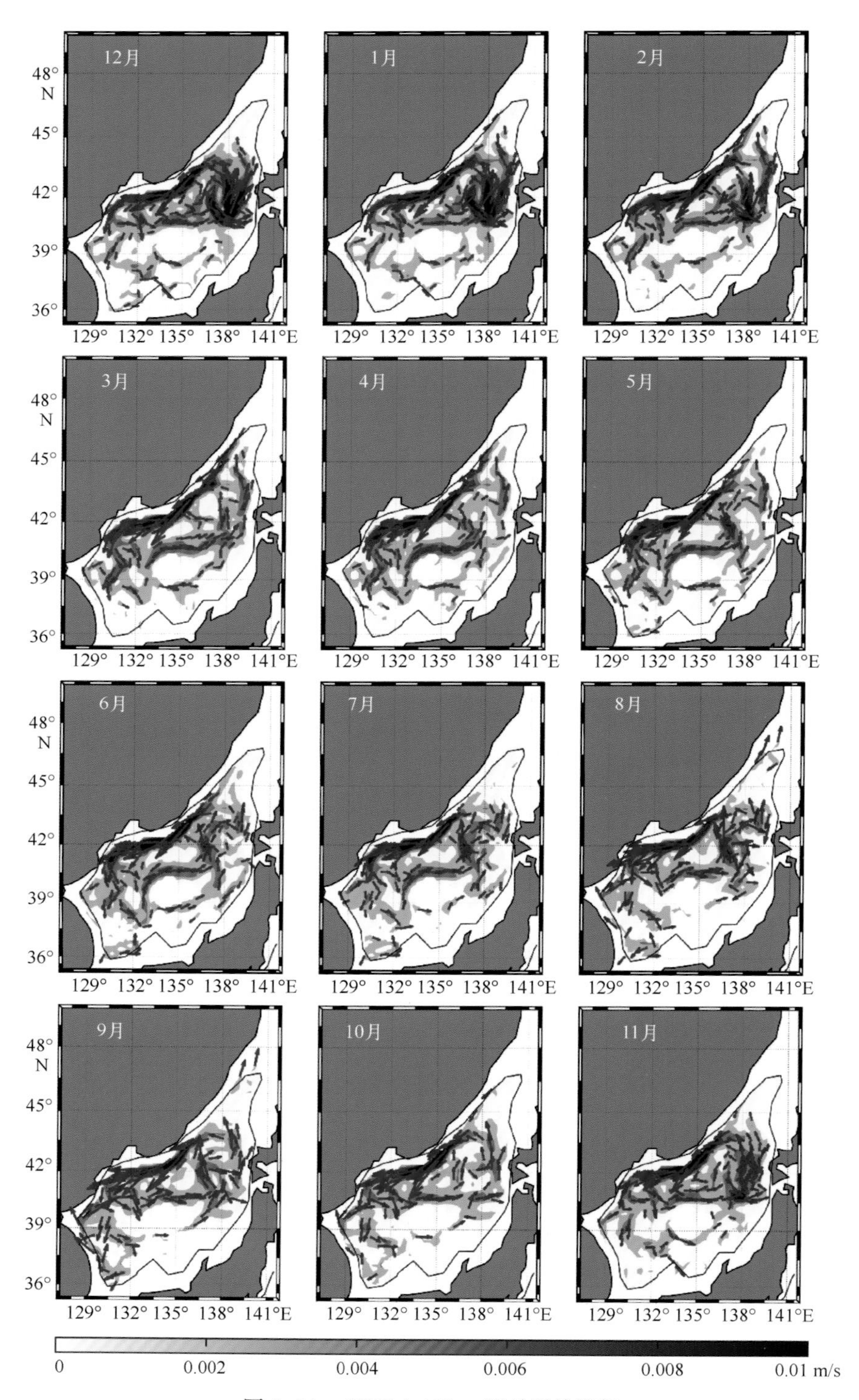

图 2-31 OFES 1 000 m 逐月平均流场

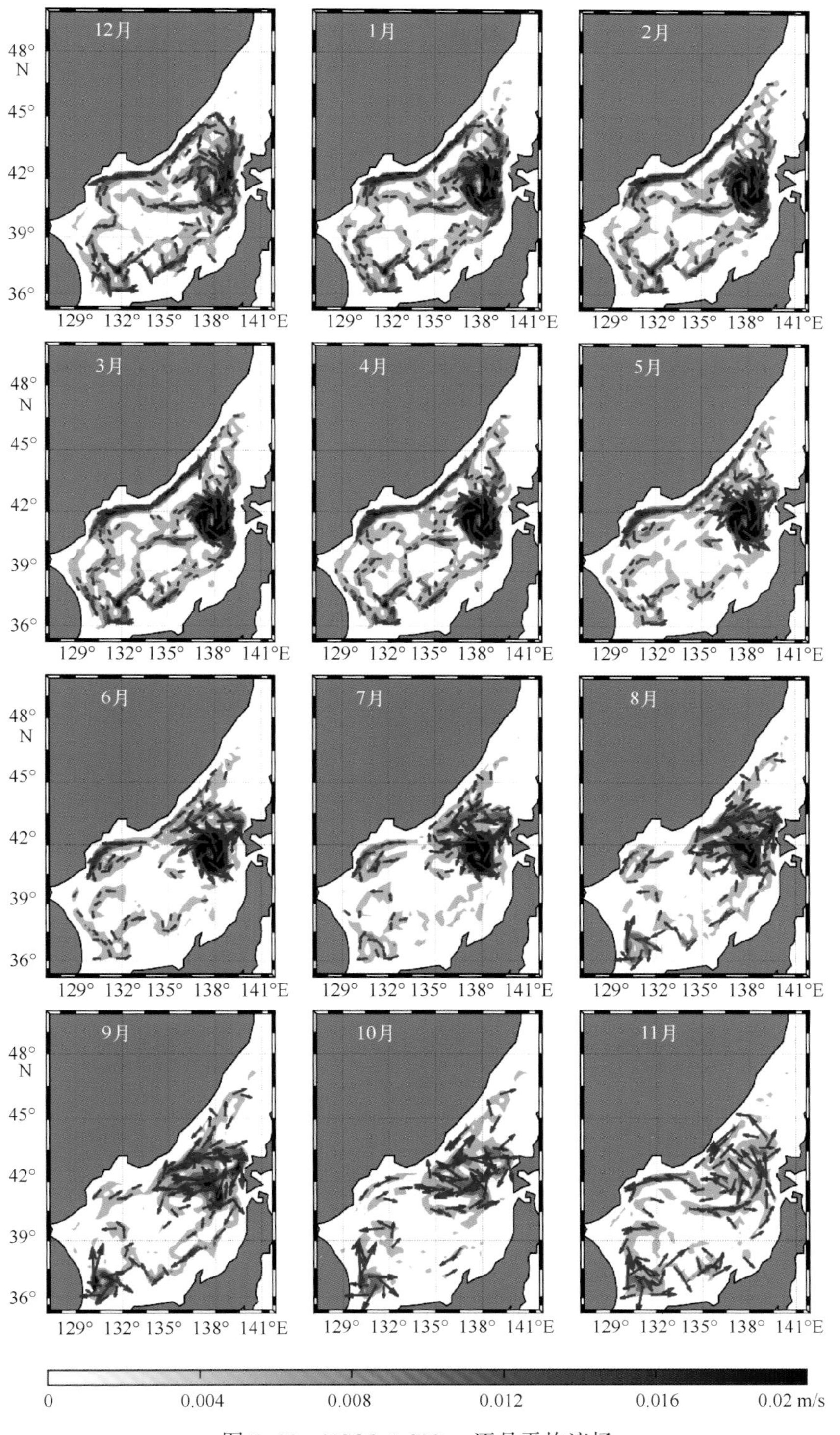

图 2-32 ECCO 1 000 m 逐月平均流场

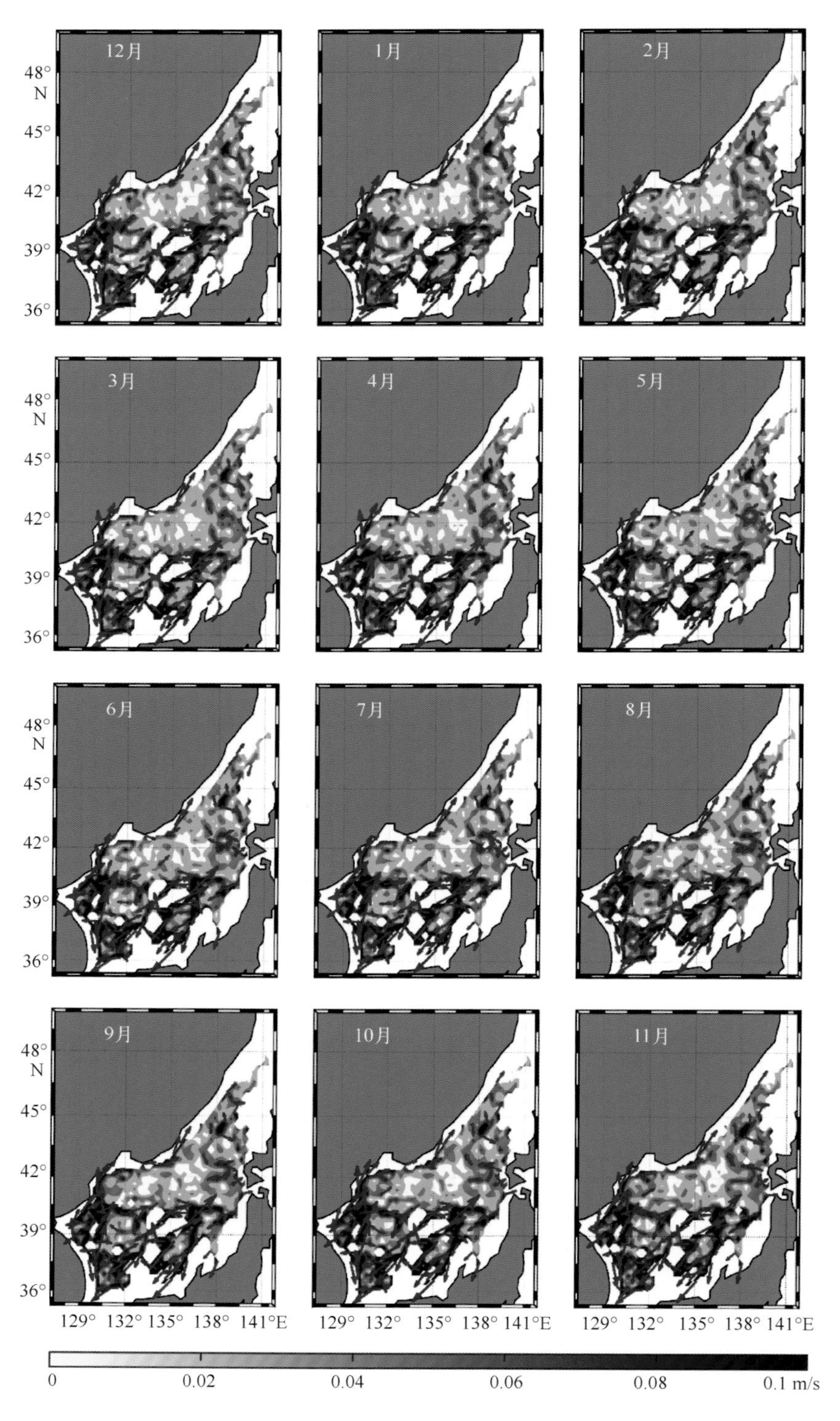

图 2-33　FRA-JCOEP2 1 000 m 逐月平均流场

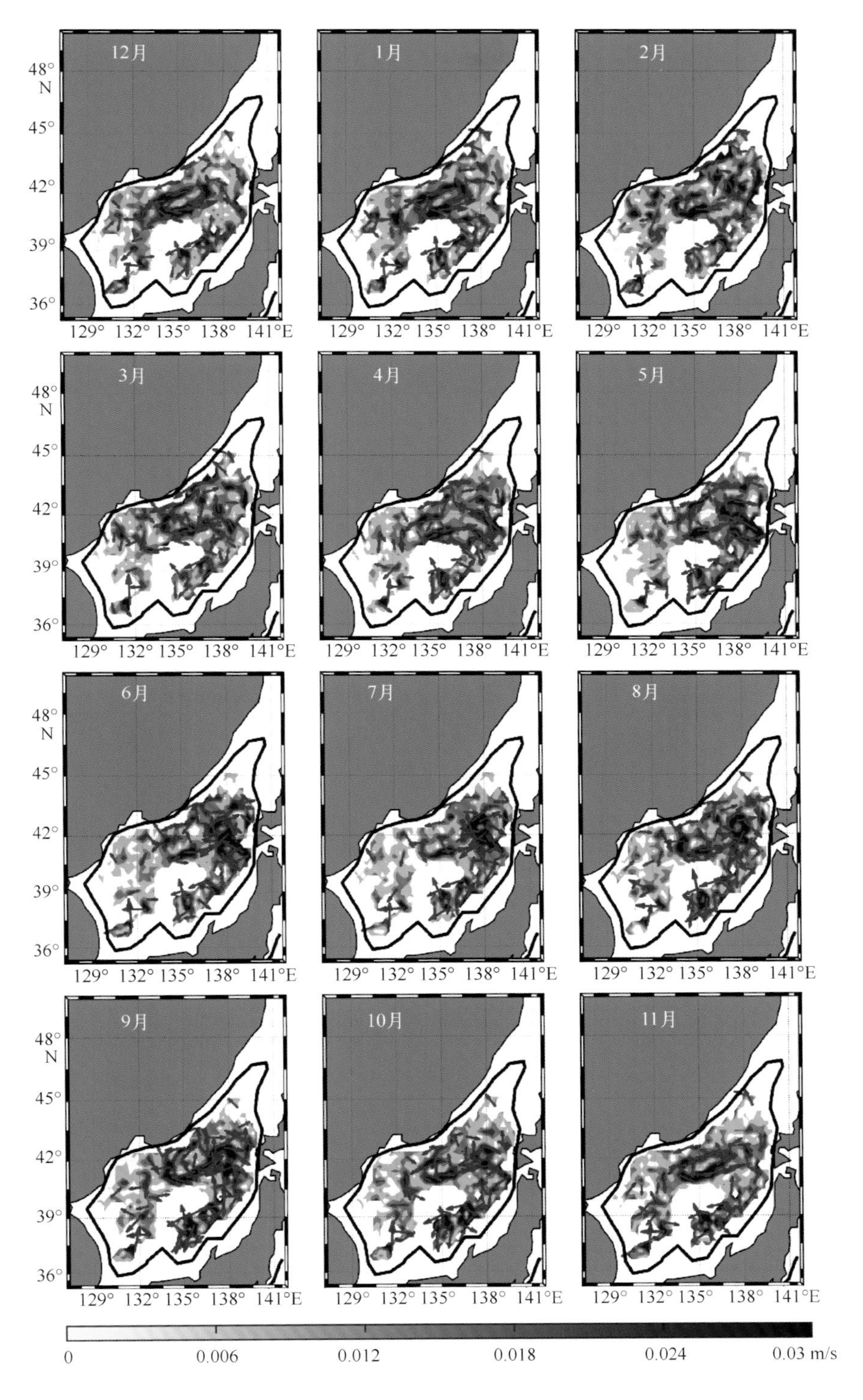

图 2-34　HYCOM 2 000 m 逐月平均流场

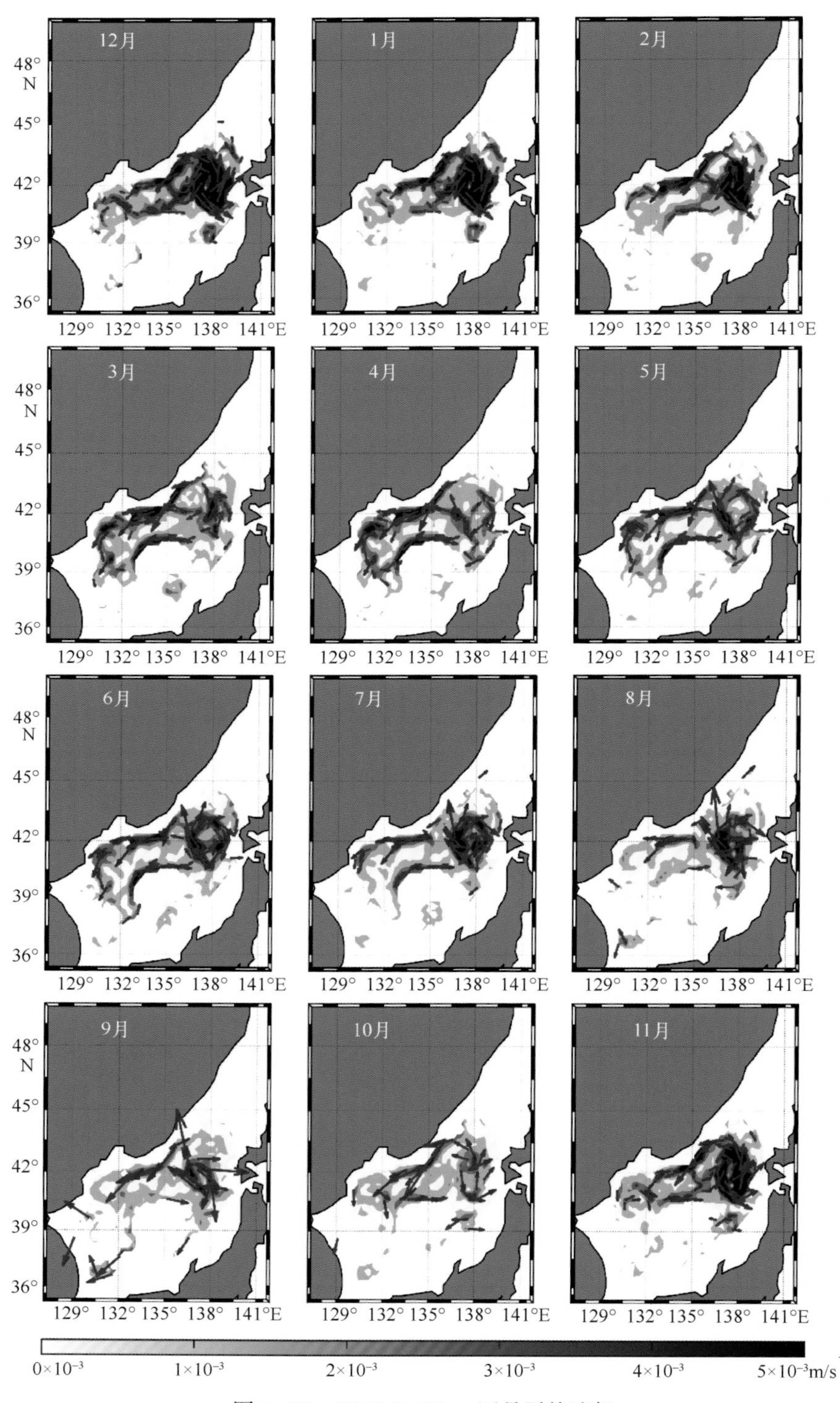

图 2-35　OFES 2 000 m 逐月平均流场

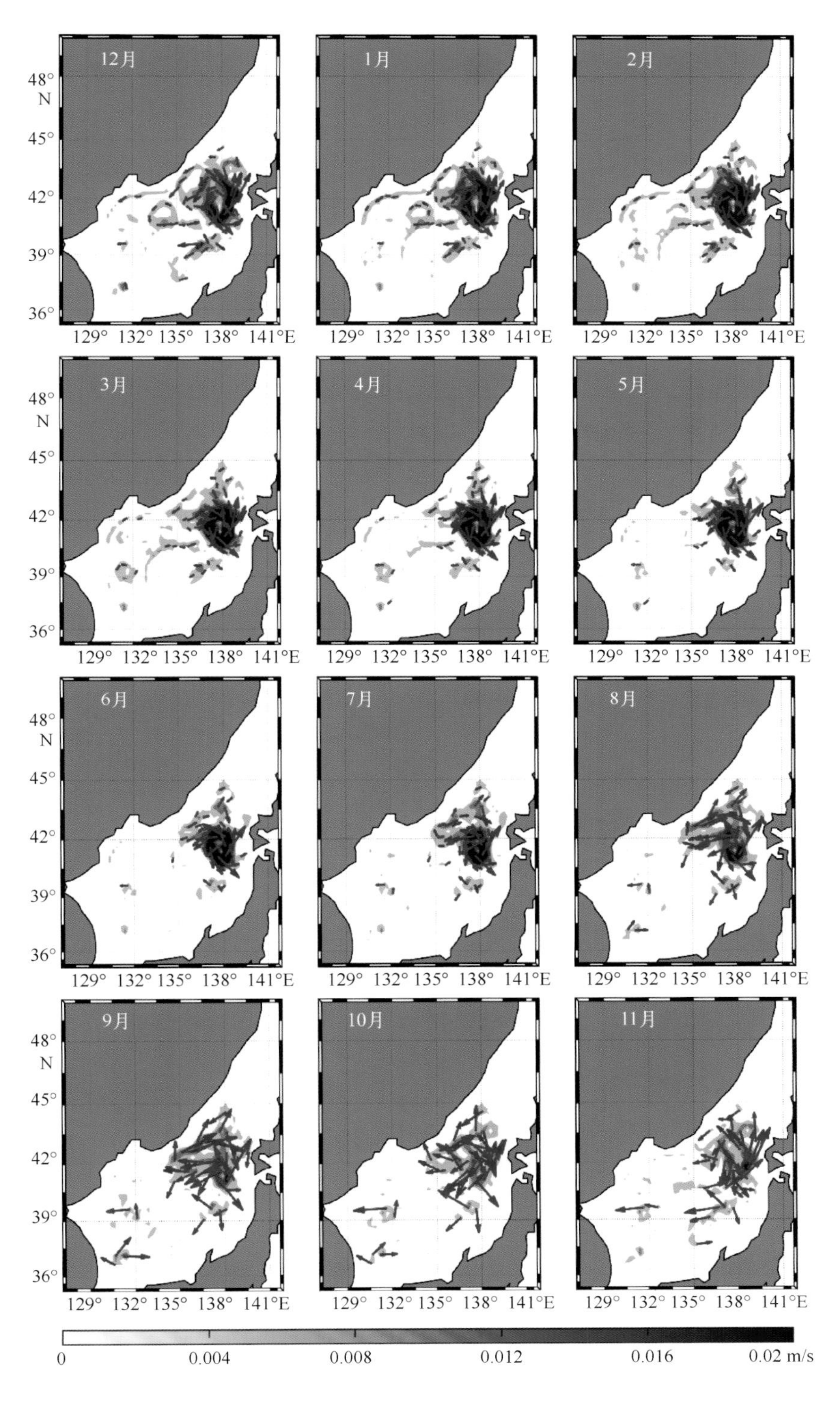

图 2-36　ECCO 2 000 m 逐月平均流场

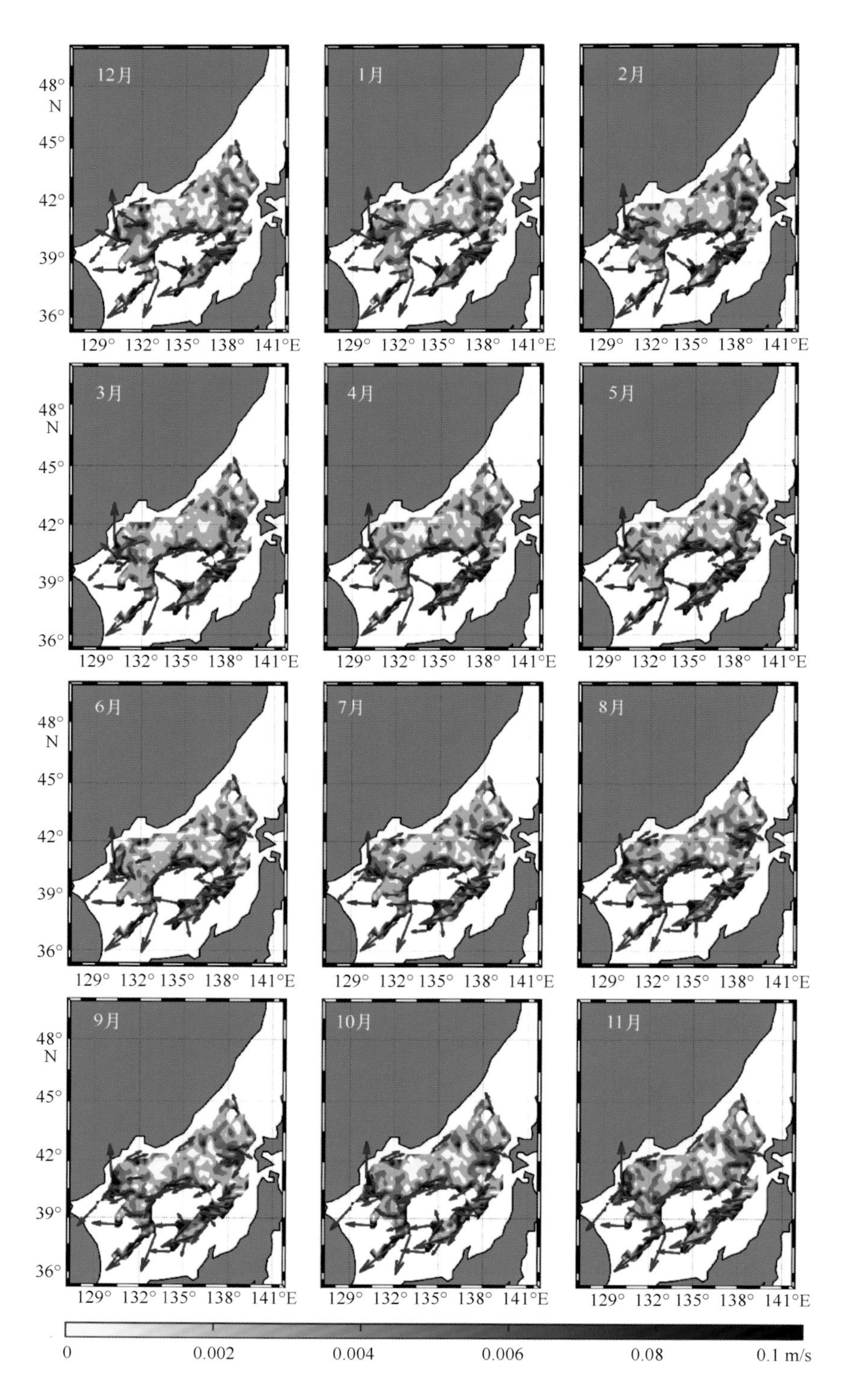

图 2-37 FRA-JCOEP2 2 000 m 逐月平均流场

2.5 总结

利用 Drifter 插值资料，结合四种数值模式资料作为参考，定性分析了日本海表层流场的时空变化特征，并在 Park 环流图的基础上修改和重构了日本海表层环流示意图，分冬夏两个季节将对马暖流、东朝鲜暖流、北朝鲜寒流、黎曼寒流、副极锋流以及符拉迪沃斯托克(海参崴)港以南的风生流等主要流系在环流示意图上进行标定。进一步，利用四种数值模式资料绘制 100 m、500 m、1 000 m、2 000 m 逐月平均流场示意图，分析了中层环流、深层环流的时空变化，并寻找不同模式中深层环流的共同时空变化特征：①在日本海盆东侧存在一个气旋式环流，环流的强度随季节变化，呈现夏季强，冬季弱的特点。②1 000 m 流场存在一个海盆尺度的气旋式环流，围绕整个日本海盆流动。中层环流可以达到 0.1 m/s 的量级，深层环流一般在 0.01 m/s 的量级。基于上述结论，得到一张日本海三维环流示意图(图 2-38)。

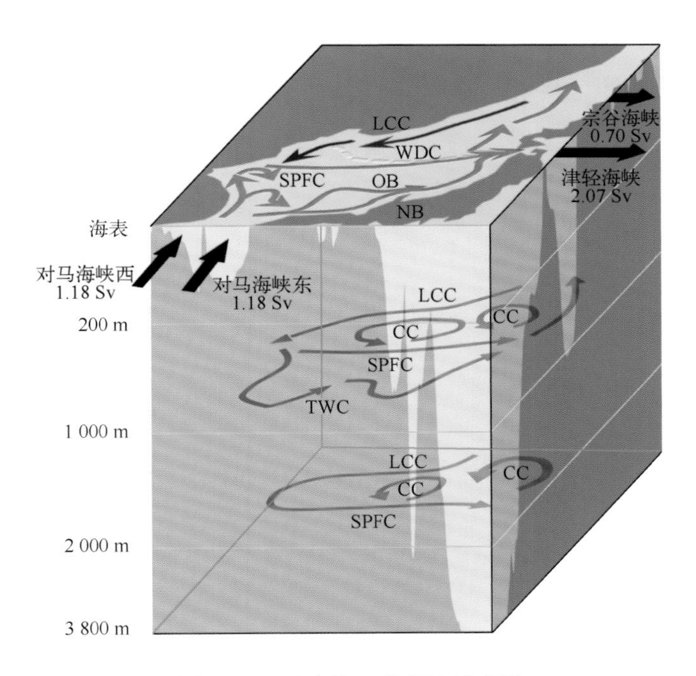

图 2-38　日本海三维环流示意图

第3章 日本海锋面时空变化特征

日本海的海温受东亚季风、温带气旋活动、对马暖流体积输送和大尺度的气候强迫等多种因素在不同时空尺度上的影响。早期，利用卫星数据和来自船舶和浮标测量的现场数据对日本海 SST 的季节变化、年变化和空间变化进行了广泛的研究。结果表明，大气强迫，特别是近地面风的季节变化起着重要作用。秋末冬初，强西北风从符拉迪沃斯托克(海参崴)北部的隘口进入日本海，引起 SST 冷却，这也是副极地锋西北支形成的重要原因。在年际和年代际变化尺度上，研究表明日本海 SST 的长期变化与西伯利亚高压、阿留申低压、北太平洋高压、东亚急流和东亚季风有关。除此之外，日本海 SST 还受到气候强迫的影响，如北极涛动、北大西洋涛动、西太平洋遥相关型和厄尔尼诺-南方涛动。对马暖流对日本海 SST 的影响也不可忽视，尤其是在日本海的南部。在全球气候变暖的背景下，日本海 SST 也呈现出显著的增暖趋势并且远高于全球平均水平，但这种趋势在最近 20 年有所减缓。

冬季，在西北季风和地形的共同作用下，日本海发生了有趣的变化。从符拉迪沃斯托克(海参崴)北部隘口进入日本海的大风带来的强烈湍流热通量损失是日本海特征水生成的主要原因。观测表明，冬季除符拉迪沃斯托克(海参崴)附近(41°N 以北)，SST 与风速异常呈现出强烈的正相关，反映了 SST 对表面风的影响。数值模拟实验也表明，SST 对日本海冬季风场、降水、局地大气环流的模拟十分重要。此外，更大尺度的大气环流形势也对日本海冬季 SST 的变化很敏感。数值实验表明，对马暖流流量的变化影响日本海 SST，进而影响鄂霍次克海低压。这样产生的大气环流型与观测发现的和对马暖流流量相关的大气环流型相一致，并且与西太平洋遥相关型很相似。更远的大尺度响应表现为在阿拉斯加附近的等效正压脊，通过瞬变涡旋通量辐合增强日本以东风暴路径的变异性来增强。海表面温度锋形成的最直接原因就是 SST 在水平方向上的不连续分布。因此，SST 的变化直接关系着锋面的变化，对日本海 SST 的变化，产生的影响进行充分的分析有助于对锋面的理解。

日本海最显著的特征之一就是副极地锋的存在。早期，Moriyasu 等就指出在日本海中央存在一条南部暖水与北部冷水的边界，并把它称作副极地锋。Legeckis，Huh 对热成像图片的研究证实了副极地锋的存在。Kubota 利用红外图像数据研究了副极地锋位置的变化，并解释了锋面与海底地形的关系。Isoda 等利用卫星观测的海温资料研究了副极地锋的季节变化。Senjyu 等和 Yoshikawa 等研究发现紧靠副极地锋北部的海水下沉形成了日本海中层水。Ou 等和 Gordon 等认为副极地锋处海水的辐合下沉，可以形成温跃层内的涡旋。副极地锋位置的移动将会影响日本海水团的形成与涡旋的产生。Talley 等的研究指出副极地锋在冬季的混合与对流中有着重要作用。Belkin 等对覆盖该区域现有的长期海温数据进行分析得到了长期的平均锋面概率图。Park 等对副极地锋的空间结构、次表层结构、时空变异性、与海底地形的关系进行了详细的研究。Choi 等对副极地锋的强度在季节和年际时间尺度上的变异性进行了多次数值模拟，指出在这些尺度上副极地锋的强度受到风应力的强烈影响。Zhao 等利用混合层模型研究了副极地锋的季节变化，定量评估了热力学方程中引起副极地锋锋生锋消的作用因子。Kida 等综述了日本附近海洋锋的主要情况。Zhao 等利用混合层模型研究了气旋过境对副极地锋强度产生的影响。这些研究对副极地锋的强度、位置、时空变化等特征都进行了详细的论述，得到了很好的结论，但是，由于高分辨率数据时间跨度的局限，前人对副极地锋强度、位置、季节变化的研究都是基于较短的时间序列，没有对副极地锋长期变化的研究。故本书基于多种高空间分辨率的长时间 SST 数据集，对日本海 SST、副极地锋的时空变化特征以及影响进行了分析研究。

3.1 海表面温度时空变化特征

3.1.1 空间结构

图 3-1 是日本海年平均、冬季平均和夏季平均海表面温度的标准差的空间分布。整体的分布特征接近 Yeh 等的结果，但由于使用的是 0.05°×0.05°的资料，得到的具体空间特征要更加精细。从这个方面来说，结果与 Park 等的更加相似。如图 3-1(a)所示，SST 年变化的标准差的最大值位于东朝鲜湾，超过了 1℃，向

外逐渐减小。在本州岛以西39°—41°N有一个次一级的大值中心，超过了0.8℃。而在日本海中部133°—135°E还存在两个极值中心，最大值都达到了0.7℃。Park等计算了1985—2002年的SSTA年变化的标准差，在那项研究中，日本海中部并不存在这样的两个极值中心。同样计算了1985—2002年相同时间的SSTA年变化的标准差，结果显示出与Park等相似的空间形态。

因为日本海的SST有着十分强烈的季节变化，分别计算了冬季(12月至翌年2月)和夏季(6—8月)SST的标准差，如图3-1(b)、(c)所示。冬季的空间形态与年变化比较接近，但量值远超年变化。在东朝鲜湾出现最大值超过1.8℃，向

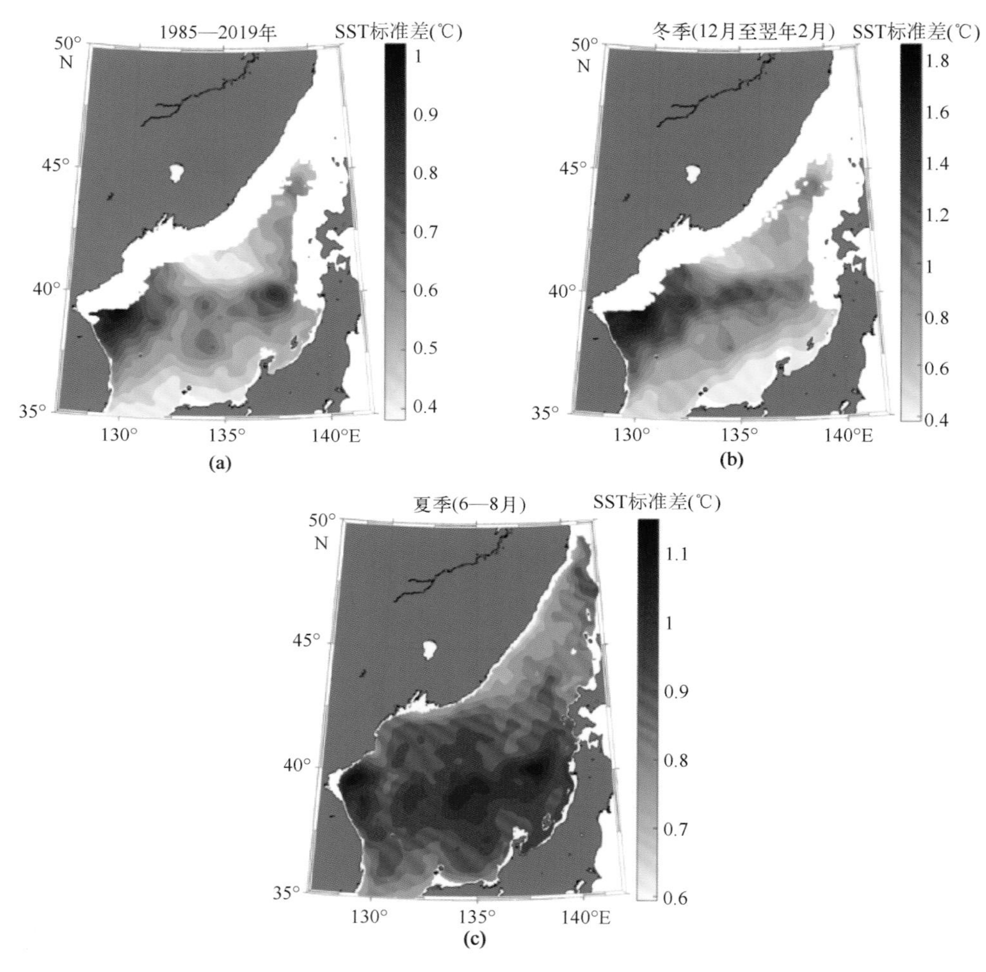

图3-1　1985—2019年期间日本海SST的标准差

(a)年变化；(b)冬季变化；(c)夏季变化。

东延伸，在日本海中部有一个达到1.2℃的次一级核心。SST标准差在东朝鲜湾的这种结构可能与冬季该海域上空风场的变化有关。来自高纬度的西北风受到长白山的阻挡，从长白山两侧以不同的方向到达东朝鲜湾上空。相较于北部和东部海域，这里的风速要小许多，风向也发生了变化。有所不同的是冬季在本州岛西部并不存在极值中心，这一现象体现在夏季SST的标准差之中。夏季SST标准差的空间形态与年变化和冬季有很大不同。夏季39°—41°N这一条纬度带内，出现了四个闭合的极值中心，均超过了1.0℃。冬季整体的量值要远远超过夏季，并且空间形态与年变化更加相似。总之，结果展示了日本海SST的强烈季节变化。SST年变化的标准差的空间分布受冬季的影响更加显著，而年变化最剧烈的区域位于东朝鲜湾附近。Yeh等的研究表明，东朝鲜湾及其周围海域SST的年代际到多年代际的变化可能与西伯利亚高压和阿留申低压有关，具体的动力机制不是本节的主要内容。

3.1.2　长期趋势

图3-2(a)是日本海SST的年变化的空间平均的时间序列，呈现出较强的变异性。整体上呈现出0.24℃/10 a的线性趋势(已通过95%的显著性检验)。这一结果略小于Lee等计算的结果，但相较于全球大洋的变暖趋势，日本海SST的增暖趋势仍然显得相当强烈。但值得注意的是，从20世纪90年代后期开始，这种增暖的趋势似乎有所减弱，这与Lee等利用OISST数据得到的结论相似。但这种增暖趋势在最近十年似乎又有所增长，这一点将在下一节进行展示。

考虑到日本海SST强烈的季节差异，给出了冬、夏季空间平均的SST的时间序列，如图3-2(b)、(c)所示。可以看到，无论是冬季还是夏季，SST整体上都呈现出增暖的趋势，但夏季的线性趋势显著大于冬季，分别为0.46℃/10 a和0.13℃/10 a。这意味着夏季SST的增暖对年变化的贡献要大于冬季，这一结果与之前报道的增暖趋势有很大不同，前人的结果显示冬季SST的增暖是主要原因。

副极地锋形成的直接原因是日本海南北两侧海表面温度的差异。为了更清楚地观察日本海南北两侧海表面温度的差异，计算了如图3-3(a)中红色方框包围海域的平均海表面温度，如图3-3(b)、(c)所示。在副极地锋南部，海表面温度的变化与整个日本海的平均海表面温度的变化相近，但其增长的趋势更大。副极地锋南部海表面温度总体上呈现出增长的趋势，为0.29℃/10 a，但2002年以前的增长趋势要强于2002年以后，增长趋势分别为0.60℃/10 a和0.33℃/10 a。在副极地锋北部，2002年以前海表面温度同样呈现出增长的趋势，达到了0.42℃/10 a(表3-1)，但与副极地锋南部显著不同的是，在2002年以后海表面温度开始呈现出降低的趋势，达到了-0.19℃/10 a。这也可能是后十年海表面温度增长减缓的原因。副极地锋南北两侧海表面温度在2002年前后变化的差异将会对副极地锋的强度带来很大影响，这将在下一节中讨论。

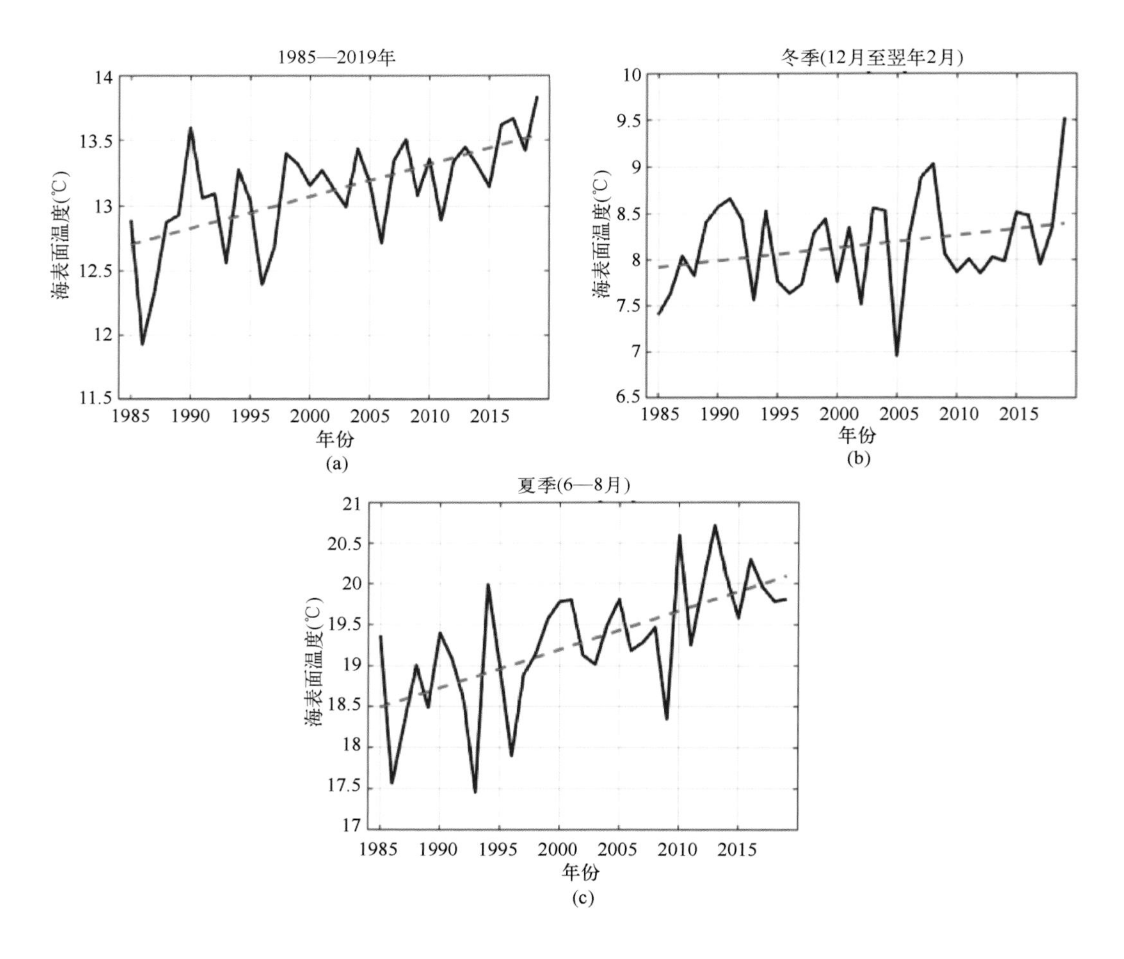

图3-2 1985—2019年期间空间平均的SST时间序列

(a)年变化；(b)冬季变化；(c)夏季变化。红色虚线表示线性趋势，均已通过95%置信水平的显著性检验。

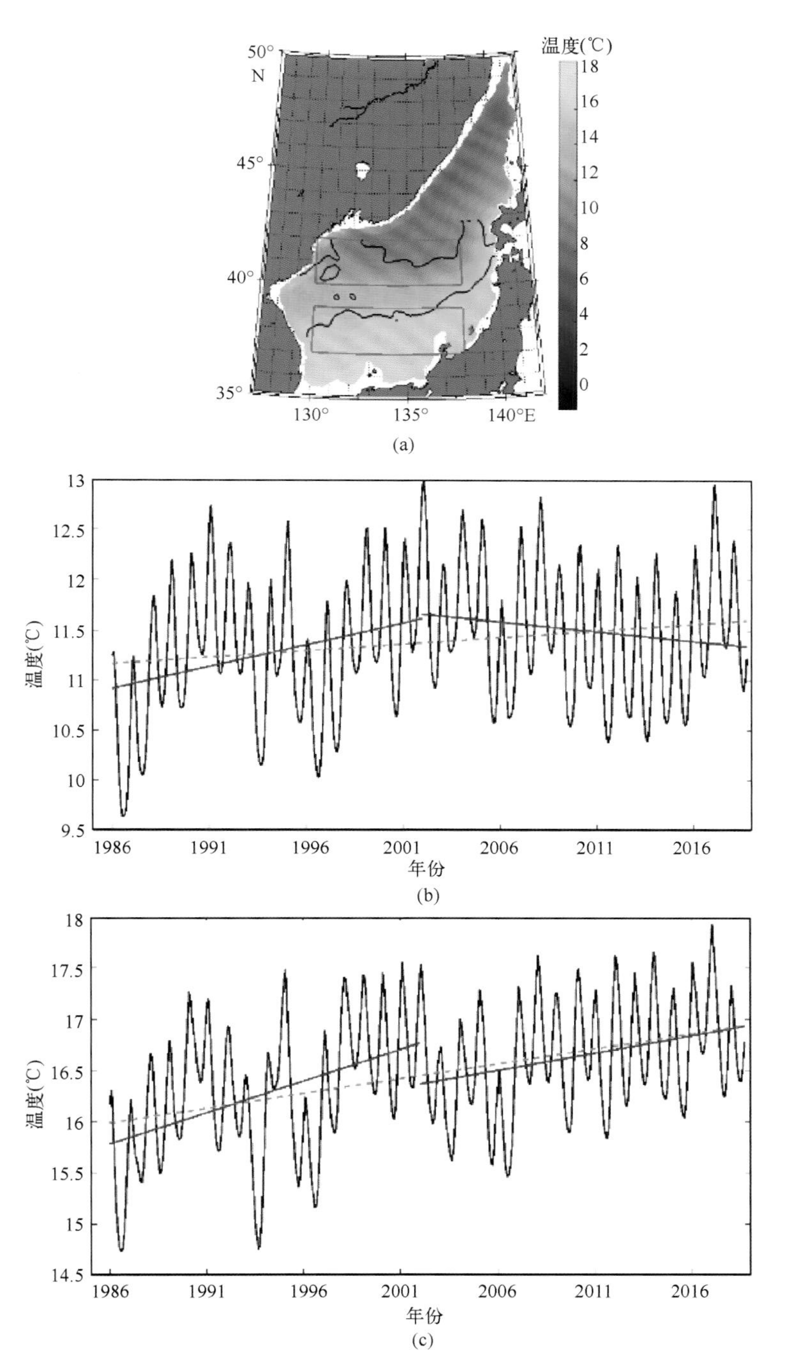

图 3-3　(a)1985—2019 年平均日本海海表面温度，填充的颜色表示海表面温度(℃)，黑色线是1985—2019 年平均日本海副极地锋的轮廓(定义为 0.02℃/km 的等值线)，红色方框是选定的副极地锋南、北两侧的区域；(b)(c)分别是(a)中选定的副极地锋以北、以南区域的空间平均海表面温度年际变化时间序列。红色虚线表示 1985—2019 年海表面温度的线性趋势，蓝色实线分别表示 1985—2001 年、2002—2019 年海表面温度的线性趋势(℃/10 a)

表 3-1 日本海海表面温度年际变化的线性趋势

时间	日本海(℃/10 a)	副极地锋北侧(℃/10 a)	副极地锋南侧(℃/10 a)
1985—2019 年	0. 23±0. 06	0. 13±0. 07	0. 29±0. 06
1985—2001 年	0. 38±0. 18	0. 42±0. 21	0. 60±0. 18
2002—2019 年	0. 20±0. 15	-0. 19±0. 18	0. 33±0. 15

为了进一步考察日本海 SST 变化的空间分布特征，计算了每个格点 1985—2019 年 SST 年变化的线性趋势，如图 3-4(a)所示。从图中可以看到，除了在 40°N，133°E 附近 SST 呈现出微弱的降温趋势外，整个日本海都表现出增暖的趋势，平均可达 0. 26℃/10 a。增暖的最大值出现在 39. 5°N，138°E 附近，超过了 0. 5℃/10 a。趋势超过 0. 4℃/10 a 的核心位于东朝鲜湾(约 39°N)、朝鲜半岛东岸(约 37. 5°N)和 39°N，135°E 附近区域。另一个大于 0. 4℃/10 a 的核心甚至出现在 42. 5°N 附近。尽管在日本海中东部和高纬度区域存在微弱的负值趋势，但整体上日本海仍然显示出显著的增暖趋势。

为了调查 SST 线性趋势的季节依赖性，分别计算了冬季和夏季的线性趋势，如图 3-4(b)、(c)所示。夏季 SST 呈现出整个海盆一致的增暖趋势，最强的增暖位于本州岛西部沿岸，大于 0. 7℃/10 a。从 36°N 以北，整个日本西部沿岸都是增暖趋势的相对大值区域，均大于 0. 5℃/10 a。增暖趋势大于 0. 65℃/10 a 的核心在大和隆起附近被观测到(约 39°N)，增暖趋势大于 0. 6℃/10 a 的核心在东朝鲜湾被观测到(约 39°N)。增暖趋势从日本西部沿岸向西北方向减小，最弱的增暖趋势出现在俄罗斯沿岸，没有统计意义。然而，冬季在日本海中部、南部以及 45°N 附近区域出现了冷却的趋势。最强的冷却趋势小于-0. 47℃/10 a 的核心在大和隆起的西北侧被观测到(约 40. 5°N)。最强的增暖趋势大于 0. 6℃/10 a 的核心则出现在本州岛西部(约 40°N)。

冬季 SST 趋势的形态与图 3-4(a)中总的趋势相似，这反映了冬季冷却趋势对整体趋势的影响，说明增暖趋势的减弱可能与此有关，这与 Lee 等的结论相似。冬季平均冷却趋势为-0. 14℃/10 a，平均增暖趋势为 0. 20℃/10 a，因而整体上冬季 SST 呈现出弱的增暖趋势[图 3-3(b)]。然而夏季平均增暖趋势为 0. 48℃/10 a，大约是冬季的两倍多，这意味着整体的增暖趋势受到夏季的影响更显著。

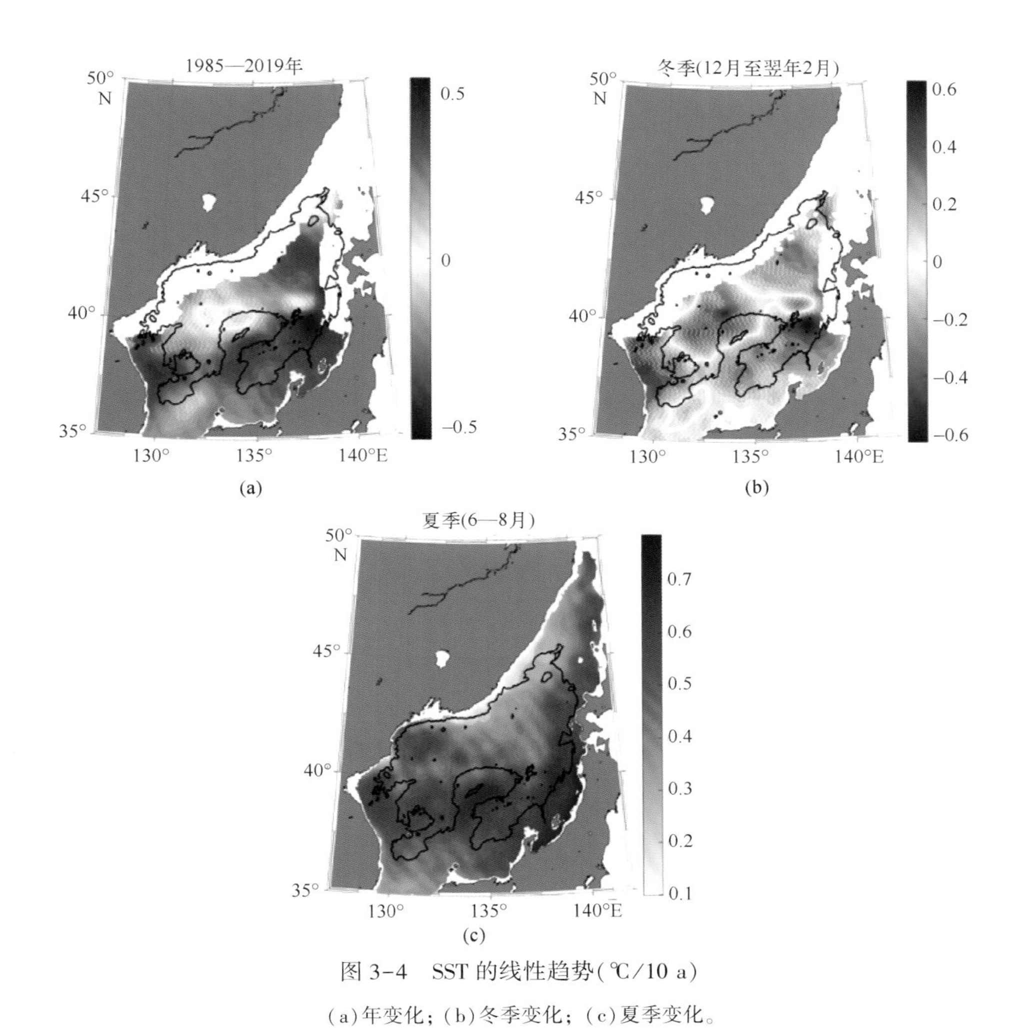

图 3-4　SST 的线性趋势(℃/10 a)

(a)年变化;(b)冬季变化;(c)夏季变化。

黑色等值线为 2 000 m 等深线,白点表示没有通过 95%置信水平的统计检验。

平均海表面温度的年际变化曲线说明日本海海表面温度的变化经历了两个时间阶段。在 2002 年前后,日本海海表面温度的变化存在显著差异,为了进一步探寻日本海海表面温度变化在两个时间阶段内的差异,分别计算了 1985—2001 年、2002—2019 年的海表面温度线性趋势以及冬、夏两季各自在两个时间阶段内的海表面温度线性趋势。

图 3-5(a)、(b)清楚地显示了海表面温度线性趋势在 1985—2001 年、2002—2019 年这两个时间阶段内的显著差异。在 1985—2001 年期间,整个日本海几乎都处于增暖的趋势,仅有的一小部分海域海表面温度线性趋势呈现出微弱的负值,并且未能通过统计检验。

在副极地锋东南侧，39°—40°N 和 136°—139°E 海域，海表面温度线性趋势最大，达到了 1.2℃/10 a。这一数值超过了 35 年的线性趋势的 2 倍，进一步佐证了表 3-1 中反映的 1985—2001 年海表面温度的快速增暖。2002—2019 年海表面温度线性趋势的空间分布相较于 1985—2001 年发生了明显的变化。

副极地锋及其以北的大范围海域，海表面温度线性趋势呈现出负值，最大降温趋势达到了-0.67℃/10 a，这样显著的降温趋势对整个日本海平均海表面温度在 2002—2019 年的变化产生了很大的影响。

从整个日本海区域来看，海表面温度线性趋势呈现出正值的海域范围要更大，并且相较于 1985—2001 年，正的海表面温度线性趋势量值有所减小，1985—2001 年正的海表面温度线性趋势最大值所在海域，在 2002—2019 年增暖的趋势显著减小。2002—2019 年增暖的大值所在海域转移到了副极地锋中部以南，37°—39°N 和 134°—136°E 海域和副极地锋西南侧，朝鲜半岛东部海域，最大值也仅达到了 0.8℃/10 a。这使得最终日本海平均海表面温度在 2002—2019 年维持了一个增暖的趋势，但相较于 1985—2001 年，这样的趋势要小了许多。

冬季副极地锋及其以北海域海表面温度的降低在 1985—2001 年就已经开始，但其量值相较于副极地锋以东及以南海域的增暖要小得多[图 3-5(c)]，即使是在冬季，副极地锋以东及以南海域的增暖仍然十分显著，其最大值甚至超过了夏季[图 3-5(e)]。但在 2002—2019 年[图 3-5(d)]，随着呈现降温趋势海域的向东向西扩展，副极地锋东部海域的增暖趋势显著减小，甚至 40°N 以北的部分海域，海表面温度的线性趋势由正值转变为负值，最大降温趋势位于日本海中部，副极锋以北海域，达到了-1.5℃/10 a。另一个与 1985—2001 年的不同在副极地锋西部，朝鲜半岛东部海域，海表面温度线性趋势由 1985—2001 年的负值转变为 2002—2019 年的正值。

在夏季[图 3-5(e)、(f)]，1985—2001 年与 2002—2019 年这两个时间阶段内，日本海整个海域都呈现出正的海表面温度线性趋势，并且在两个时间阶段内，增暖趋势的量值整体上差别不大，较小的增暖趋势分布在西伯利亚沿岸海域，但在 2002—2019 年，较小的增暖趋势海域范围要更大一些。两个时间阶段的不同出现在日本海西部和南部海域，朝鲜半岛东部海域和副极地锋中部以南，37°—40°N 和 135°—136°E 海域，在 2002—2019 年，这两个海域的增暖趋势较 1985—2001 年有了显著的增加。夏季日本海呈现持续的增暖趋势，这充分说明 2002—2019 年日本海北部海域的降温是由于冬季更大范围的降温趋势引起的。

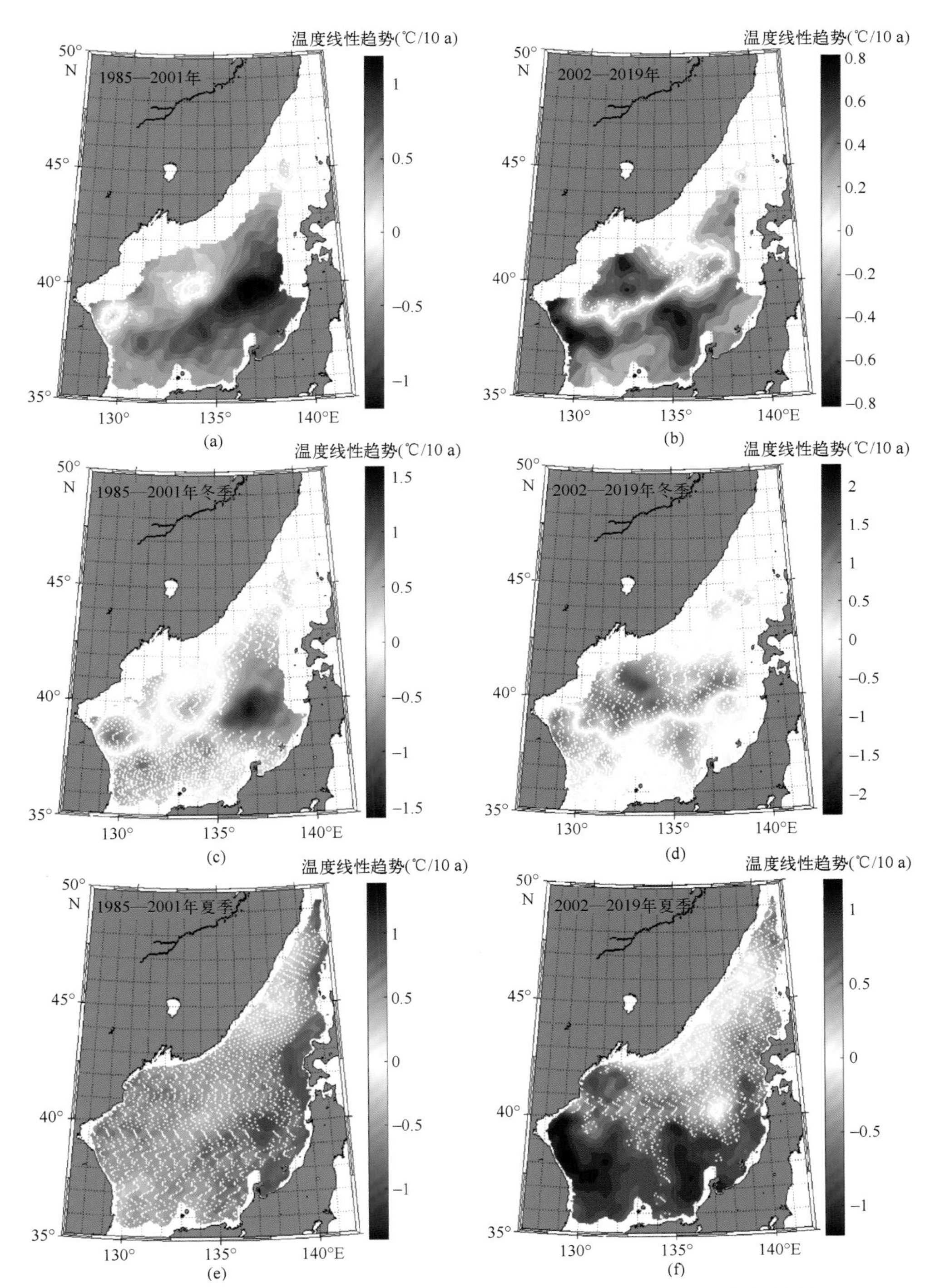

图 3-5　(a)(b)分别是 1985—2001 年，2002—2019 年日本海海表面温度线性趋势(℃/10 a)；(c)(d)(e)(f)分别是 1985—2001 年，2002—2019 年冬季与夏季的海表面温度线性趋势(℃/10 a)。白点表示该区域的趋势没有通过 95%的显著性检验

日本海北部海域降温，南部海域升温，根据这样的海表面温度变化趋势，我们可以推测，副极地锋的强度将会呈现出逐渐增强的趋势，并且在2002年前后两个时间阶段存在差异，将在下一节讨论。

3.1.3 长期趋势的变化

正如此前对SST长期变化的分析所展示的那样(图3-2)，SST的线性趋势发生了缓慢地变化，这可能与冬季SST的冷却有关。为了进一步研究这种趋势的变化，通过使用一个15年的时间窗口，计算了冬季SST的多年移动趋势。15年周期的选择主要是考虑到此前的研究发现日本海SST存在很强的年际之间的变化（图3-6）。

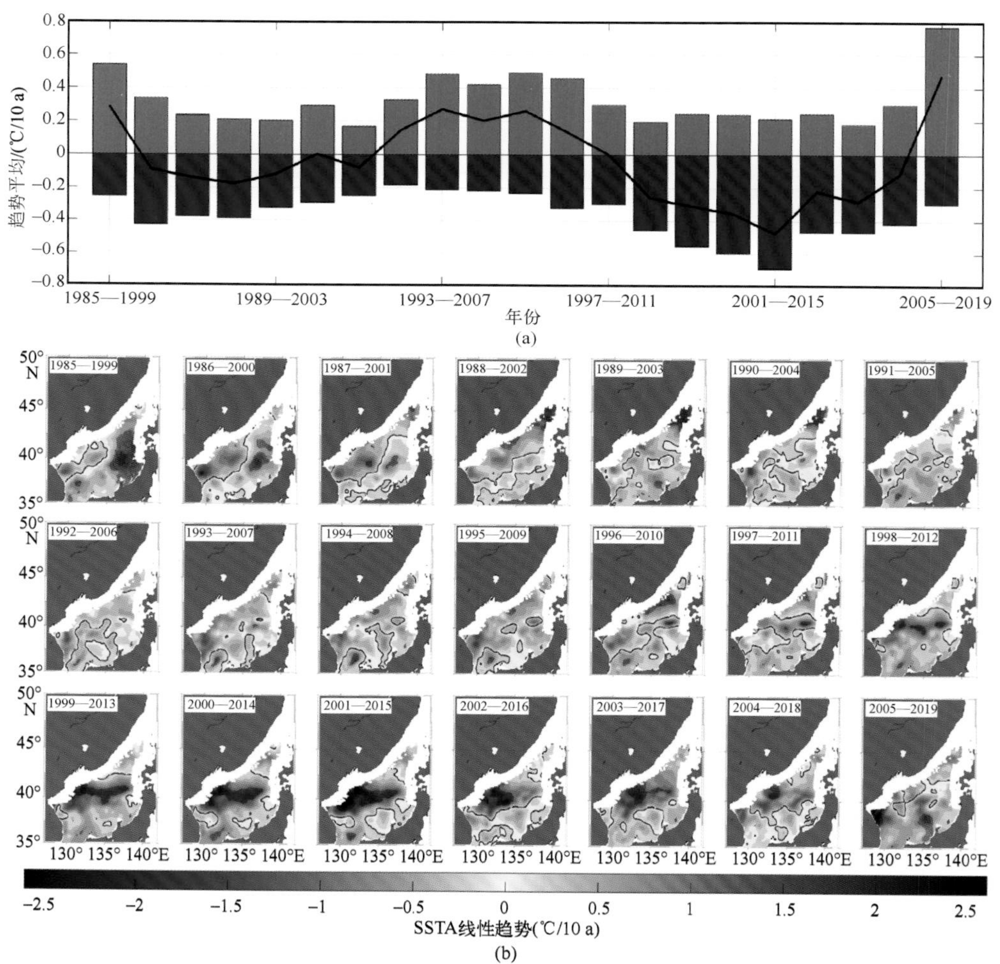

图3-6 (a)15年观测周期的线性趋势的时间变化，红(蓝)色表示增暖(冷却)趋势的空间平均值，黑色实线表示正负趋势之和；(b)15年观测周期的趋势的空间分布，左上角红(蓝)色图例表示增暖(冷却)更加显著。黑点表示通过95%显著性检验的区域，黑色等值线表示0值

结果表明：1985—1999 年、1992（1996）—2006（2010）年和 2005—2019 年 3 个增暖趋势期最显著，1986（1989）—2000（2003）年和 1998（2004）—2012（2016）年 2 个冷却趋势期显著。2001—2015 年的降温趋势最低，为-0.69℃/10 a，2005—2019 年的升温趋势为近 15 年最高。图 3-6(b)为升温和降温趋势的空间分布。在第 1 个降温期，1985—1999 年日本海西部地区出现了负增长趋势，降温趋势持续增加，占据了日本海大部分区域；但 1992—2006 年升温趋势明显增加，1998—2012 年，日本海南部和副极地锋沿线地区再次以降温趋势为主。降温趋势主要集中在日本海的中部，并从东朝鲜湾向高纬度地区延伸。在增温期，朝鲜半岛和日本沿海地区表现出明显的变化趋势，这可能与对马暖流的分叉有关。

综上所述，日本海海温呈现出强于全球海洋的变暖趋势。最近一项关于对马海峡体积运输增加的观察研究表明，日本海的增暖可能与此有关。而海气热通量检测结果显示，海气热通量没有明显的增加趋势。这意味着很有可能是对马暖流在影响日本海海温。

3.1.4 SSTA 的 EOF 分析

为了进一步检查日本海 SST 时空变化的主要模态，利用最小二乘法，去除了冬、夏季各自的线性趋势，并通过去除冬、夏季气候态平均值得到了各自的异常值，利用 SVD 方法对 SSTA 进行了 EOF 分析。冬季(夏季)前两个主导模态占据了总方差的 63%(80%)，其中第一模态 49.5%(66.9%)，第二模态 13.5%(13.1%)。

冬季第一空间模态[图 3-7(a)]，总体上整个日本海几乎拥有一致的信号。高振幅核心位于东朝鲜湾及其东部海域，由此向外逐渐减小。在日本海中部，大和隆起北侧另一个高值中心可以被观测到。东朝鲜湾的强振幅信号与前人研究得到的年际变化的第一模态相类似，这也体现出该海域冬季 SST 标准差大值核心的特征。冬季 SSTA 的 EOF 第一空间模态与此前 Park 等给出的不同。Park 等基于 1985—2002 年 2 月的 SSTA 数据通过 CEOF 方法得到的第一空间模态，高振幅中心位于本州、北海道岛西侧沿岸海域，在东朝鲜湾并不是十分显著，这在本研究的结果中并没有体现。夏季 SSTA 的 EOF 第一空间模态同样表现为一个整场的信号，在日本海中东部存在一个大值区，这与 Park 等给出的 8 月份的结果是比较相似的[图 3-7(c)]。

EOF 第二空间模态与第一空间模态不同，无论是冬季还是夏季，都体现出了局地的特征[图 3-7(b)、(d)]。在冬季(夏季)表现为东—西(南—北)振荡的偶极子形态。这一特征与 Park 等基于 2、8 月份的数据得到的结果是相似的。冬季表现出的东—西振荡在年际变化的第二模态中得到了体现，夏季表现出的南—北振荡则在年际变化的第三模态中得到了体现。

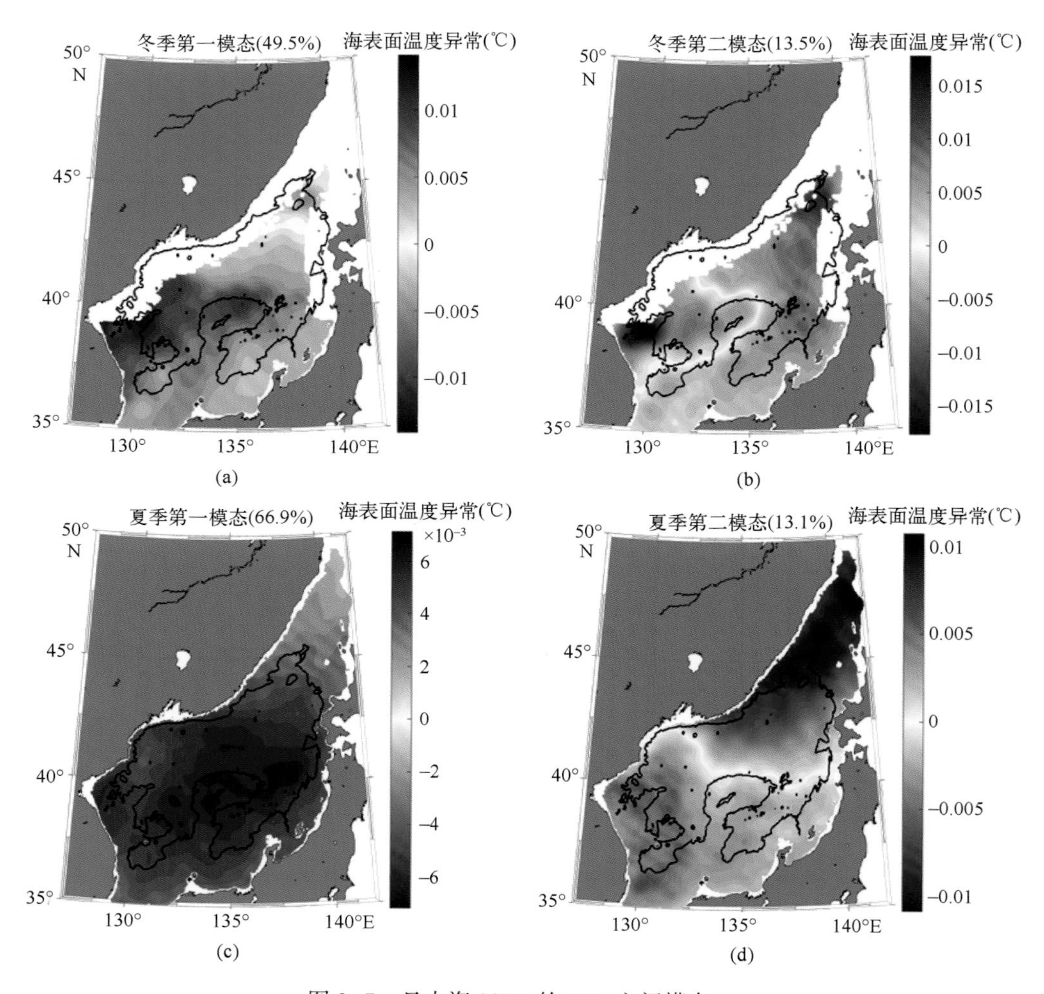

图 3-7　日本海 SSTA 的 EOF 空间模态

(a)(b)分别是冬季第一、第二模态；(c)(d)分别是夏季第一、第二模态。黑色等值线是 2 000 m 等深线。

图 3-8 反映了冬、夏季 SSTA 时间模态的变化。如图 3-8(a)所示冬季 SSTA 的 EOF 第一时间模态在大多数年份，振幅都限制在±100 以内。强冷事件发生的频数和振幅都要大于强暖事件。强冷事件发生在 1985 年，1993 年，2005 年，2012—2014 年，强暖事件发生在 1991 年，2004 年，2016 年和 2019 年。尽管在 2019 年发生了一次振幅超过 200 的强暖事件，但此前的三次强暖事件振幅相对于强冷事件都偏

弱。从 1985 年到 2005 年，冬季第一时间模态表现出 2~5 a 的变化，而从 2005 年到 2019 年表现出 7~8 a 的变化。夏季 SSTA 的 EOF 第一时间模态在 1985 年到 90 年代后期和 2005 年到 2015 年这两个时间段内有较大的振幅波动，分别存在 2~5 a 和 2~3 a 的变化。冬季第二时间模态表现出 2~4 a 的变化，而夏季第二时间模态在 1985 年到 90 年代中期表现出 2~3 a 的变化，在 90 年代中期到 2005 年表现出 3~5 a 的变化。

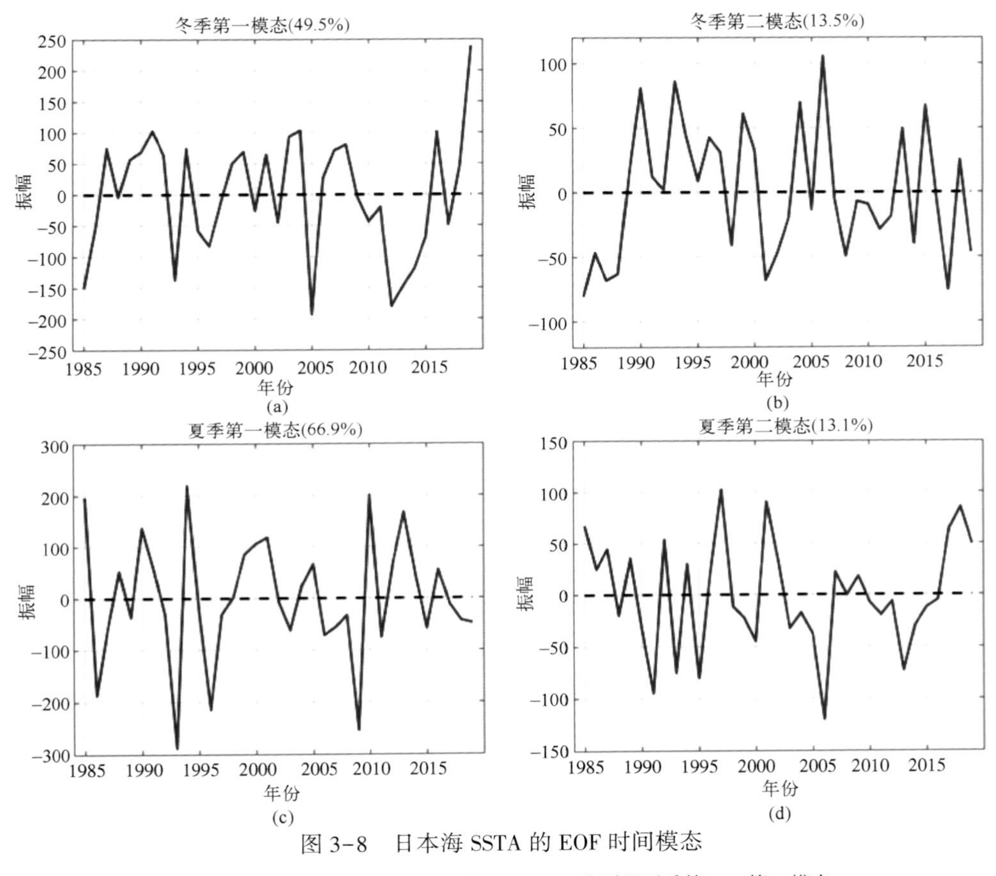

图 3-8 日本海 SSTA 的 EOF 时间模态

(a)(b)分别是冬季第一、第二模态，(c)(d)分别是夏季第一、第二模态。

3.1.5 冬季第一模态对大气的影响

图 3-9(a)显示了回归到冬季 EOF 第一模态时间序列的异常净热通量。负的净热通量位于日本海的中部，也是 SST 标准差最大的区域。SSTA 和净热通量之间的负相关不同于以前大气通过影响海-气热通量来影响海温的观点，即海洋从大气中吸收热通量。相反，负异常净热通量表明海洋由于高海温向大气释放热量。图 3-9(b)显示了在异常净热通量最强的东朝鲜湾正(负)SSTA 上空加速(减速)的表面风。

海温和风速异常之间的正相关关系已在先前基于观测和数值模型的研究中揭示。同样的现象也发生在日本海北部（43°—45°N），那里的一个振幅较小的核心与日本海岸南部海盆尺度的 SSTA 变化的信号相反。在净热通量异常影响不显著的地区，如对马海峡和日本沿岸，海温与风速异常呈负相关。

净热通量可分解为四个部分：潜热通量、感热通量、短波辐射通量和长波辐射通量。其中，潜热通量和感热通量占主导地位，如图 3-9(c)、(d)所示。相比之下，日本海南部的潜热通量比感热通量更显著，而北部则相反。

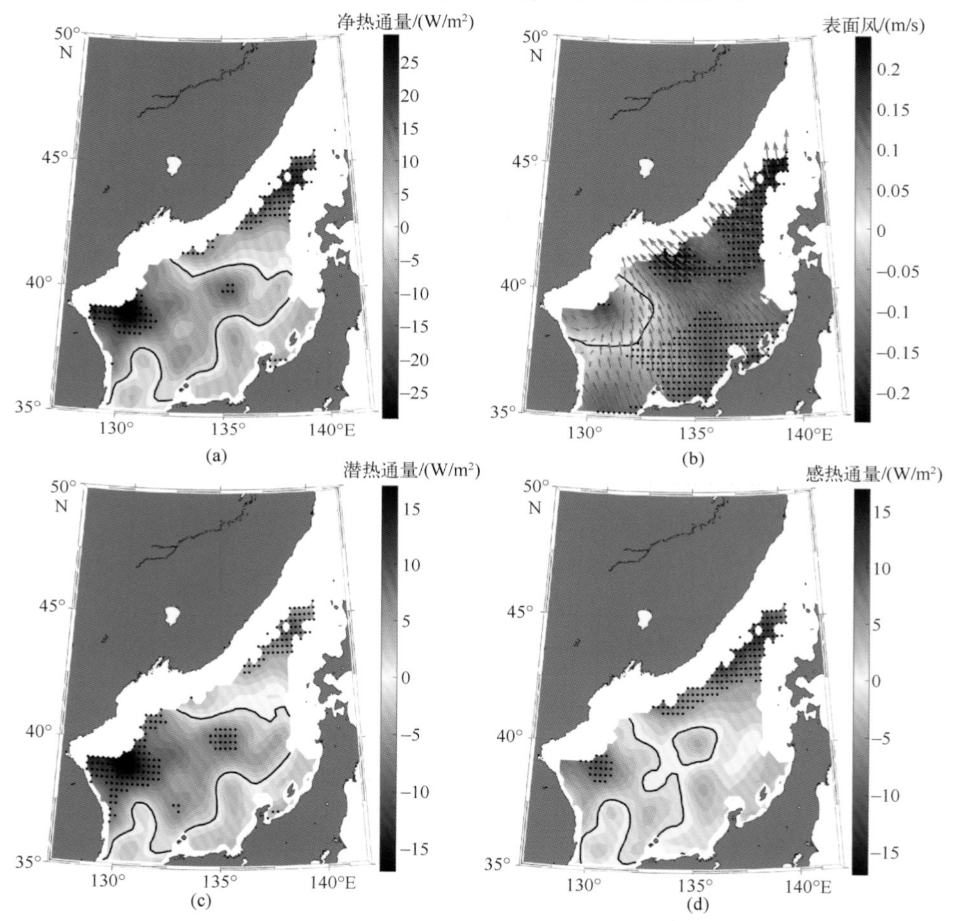

图 3-9 冬季日本海热通量异常(单位：W/m²)、表面风(单位：m/s)与 EOF 第一模态时间系数的回归系数

(a)至(d)分别表示净热通量、表面风、潜热通量和感热通量。海洋获得热通量为正，反之为负；黑点表示通过 95%显著性检验，黑线表示值为 0。

海温-风的正相关性通常被认为是由于海洋大气边界层（MABL）的稳定性的调制，暖(冷)水使得 MABL 不稳定(稳定)，反过来，通过增强(减弱)向下的湍流动量输送到地面，加速(减速)表面风。平均大气的垂直结构可以证明这种对 MABL 稳定性的调制，即对非绝热加热的响应应该是线性的和对称的。

图 3-10 显示了 38°—41°N 区域的位势高度异常和位势温度异常在 EOF 第一模态时间序列上回归的平均垂直剖面。位势高度异常的响应是一个明显的线性对称结构。相应的位温异常具有相似的垂直结构。它表现出一种等效的正压垂直结构，即典型的海温非绝热强迫的大气内部低频响应。与第一模态正(负)位相对应的正(负)位温异常，其最大值在西侧近地表区域，在那里 SSTA 与风速异常正相关最显著。垂直大气对非绝热加热的线性和对称响应揭示了这种通过稳定性调节加速(减速)暖(冷)海温上空表面风的机制。

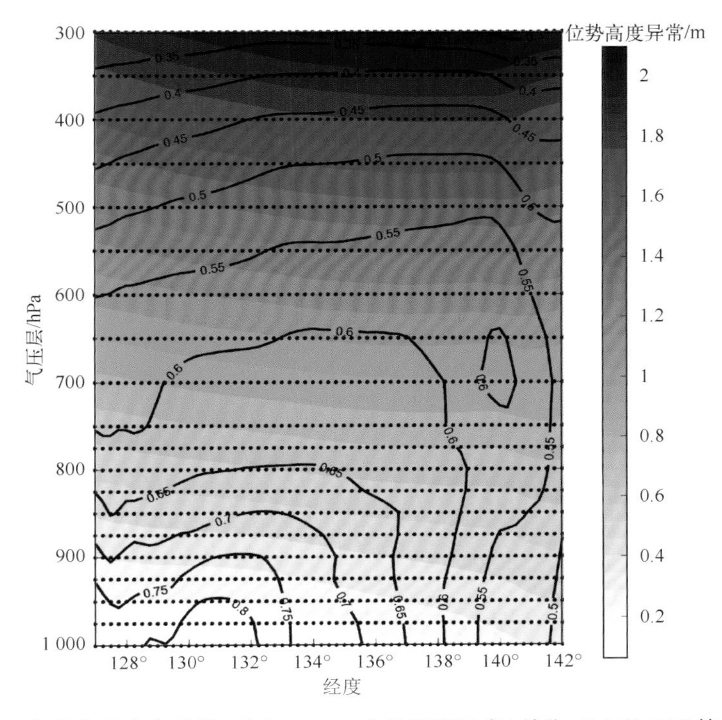

图 3-10　冬季位势高度异常(单位：m)、位势温度异常(单位:℃)和 EOF 第一模态的回归系数在 38°—41°N 的平均垂直剖面

阴影表示位势高度异常，黑色等值线表示位势温度异常。黑点表示通过 95% 显著性检验的区域。

遥远的大尺度大气环流对日本海 SST 也很敏感。为获取大尺度大气环流与冬季第一模态之间的联系，利用 ERA5 再分析数据集的海平面气压异常(SLPA)、850 hPa、500 hPa 位势高度异常(HGT850、HGT500)与 1985—2019 年第一模态时间序列进行回归，如图 3-11(a)、(c)、(e)所示。大(小)振幅的正 SLPA 位于北美西

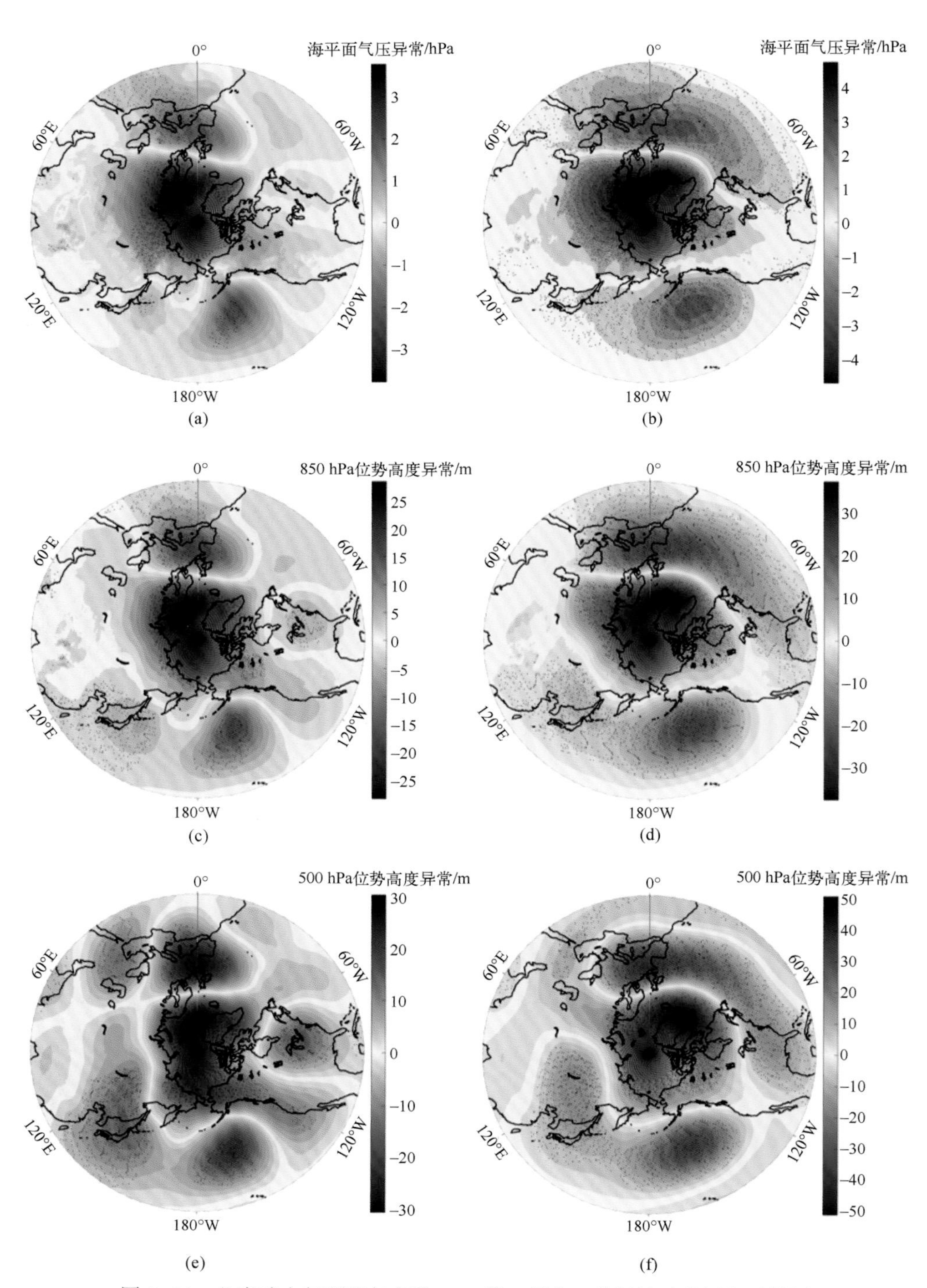

图 3-11 北半球大气环流与冬季 EOF 第一模态、北极涛动的回归系数图

左侧(a)(c)(e)分别是海平面气压异常(SLPA)、850 hPa 位势高度异常、500 hPa 位势高度异常(HGT850、HGT500)，右侧与左侧一致，但是与北极涛动有关的北半球大气环流形势(黑色打点区域是通过 95% 显著性检验的区域)。

部(日本海)附近。负的SLPA中心位于北极，向南扩展影响到西伯利亚高压的北部。对流层中层大气环流与低层大气环流相似，表现为正压结构[图3-11(c)、(e)]。与低层大气相比，日本海上空的异常气旋环流增强并向西扩展，这种环流形势与鄂霍次克低压类似。这种大尺度的环流形态与北极涛动的环流形态相类似，特别是在北极、欧亚大陆北部和北太平洋地区。

北极涛动是北半球冬季温带气候变化的主导模态，它是一种大范围的正压跷跷板模态。北极上空的SLPA与北半球中纬度两大洋(北太平洋与北大西洋)上空的SLPA信号相反。以往的研究表明，北极涛动通过影响西伯利亚高压、中纬度西风、阻塞频率、罗斯贝波活动等方式影响东亚地区的气候。利用NOAA气候预测中心的北极涛动指数对SLPA、HGT850和HGT500进行回归，得到了与北极涛动相关的大气环流型。如图3-11(b)、(d)、(f)所示，北极涛动模态在北极、欧亚大陆北部和北太平洋与冬季第一模态相关的大气环流型一致。然而，这种强相关性并不能说明日本海冬季第一模态导致了北极涛动模态。更准确地说，边缘海的变化可能对与北极涛动模态相关的北太平洋气候条件有贡献。这种远距离响应可能是由天气瞬变涡旋活动通过影响北太平洋风暴路径的变化而引起的。更多的细节需要在未来的研究中进行讨论。

3.1.6　冬季第二模态对大气的影响

图3-12显示了1985—2019年期间回归到冬季第二模态的异常热通量和表面风。异常的净热通量显示，在日本海的西部，由于海温为负，海洋从大气吸收热量，而在日本海的东部则相反[图3-12(a)]，这意味着第二模态也影响大气。在东朝鲜湾和日本海中心区域，异常净热通量的最大绝对值超过35 W/m^2。进一步地可以将净热通量分解成潜热通量与感热通量[图3-12(c)、(d)]。可以发现在日本海的东部潜热通量与感热通量量值相当，但在日本海西部，潜热通量比感热通量显著得多。

图3-12(b)显示了风速异常对SSTA的线性响应以及在暖水和冷水上空伴随的辐合和辐散。当偶极子模态为正(负)位相时，风场在日本海北部正SSTA区域上空辐合加速，反之在日本海西部负SSTA区域上空辐散减速。与第一模态一样，在日本海西部，表面风与海温变化关系最显著，海温变化也最强烈。

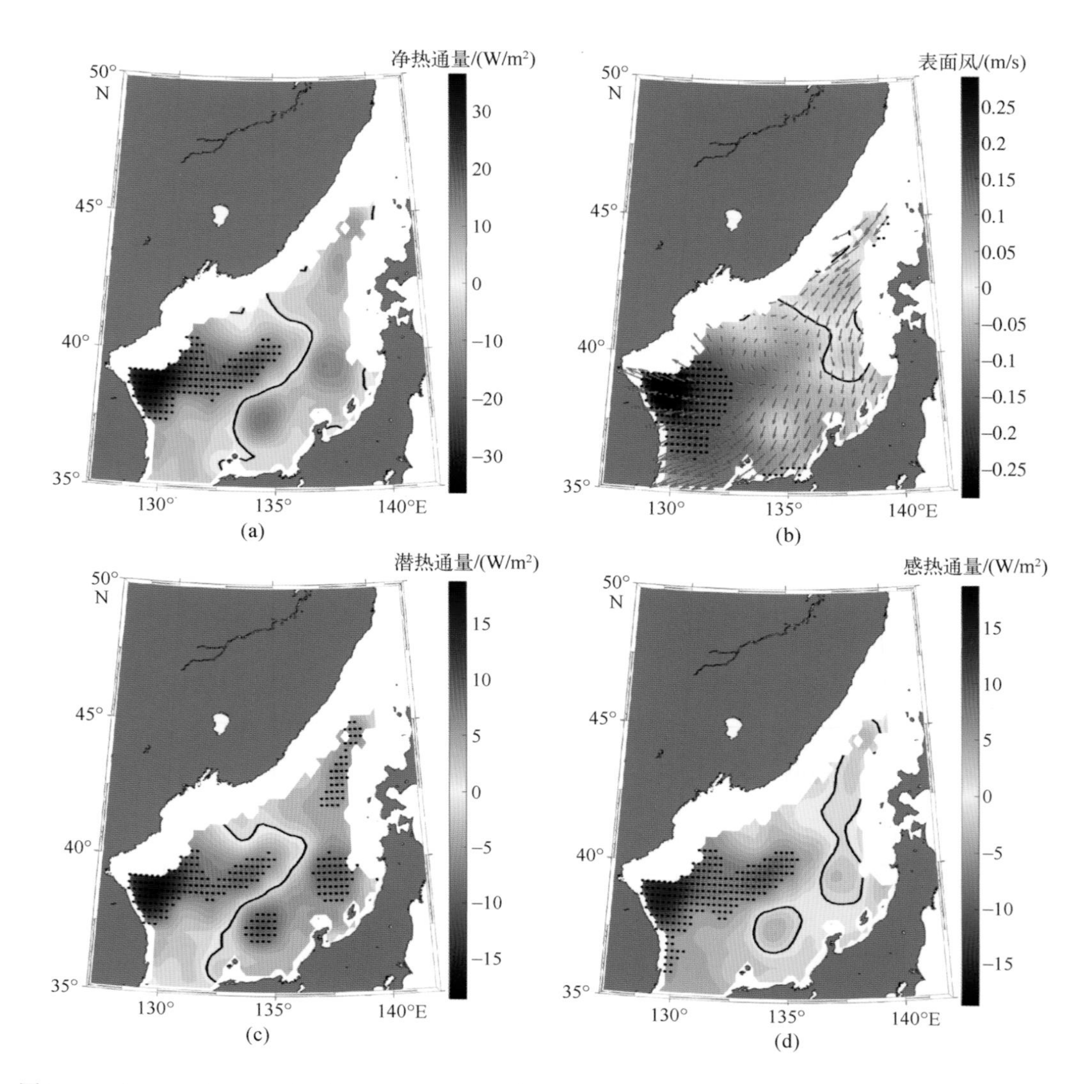

图 3-12 冬季日本海热通量异常(单位：W/m²)、海表风(单位：m/s)与 EOF 第二模态时间系数的回归系数
(a)至(d)分别表示净热通量、表面风、潜热通量和感热通量，海洋获得热通量为正，反之为负；
黑点表示通过 95%显著性检验，黑线表示值为 0。

与偶极子模态相关的大气垂直结构显示出非对称结构，这说明垂直混合机制无法解释风场对偶极子模态的响应。明显的风场辐合辐散结构意味着表面风与海温的关系可以用 SLP 调整机制来更好地解释，这表明由 SSTA 引起的 SLPA 在冷(暖)海温上产生了辐散(辐合)的异常表面风。为了说明这一机制是如何发挥作用的，利用 Lindzen 和 Nigam 对垂直积分的线性 MABL 模型进行动量收支分析得到的表面风辐合(辐散)与 SLP 的 Laplacian 之间的线性关系：

$$\rho_0(\nabla\cdot\vec{u}) = -(\nabla^2 p)\frac{\varepsilon}{\varepsilon^2 + f^2} \qquad (3-1)$$

式中，$\vec{u}$是 10 m 处水平风速矢量；p 是海平面气压；ε 是线性牛顿摩擦系数。尽管这种线性关系是基于一个简单的边界层模型得到的，但其对 SLP 调整机制的代表性在全球海温锋面分析中得到了证实。图 3-13 是$\nabla\cdot\vec{u}$和$\nabla^2 p$ 对于偶极子模态的响应的空间分布，结果显示，风场的辐合(辐散)区域[图 3-13(a)]对应于 SLP 的 Laplacian 项的正(负)值区域[图 3-13(b)]。偶极子模态的 SSTA 差异引起近地面的气温差异，形成的压力梯度在日本海上空发展，日本海南(北)部的冷(暖)水上空对应着高(低)压和下沉(上升)气流，从而产生表面风的辐散(辐合)。SLP 的 Laplacian 项揭示了被大尺度环流掩盖的海温差异对大气的影响。这些结果表明偶极子模态的 SLP 调整对表面风的辐合辐散有着重要意义。

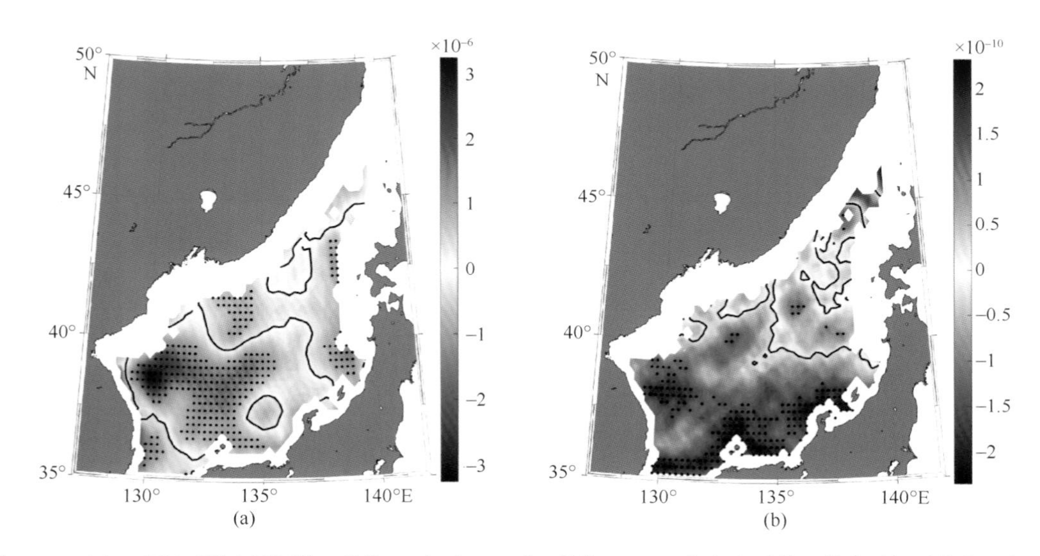

图 3-13 (a)$\nabla\cdot\vec{u}$(正值表示辐散，单位：s^{-1})和(b)$\nabla^2 p$(单位：hPa/m^2)与冬季第二模态时间系数的回归系数

黑色打点区域表示通过 95%显著性检验。黑色等值线表示 0 值。

图 3-14 给出了冬季大气对日本海 SSTA 主导模态响应的主要过程。大气对第一模态的响应具有局地响应和遥响应两种特征。第一模态的正(负)SSTA 通过垂直混合机制加速(减速)表面风。日本海上空局地大气环流响应表现出一种等效正压结构，其形态类似于减弱(增强)的鄂霍次克海低压。遥响应表现为正压结构，在北太平洋具有与北极涛动模态类似的特征。

大气对偶极子模态的响应揭示了海温与风场的辐合辐散的关系。由 SLP 调整机制解释，第二模态的暖(冷)海温产生了风的辐合(辐散)。偶极子模态的大气响应局限于局地近表面，不能进一步扩展到更大尺度上。

大气对日本海 SSTA 响应的具体动力学过程需要通过数值模拟实验进行更详细的研究。大气对日本海 SSTA 的局地和远距离响应表明，边缘海的海洋变率和海气相互作用过程可能对中纬度大气的可预测性产生深远的影响。通过在数值模式中考虑边缘海的影响，可以为提高中纬度大气环流预报技术提供重要参考。

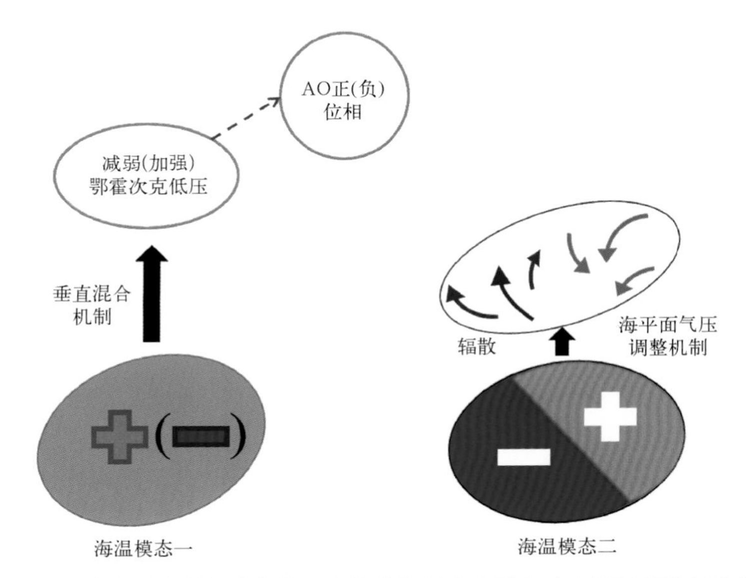

图 3-14　大气对半封闭边缘海日本海的海温主导模态响应的可能机制示意图

3.2　副极地锋时空变化特征

3.2.1　背景特征

日本海海洋锋面的基本特征如图 3-15 所示，副极地锋大致沿 40°N 呈纬向分布，在 138°—139°E 转而向北延伸至 42°N 以北。在津轻海峡西侧，41°N 附近，副极地锋发生分岔，向东延伸，但其量值相对较小。在 132°E 以西，副极地锋分别向西北、西南延伸，这一现象 Park 等也曾指出过，我们将副极地锋西端分岔分别命名为西北支和西南支。从锋面的强度上来看，存在四个极大值区域，分别是津轻海峡以西、135°E 以东区域，132°—135°E 区域，西北支和西南支区域。我们将前面两个区域分别命名为东支和中支。这四个区域中尤以东支强度最大，达到了

0.045℃/km。中支的强度要稍小一些，但也达到了0.04℃/km。西北支与西南支强度相接近，最大值超过了0.03℃/km。副极地锋是日本海最为显著的锋面，但在更高的纬度，42°—46°N海域还存在一个锋面，呈西南—东北走向，其西南端几乎与海岸平行。Park等指出，在136.5°—140°E这一远离海岸的区域，该锋面的形成可能与这个海域两座高度低于1 500 m的海山有关。再往北，在俄罗斯东部，有一条锋面沿着海岸的走向向北延伸，但其强度很小，仅有0.024℃/km左右。

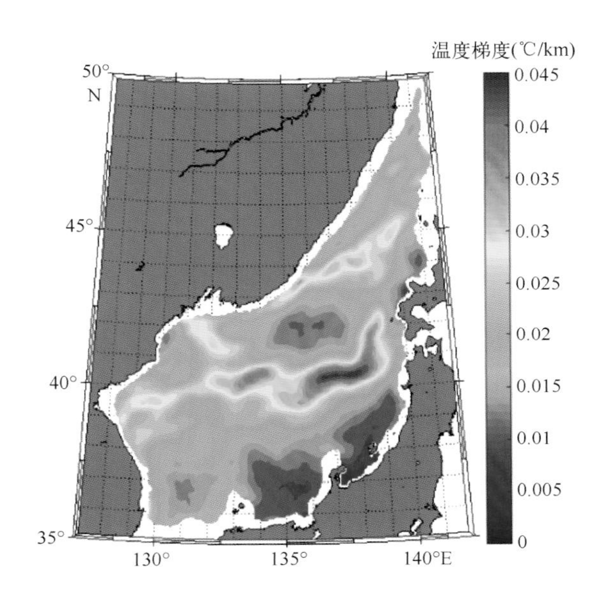

图3-15 1985—2019年平均海表面温度梯度

1985—2019年35年平均海表面温度梯度只是反映了日本海海洋锋的平均形态，实际上的锋面形态远不如图3-15中稳定，有着很强的时空变化性。这里挑选了两个个例，时间分别是2004年2月[图3-16(a)]与2004年8月[图3-16(b)]。在月平均的图像中，锋面更多地呈现出分离的条带状分布。2004年2月的锋面形态与平均场更为接近，可以在西端看到明显的分岔结构，但强度都超过了0.1℃/km，是日本海海温梯度最强的两个区域。2004年8月的锋面分布得更为散乱，最大强度几乎只有2004年2月的一半。在整个日本海几乎都有锋面的存在，但40°N附近的副极地锋最显著。2004年2月副极地锋西北支几乎消失，在41.5°N，132°E附近还存在呈闭合涡旋状分布的锋面。此外，在平均场中几乎没有锋面分布的日本西岸，2004年8月也存在锋面，并且沿着日本西海岸向北延伸至津轻海峡。

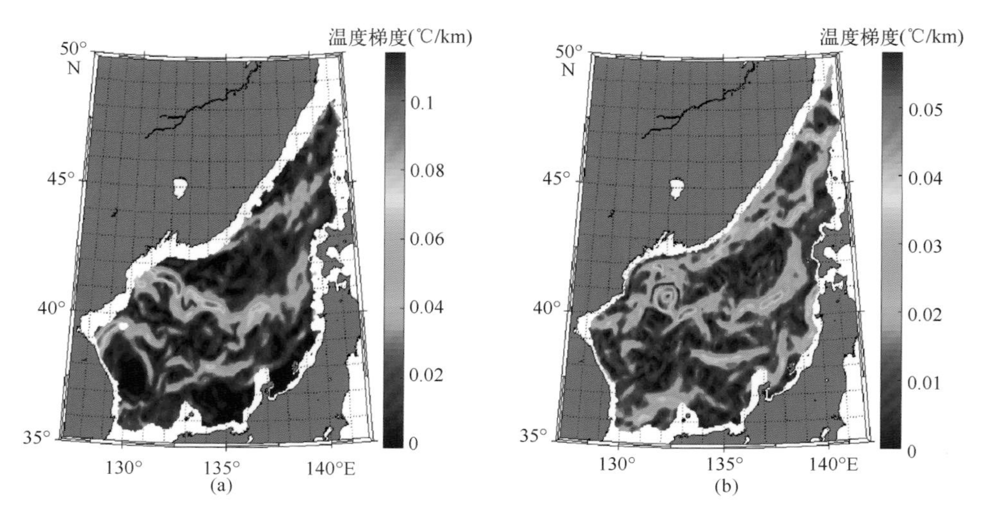

图 3-16　2004 年 2 月和 8 月平均海表面温度梯度

(a)2 月；(b)8 月。

3.2.2　季节变化

日本海副极地锋有着强烈的年内变化。1985—2019 年多年的月平均海温梯度图（图 3-17）显示，副极地锋从 10 月份开始显著增强，在 12 月和翌年 1 月达到最强，从 4 月份开始明显减弱，在 7、8 月最弱。随着强度的减弱，其主体部分趋向于断裂成三个部分，这一特征在夏季体现得最为明显。副极地锋的主体部分并不是严格沿纬向分布的，在冬春季，沿西南—东北走向，在津轻海峡西侧，139°E 左右，可以向北延伸到达 42°N 以北，之后，逐渐向东—西走向变化，到了夏季，其主体部分基本上沿纬向分布，但在 139°E 附近，梯度的极大值在 42°N 以北仍然存在。在 10 月、11 月、12 月、1 月、2 月、3 月、4 月、5 月这几个月份，副极地锋的空间形态比较相似，可以划分为类似于平均场呈现的四个区域。同样的，东支的强度最大，在冬季，最大值可以达到 0.07℃/km，大部分海域梯度值在 0.05℃/km 以上，即使是在最弱的夏季，最大值也能达到 0.025℃/km。西北支在冬季最为强盛，最大值同样可以达到 0.07℃/km，但其从 2 月份开始就明显减弱，6 月份完全消失，直到 10 月份才开始显现，在 12 月达到最强。Park 等指出副极地锋西北支的形成源于冬季冷空气的爆发，导致符拉迪沃斯托克（海参崴）以南海域的降温比西南海域的更快。而 132°—135°E 这一区域，虽然在冬季最大值较之西北支要稍小一些，仅有 0.06℃/km，但其存在时间更久，即使是在最弱的夏季也同样有小部分海域梯度值

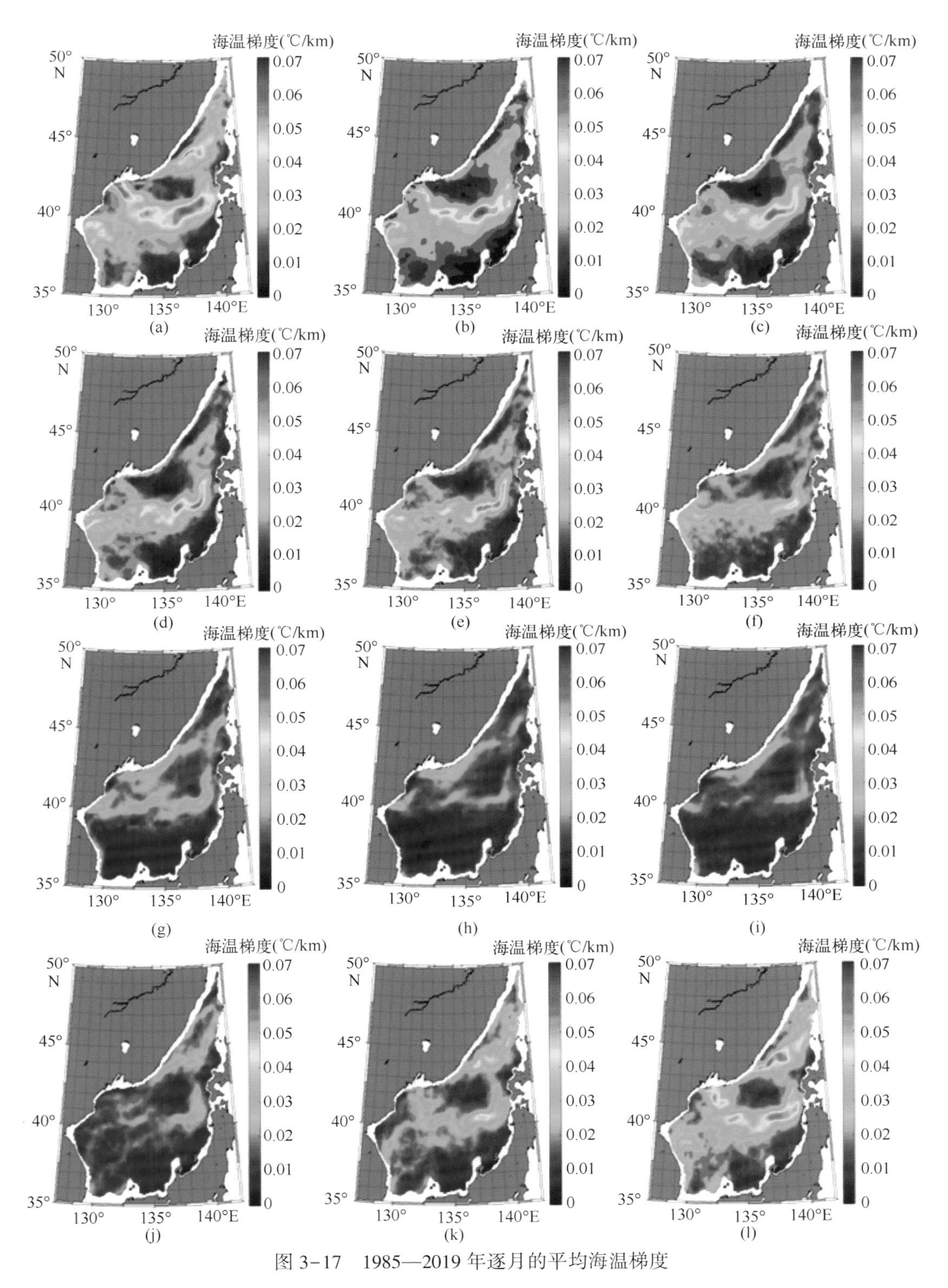

图 3-17　1985—2019 年逐月的平均海温梯度

(a)1 月；(b)2 月；(c)3 月；(d)4 月；(e)5 月；(f)6 月；(g)7 月；(h)8 月；(i)9 月；(j)10 月；(k)11 月；(l)12 月。

可以达到0.03℃/km。西南支在1月份达到最强，在9月份最弱，随着强度的减弱，西南支的位置逐渐从西南—东北走向向东西走向变化，从5月份开始基本上是沿纬向分布，但在其几乎消失的9月份，在该区域，梯度极大值的位置发生突变，又转变为西南—东北走向，随后在10月份显著增强，之后又逐渐向东—西走向变化。

为了更清楚地观察副极地锋的位置与强度的季节变化特征，定义在38°—42°N范围内，每条经线上海表面温度梯度最大值所在纬度为副极地锋主轴的位置，同时，定义该点处海表面温度梯度值为副极地锋主轴的强度。考虑到主轴应当是稳定存在的位置，而副极地锋西北支却是季节性出没的，因此在副极地锋西北支存在的月份，我们在计算每条经线上的最大海表面温度梯度时不考虑副极地锋西北支所在海域。

图3-18(a)清楚地显示了逐月的副极地锋主轴在日本海的走向。副极地锋主轴位置在东西两端有着很强的季节变化。在副极地锋西端(128°—131°E)，锋面在夏季有着显著的向北移动，这一变化与Park等和Chu等所提到的相一致。Park等认为这可能是东朝鲜暖流的增强或者是气旋性环流的减弱。Takikawa等指出对马暖流的西北分支东朝鲜暖流流速在夏季达到最大值，Kim等指出冬季气旋性环流使得副极地锋在东端向南移动，夏季气旋性环流的减弱可能引起相反的变化。在7月份副极地锋到达最北位置之后，从8月份开始，副极地锋向南移动，在9月份，副极地锋的位置发生了急剧的变化，在130°E附近，副极地锋的位置从8月份的39.8°N变化到了9月份的39°N，从11月份开始，副极地锋的位置再次向北移动。在副极地锋东端(138°—140°E)，副极地锋位置的变化与西端不同。在夏季，副极地锋的位置偏南，Yoshikawa等和Park等指出这可能是日本海盆的冷水进入大和海盆导致的。而在日本海中部，副极地锋的位置相对来说较为稳定。这种在冬、夏两季上的差异使得副极地锋的位置在冬季呈现出西南—东北走向，而在夏季却是更趋于沿纬向分布。从纬向变化上来看，副极地锋经历了4次走向的变化，在132°E和134°E附近，副极地锋的位置偏北，在133°E和135°E附近，副极地锋的位置偏南，这在副极地锋的平均位置[图3-18(d)]体现得尤为明显。最显著的转折发生在134°—136°E，Park等指出这可能与该海域存在的大和隆起有关。图3-18(b)更清晰地反映了副极地锋主轴位置数值上的变化。从夏季到冬季，副极地锋西端的向南移动接近1.5个纬度，向南移动的速度相较于从冬季到夏季向北移动的速度要快得多。而在东端，南北移动的距离要稍小一些，仅为1个纬度左右。

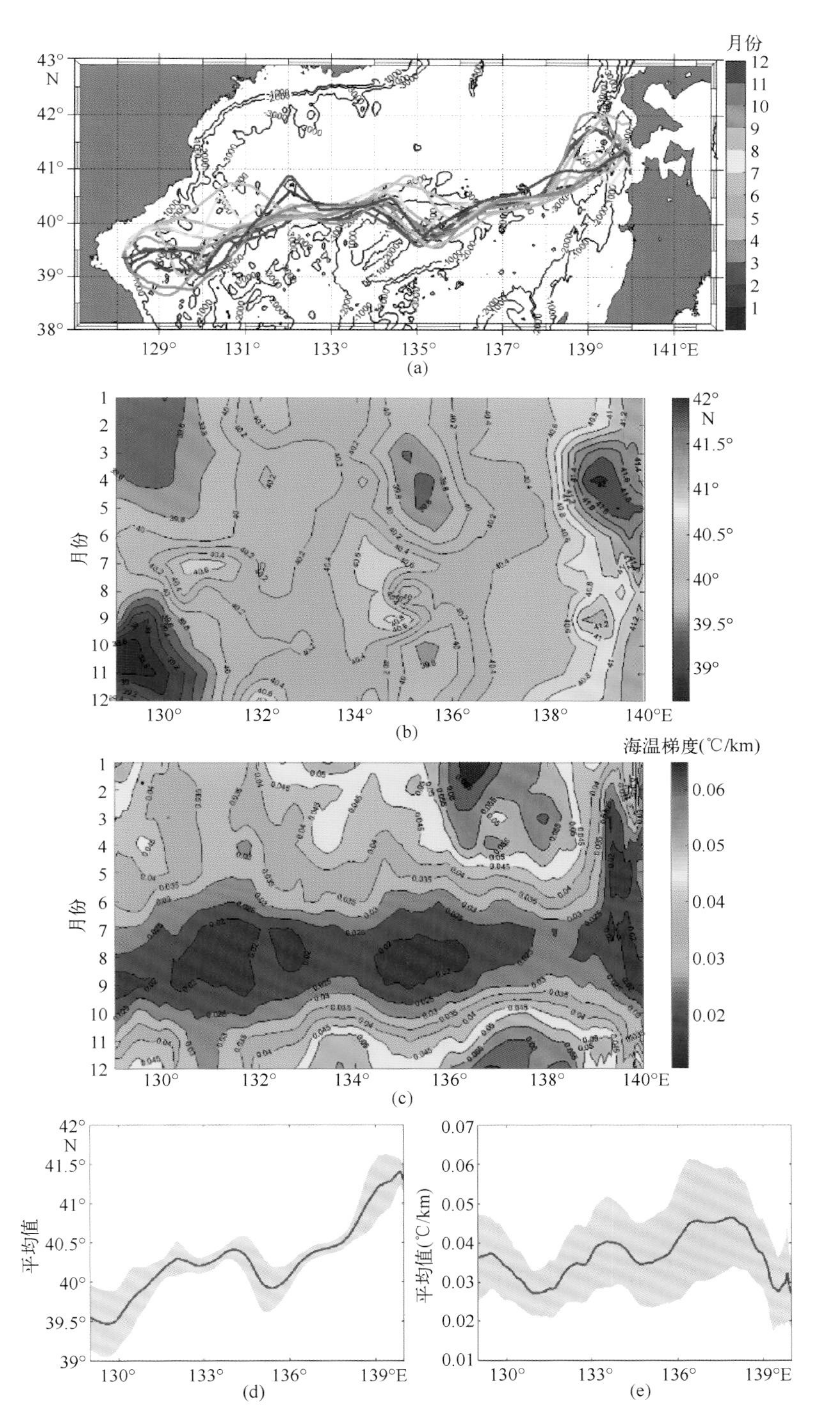

图 3-18 (a)副极地锋逐月位置在日本海的分布，黑色实线分别是 1 000 m，2 000 m，3 000 m 等深线；(b)(c)分别是副极地锋主轴位置、强度的逐月变化；(d)(e)分别是副极地锋主轴平均位置和强度，蓝色阴影部分表示标准差

图 3-18(c)展示了副极地锋主轴强度的季节变化。从纬向上看，副极地锋存在三个强度的极大值区域，其中以 136°—138°E 的纬向区域最大，达到了 0.065℃/km，与冬季津轻海峡以西、135°E 以东区域相呼应。第二高的梯度值约为 0.055℃/km，位于 134°E 附近，与气候态平均的副极地锋强度第二高值区域相呼应。第三个极大值位于副极地锋西端，最大值约为 0.05℃/km，这个位置正好是副极地锋西北支的位置，这在图 3-18(e)中体现得尤为明显。副极地锋强度季节变化最显著的特征在于冬强夏弱。副极地锋的强度在 1 月份达到最大，此后开始逐渐减小，从 4 月份开始，副极地锋强度的减弱变得更为迅速，尤其是在海表面温度梯度最大值所在位置，从 4 月份的 0.055℃/km 快速减弱到 7 月份的 0.025℃/km，但从 10 月份开始，副极地锋的强度又迅速增强，从 10 月份的 0.035℃/km 快速增强到 12 月份的 0.065℃/km。Zhao 等研究发现夏季副极地锋强度的减弱来源于日本海北部的增暖，其中短波辐射对增暖的贡献最大，冬季副极地锋强度的增加来源于日本海北部的降温，其中地转流带来的水平输运对降温的贡献最大。

3.2.3 年际变化

副极地锋南北两侧平均海表面温度的年际变化在 1985—2001 年和 2002—2019 年这两个时间阶段内存在显著差异，会对副极地锋的强度产生重要影响。因此采用前一节中的方法计算了副极地锋强度的逐年变化，如图 3-19 所示。考虑到时间序列的长度不利于图像的展示，只计算了副极地锋强度极值所在的冬季与夏季。同时考虑到是针对副极地锋强度的研究，在计算冬季的副极地锋强度时将副极地锋西北支也包括在内。

1985—2001 年，副极地锋的强度变化较小，冬季强度基本维持在 0.04~0.05℃/km。2001—2002 年，副极地锋的强度发生了明显的变化，从 2001 的 0.05℃/km 增长到了 2002 年的 0.08℃/km 左右。这一时间节点与副极地锋南北两侧平均海表面温度年际变化的时间节点相呼应。通过对比图 3-19(a)与图 3-19(b)，可以清楚地观察到副极地锋的强度在 1985—2001 年、2002—2019 年这两个时间阶段内的显著差异。在 2002—2019 年这一时间阶段内，副极地锋的强度几乎都维持在 0.1℃/km 左右，这一数值是 1985—2001 年的两倍。这很可能是副极地锋北侧平均海表面温度在 2001 年以后的降低、日本海南北温差增大引起的。在 21 世纪的第一个 10 年，副极地锋强度的极大值分别出现在 2003—2004 年、2008—2009 年的冬季。强度的最大值都出现在 130°E 附近，均超过了 0.1℃/km，这是副极地锋西北支的强度引起的。从 2009 年开始，副极地锋的强度一直有所波动，但始终没有超过 2003 年，2008 年的极大值。直到 2016 年，副极地锋的强度再次显著增强，其量值与 2003 年，2008 年的极大值相接近，并且这种高的海温梯度值一直维持到 2019 年年初。

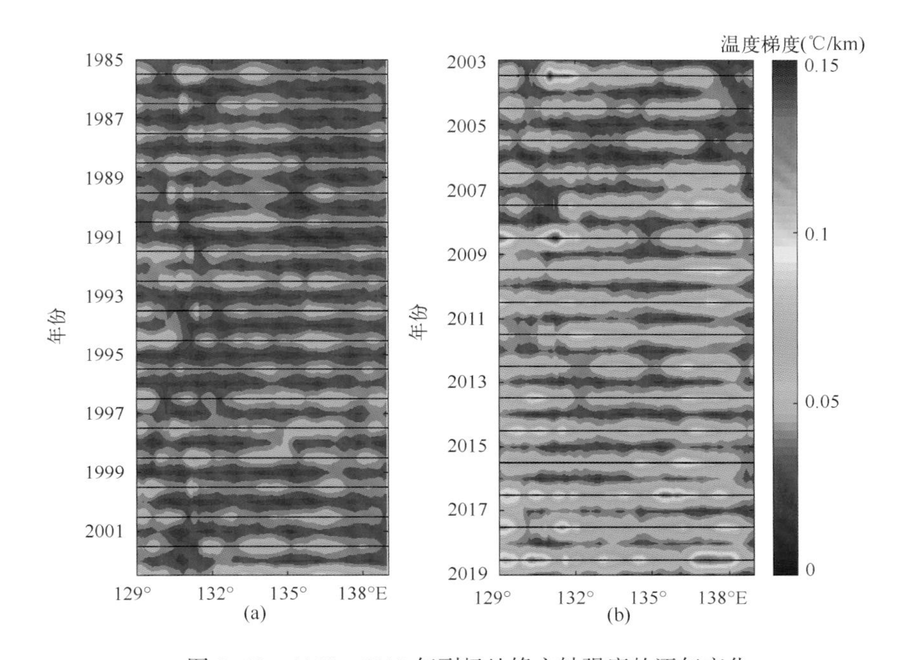

图 3-19 1985—2019 年副极地锋主轴强度的逐年变化

(a)(b)分别为 1985—2002 年、2003—2019 年。图中只包括了副极地锋强度极值所在的冬季与夏季，黑色实线所在区域为冬季，两条黑色实线之间的小值区域为夏季。

为了更直观地展示副极地锋强度的年际变化，计算了海表面温度梯度的纬向平均，如图 3-20 所示。同时利用最小二乘法分别计算了副极地锋强度年际变化的线性趋势以及冬、夏两个季节各自的线性趋势，见表 3-2。图 3-20(a)中的时间序列是包含了所有月份的完整时间序列，在滤去了 13 个月以下的波动后得到的结果，清楚地反映了副极地锋强度的年际变化。从整体上来看，在整个研究的时间范围内，副极地锋的强度呈现出持续的增强趋势，达到了 0.0084(℃/km)/10 a。并且在 2001 年副极地锋的强度发生了突变，这也印证了图 3-19 中反映的现象。除了图 3-19 中展示出的副极地锋的强度在 2002—2019 年要显著强于 1985—2001 年的现象外，在图 3-20(a)中，还可以清楚地看到副极地锋强度的增强趋势在 2001 年前后同样有着显著的差异。在 1985—2001 年这一阶段，副极地锋的强度虽然有所增长，但十分缓慢，仅为 0. 0022(℃/km)/10 a。但从 2001 年的快速增强开始，在将近 20 年的时间内，副极地锋的强度维持了一个较高的增长速率，达到了 0. 0098(℃/km)/10 a，这一数值是 1985—2001 年的 4. 45 倍。同时，副极地锋的强度在 2002—2019 年存在着大约 5 年周期的显著波动，极小值出现在 2006 年、2012 年、2016 年，即使强度在 2002—2019 年这一阶段内属于极小值，但相较于 1985—2001 这一阶段，这三年的副极地锋强度仍旧是大值。

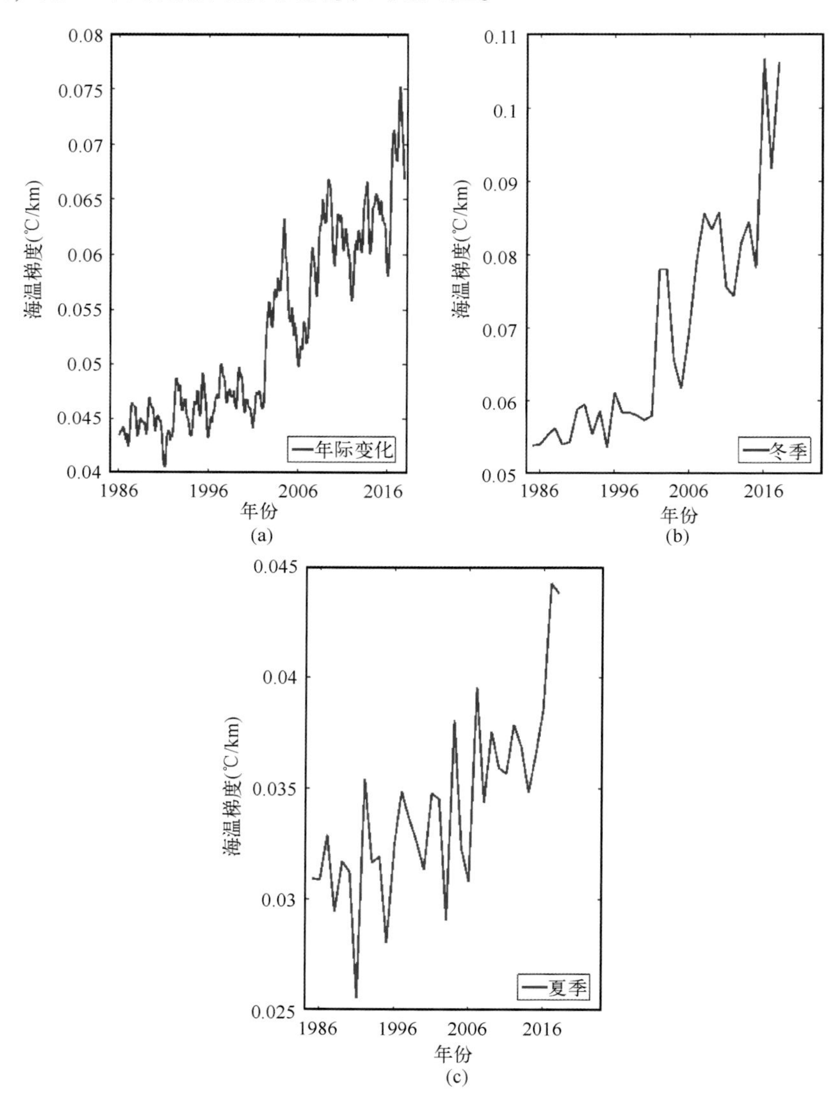

图 3-20　副极地锋强度的年际变化、冬季变化和夏季变化

(a)年际变化；(b)冬季变化；(c)夏季变化。

表 3-2 副极地锋强度年际变化的线性趋势

时间	全年[(℃/km)/10 a]	冬季[(℃/km)/10 a]	夏季[(℃/km)/10 a]
1985—2019 年	$(8.4\pm0.37)\times10^{-3}$	$(13.4\pm2.6)\times10^{-3}$	$(3.0\pm0.99)\times10^{-3}$
1985—2001 年	$(2.2\pm0.49)\times10^{-3}$	$(2.7\pm2.1)\times10^{-3}$	没有显著线性趋势
2002—2019 年	$(9.8\pm1.0)\times10^{-3}$	$(18.3\pm8.4)\times10^{-3}$	$(4.8\pm2.9)\times10^{-3}$

图 3-20(b)和图 3-20(c)分别是冬季与夏季副极地锋强度的年际变化。从整个研究的时间范围来看，无论是冬季还是夏季，副极地锋都呈现出增强的趋势，但增长的速率有着显著差异。其中冬季更为显著，达到了 0.0134(℃/km)/10 a，而夏季仅为 0.0030(℃/km)/10 a，仅有冬季的 1/4 不到。副极地锋强度的增长更多地源于冬季。无论是冬季还是夏季，副极地锋的强度在 2001 年前后两个阶段内其增长的速率都明显不同。与年际变化相似，副极地锋的强度在 1985—2001 年这一阶段增长趋势缓慢，在 2002—2019 年这一阶段增长迅速，有所不同的是夏季副极地锋的强度在 1985—2001 年波动得十分剧烈，没有明显的增长趋势。很显然，冬季副极地锋强度的持续增强是由于冬季日本海南北海温变化趋势的显著差异导致的。在北部海域的降温与南部海域的增暖的共同作用下，副极地锋的强度不断增强，而在 2001 年前后两个时间阶段内日本海北部降温趋势的差异导致了副极地锋强度增长在 2001 年前后的差异。Lee 等指出，冬季日本海西北部海表面温度在 1982—2018 年期间的降低来源于极端冷事件的发生，极端冷事件可能与由北极涛动的变化有关，这可能对副极地锋强度的变化也有所影响。

3.2.4 多源数据验证

为了验证得到的副极地锋强度年际变化的结果，利用 OISST 数据，采用同样的方法计算了副极地锋的强度。考虑到 OISST 数据与 CoralTemp 数据分辨率的不同，CoralTemp 数据的分辨率为 0.05°×0.05°，而 OISST 仅有 0.25°×0.25°。利用 CoralTemp 数据识别出来的锋面除了在空间上的细结构更加明显外，锋面的强度也会更强。为了便于比较，将 CoralTemp 数据平滑到与 OISST 数据相同的空间分辨率上后再计算副极地锋的强度。

如图 3-21 所示，红色实线表示 CoralTemp 数据得到的结果，蓝色实线表示 OISST 数据得到的结果。可以发现，随着空间分辨率的降低，CoralTemp 数据得到的副极地锋强度仍然表现出与图 3-20 相近的现象。而在整个研究的时间范围内，两种数据得到的副极地锋的强度都表现出了增强的趋势，并且在 2006 年以后，均体现出了 5 年左右周期的波动。虽然副极地锋强度整体上都体现了增长的趋势，但在一些细节方面，两种数据得到的结果还是存在差异的。

(1)即使是平滑到与 OISST 数据相同的分辨率，CoralTemp 数据得到的副极地锋强度仍然要强于 OISST 数据得到的结果。

(2)两种数据得到的副极地锋强度发生突变的时间节点有所不同。根据 OISST 得到的结果显示，在 2006 年以前的时间内，副极地锋强度没有显著的变化趋势，但在 2006 年，其强度发生了迅速的增长，并且自 2006 年以后，副极地锋的强度都维持在一个很高的水平，并且增强的趋势并不显著。而 CoralTemp 数据得到的副极地锋强度则在 2001 年存在突变，并且在 2001 年前后，副极地锋强度变化趋势表现为 2001 年以前增长缓慢，2001 年以后增长迅速。但 2006 年同样可以作为 CoralTemp 数据得到的副极地锋强度发生突变的时间节点，副极地锋的强度经历了 2004 年以来持续地减弱，直到 2006 年，强度从 0.05℃/km 陡增至 2007 年的 0.06℃/km[图 3-21(a)]，此后副极地锋强度的增长一直持续到 2009 年。利用 OISST 数据识别出的副极地锋强度在 2002—2006 年要比 CoralTemp 数据识别出的弱得多。这可能与 OISST 使用的资料有关，OISST 在 1985—2005 年使用的是 Pathfinder AVHRR 卫星资料，采用最优插值方法补全缺失海域的资料。Reynolds 等指出，AVHRR 卫星资料的空间覆盖率较低，很多海域都是使用最优插值方法补全，使得识别出来的锋面强度减弱，并且在 2002—2005 年这一阶段，同化了 AMSR 卫星资料后，识别出的锋面强度在冬季有了显著的增强。而 CoralTemp 数据在 2002—2005 年，使用了来自英国气象局的 OSTIA 资料与来自美国国家海洋与大气管理局的 Geo-Polar 资料。这两个数据集的空间分辨率均为 0.05°×0.05°，对锋面有着较好的识别能力。

(3)从 2009 年开始，OISST 数据识别出来的副极地锋强度又明显弱于 CoralTemp 数据识别出来的副极地锋强度，并且随着时间的推移，二者的差距正在增大。CoralTemp 数据得到的副极地锋强度维持着一个显著的增强趋势，而 OISST 数据得到的结果除了 5 年左右周期的波动，其强度更趋于稳定，而不是一个增长的趋势。并且在 2006 年以后直到时间序列结束，OISST 数据识别出来的锋面强度一直弱于 CoralTemp 数据的结果，这同样可能是 OISST 数据使用的资料引起的。

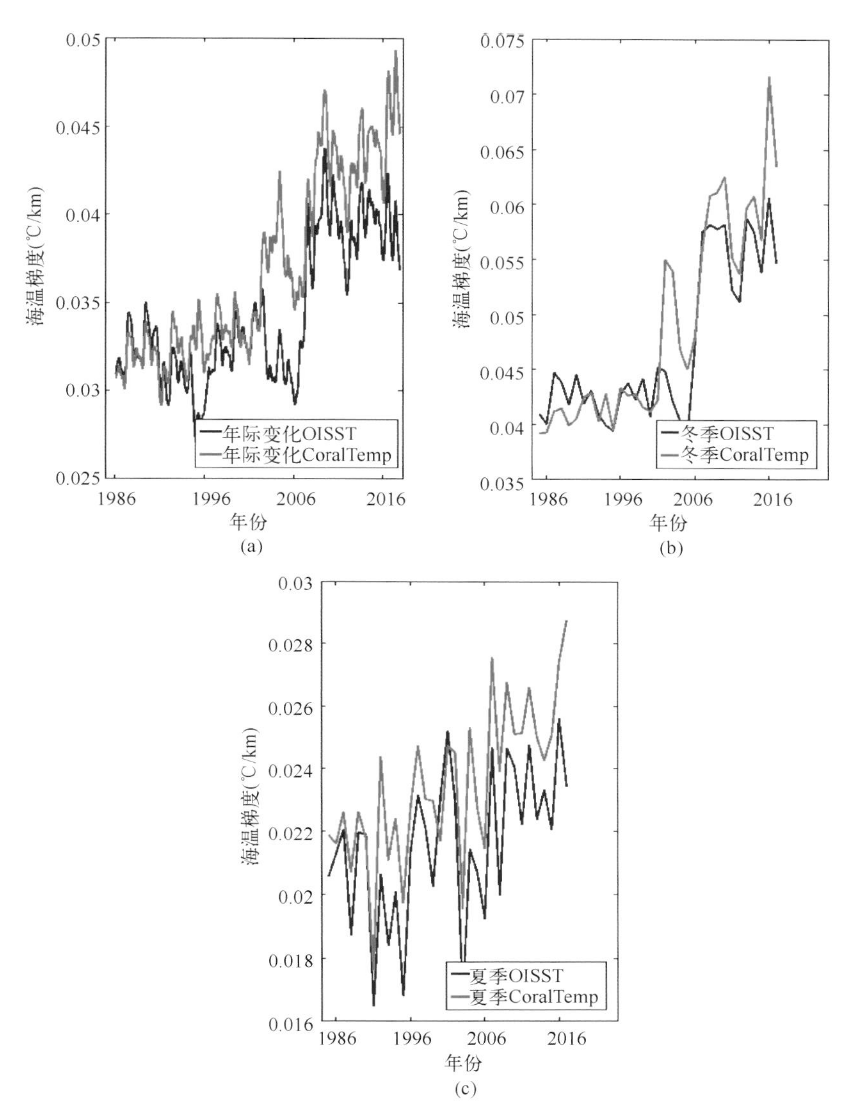

图 3-21　两种数据得出的副极地锋强度的年际变化、冬季和夏季变化

(a)副极地锋强度的年际变化；(b)(c)分别是冬季与夏季副极地锋强度的变化。红色、蓝色实线分别是 CoralTemp 数据和 OISST 数据得到的结果。

2006 年以后 OISST 数据改为使用美国海军的 Operational AVHRR 卫星资料。Reynolds 等指出，在与现场观测资料和船测资料的对比中，Operational AVHRR 卫星资料的误差要比 Pathfinder AVHRR 卫星资料的更大。由于 OISST 资料来源的差异产生的对锋面强度识别的差异目前还没有更深入的研究，我们无法确定 CoralTemp 和 OISST 数据中哪一个反映出的副极地锋强度的变化趋势的细节更加准确，但

CoralTemp 数据与 OISST 数据反映出来的副极地锋强度在近十年相较于 21 世纪以前的显著增强是没有疑问的。

副极地锋强度的年际变化受到冬季副极地锋强度的变化影响最大，故而冬季副极地锋强度的变化与其年际变化相接近，CoralTemp 数据与 OISST 数据反映出来的结果也都应证了这一点[图 3-21(b)]。从 2002 年以后，两种数据得到的副极地锋强度的波动特征是比较一致的，都经历了 2002—2006 年、2006—2012 年、2012—2015 年这样的波动，主要的差别就在于极值的大小。无论是极大值还是极小值，CoralTemp 数据得到的结果都要高于 OISST 数据。

而在夏季，副极地锋强度的波动非常剧烈，并且两种数据得到的副极地锋强度的波动特征相当接近，副极地锋强度的增强、减弱基本保持一致，但 CoralTemp 数据得到的副极地锋的强度明显要更强一些。整体上，CoralTemp 数据与 OISST 数据得到的副极地锋强度变化趋势基本接近，在整个研究的时间范围内存在着微弱的增强趋势，仅仅是 CoralTemp 数据计算的副极地锋强度在 2002—2019 年的增强趋势更加显著一些，但两者的差距并不大。

在 1985—2019 年这 35 年内，两种数据的结果都没有表现出如同冬季和年际变化那样明显的时间节点，整个时间序列内，副极地锋强度的变化趋势比较稳定。

3.2.5 副极地锋分支变化

前文中将副极地锋分成了四支：中支、东支、西北支和西南支。本节针对副极地锋的这四个分支，分别探究其年际变化。如图 3-22(a)所示，使用黑色实线框起来的是选定的四个分支的区域。根据本文对副极地锋的定义，计算选定区域内海表面温度梯度值大于 0.02℃/km 的所有格点的平均值，将其作为分支的强度，四个分支强度之和的平均即为副极地锋整体的强度。

滤去 13 个月以下的波动后得到了副极地锋四个分支的年际变化曲线，如图 3-22(b)、(c)、(d)、(e)所示。可以清楚地看到，副极地锋西北支在 1985—2019 年增强趋势不是非常显著，波动振幅很大，主要体现在 2002 年强度的突然增强。而在 2002 年前后两个时间阶段内，强度的增长趋势不是很显著。副极地锋西南支的年际变化与副极地锋整体的变化比较接近，但在 1985—2001 年期间，西南支的强度更强，没有明显增强的趋势，主要表现为强弱的振荡。副极地锋的中支变化趋势与副极地锋整体变化相差比较大，其强度的变化发生在 2006 年，2006 年以后强度的增强趋势明显增大，但在2017年以后又开始减小。副极地锋的东支在1985—2019年期间强度增强趋势没有明显变化，维持着比较稳定的增强。四个分支强度之和的平均结果与前文中主轴强度的结果相近，以2002年为时间节点，前后强度不同，增强趋势也存在显著差异。这进一步佐证了副极地锋强度在近十年显著增强的事实。

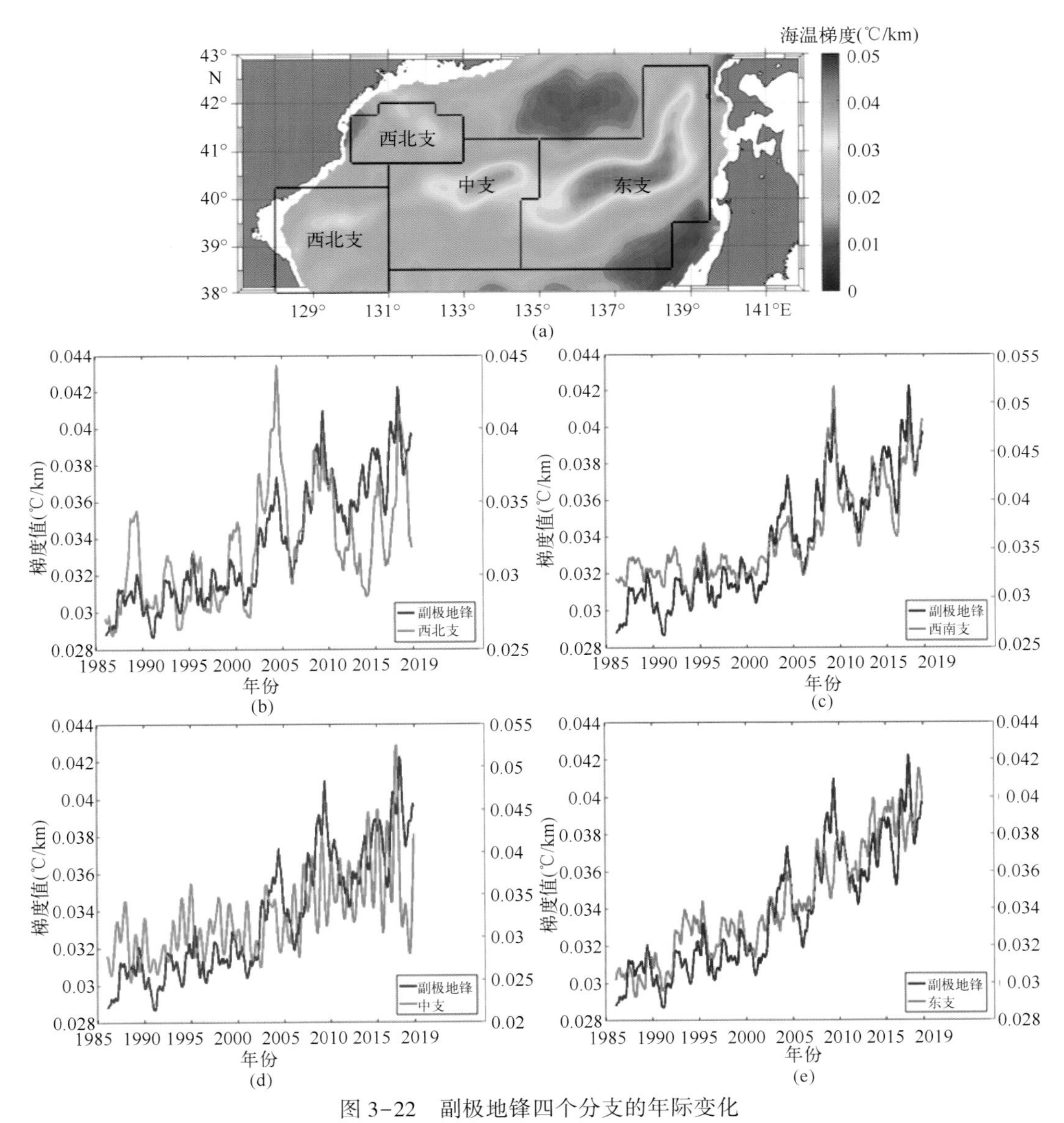

图3-22　副极地锋四个分支的年际变化

(a)中黑色线是四个分支选定的区域，背景是气候态平均海表面温度梯度；(b)(c)(d)(e)中红色线分别是副极地锋西北支、西南支、中支和东支的年际变化，蓝色线均为副极地锋整体的年际变化(℃/km)。

3.2.6 线性变化趋势

副极地锋强度按经度分布的35年的线性趋势如图3-23所示。基本上，副极地锋的强度都处于一个显著的增强之中。副极地锋强度增强的最大值位于137.5°—138°E之间，达到了0.012(℃/km)/10 a，这个位置基本上与气候态平均的副极地锋强度极大值所在区域重合，说明在35年内，副极地锋强度最强的区域增长的趋势最为显著。而在134°E附近，副极地锋强度的增长趋势较小，仅为0.006(℃/km)/10 a，这个位置恰好与气候态平均的副极地锋强度第二高值区域相重合。副极地锋强度第一大值区域的增长趋势达到了第二大值区域增长趋势的两倍。在129°—133°E范围内，副极地锋强度的增长趋势变化不大，基本维持在0.007(℃/km)/10 a附近。在副极地锋东西两端，其强度的增长趋势明显减小。

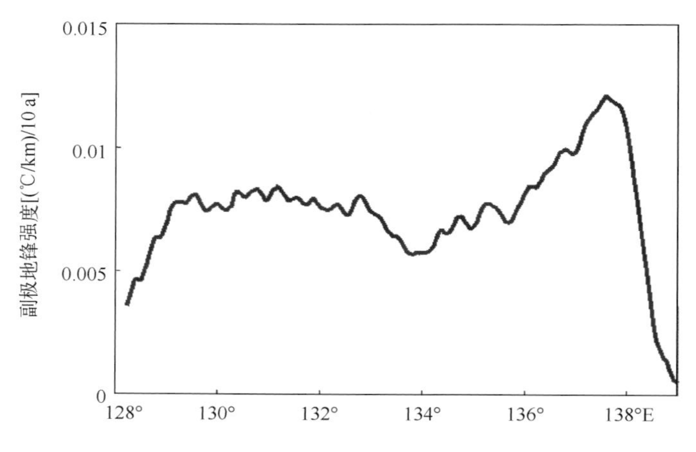

图3-23 每条经线上副极地锋强度的线性趋势

为了更清楚地显示日本海不同区域海表面温度梯度的变化情况，计算了1985—2019年日本海海表面温度梯度的线性趋势以及冬季与夏季各自的海表面温度线性趋势。图3-24(a)是1985—2019年平均的海表面温度梯度的0.02℃/km等值线，图3-24(b)、(c)分别是1985—2019年冬季和夏季平均的海表面温度梯度的0.02℃/km等值线。

从图3-24(a)中我们可以清楚地看到，海表面温度梯度增长趋势最为显著的部分基本上都位于副极地锋的轮廓线内。在副极地锋的轮廓线内，仍然有小部分区域海表面温度梯度值的线性趋势表现为负值，但其位于副极地锋的北部边缘，这与1985—2019年的海表面温度线性趋势是相呼应的。以40°N，134°E为中心的一个椭圆形区域内，海表面温度呈现降低的趋势，但在该区域北部，海表面温度再次呈现出增暖的趋势，这个海表面温度线性趋势正负信号变化的位置正好对应了副极地锋北部边缘强度减弱的区域。副极地锋强度增长趋势存在两个显著的极大值区域，大致以 136°E 为分界，向西到 133°E，向东到 139°E，其中东部区域增长趋势的大值范围要稍小一些，但最大值都达到了 0.01(℃/km)/10 a。

与每条经线上副极地锋强度的线性趋势不同的是，图 3-24(a)中位于 133°—136°E 的海表面温度梯度增长趋势第二高值区域，在图 3-23 中其线性趋势却是极小值，说明在 133°—136°E，锋面强度最大值的增长趋势反而要稍小一些，增长趋势最大的区域位于锋面强度最大值的南部。而 136°—139°E 的副极地锋强度增长趋势第一高值区则不同，在这里，锋面强度最大值的增长趋势同时也是最大的。海表面温度梯度的增长也并不仅限于副极地锋所在区域，在副极地锋的北侧、西南侧，海表面温度梯度同样呈现出微弱的增长趋势。

图 3-24(b)、(c)分别反映了 1985—2019 年冬季与夏季海表面温度梯度的线性趋势。我们可以清楚地发现，冬季海表面温度梯度正的增长趋势显著高于夏季，并且通过显著性检验的范围也要大于夏季。

冬季，海表面温度梯度增长趋势最显著的部分基本都位于副极地锋轮廓线内，增长趋势的最大值位于 136°—139°E，达到了 0.02(℃/km)/10 a，这一数值超过了夏季的两倍。在副极地锋轮廓线北部边缘的海表面温度梯度线性趋势负值区域其成因与图 3-22(a)中的一致，来源于 41°N 以北的增暖与 41°N 以南的降温。136°E 以西，副极地锋强度的增长趋势要稍小一些，但大部分区域数值都超过了 0.01(℃/km)/10 a。在 36°N，132°E 附近存在一个长轴沿西南—东北走向的椭圆形海表面温度梯度线性趋势正值区，它的形成是由于冬季局地的降温以及日本沿岸的增暖。但到了夏季，由于局地降温作用的消失，海表面温度梯度线性趋势也逐渐减小，甚至转为负值。

夏季副极地锋强度的增长来源于西南支与东支，副极地锋中支区域有近一半海表面温度梯度线性趋势为负值。夏季副极地锋强度增长最显著的区域则是副极地锋的西南支，最大约有 0.007(℃/km)/10 a，东支的增长趋势稍小，并且在 138°E 以东还存在一小块海表面温度梯度线性趋势负值区。夏季俄罗斯沿岸的锋面强度增长也比较显著，其量值与副极地锋的相接近。而在朝鲜半岛东岸，日本西岸这两个位置的锋面在夏季也都体现出了增强的趋势。

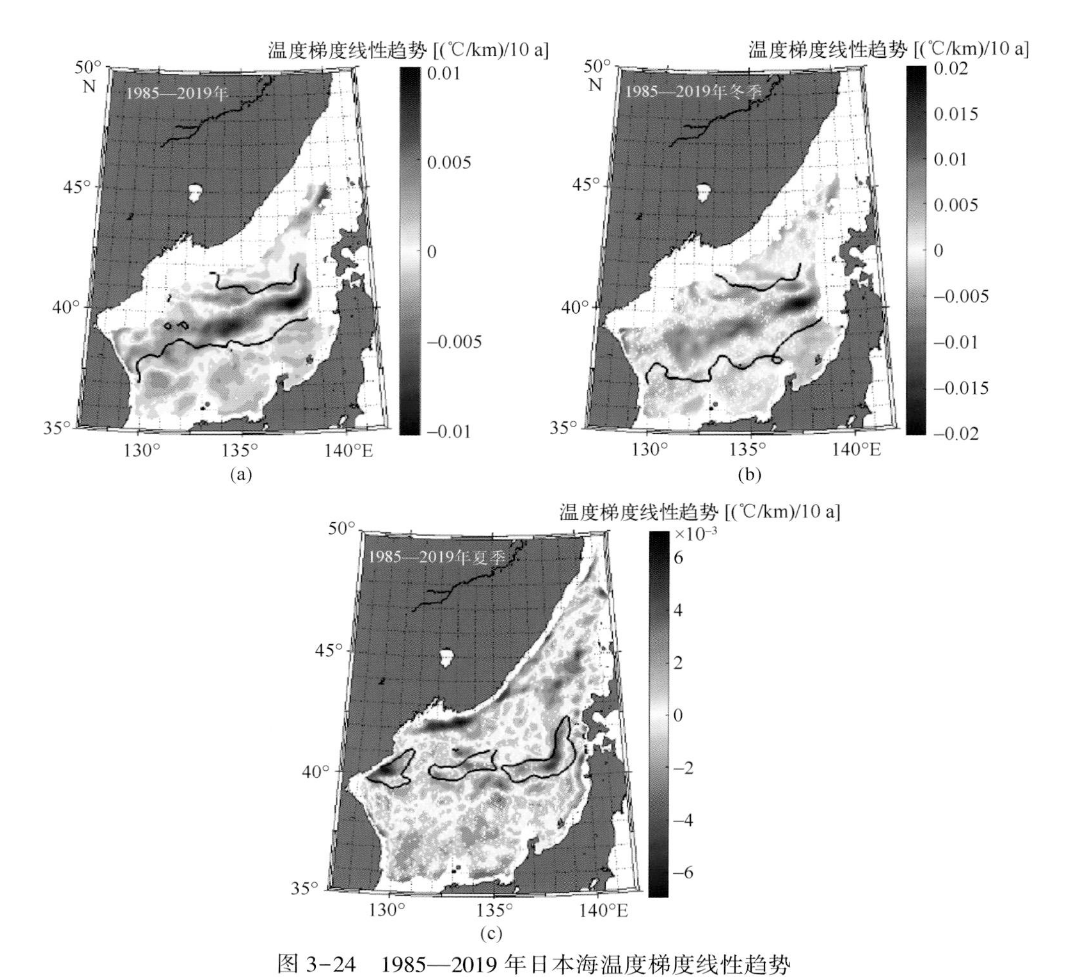

图 3-24　1985—2019 年日本海温度梯度线性趋势

(a)海表面；(b)冬季；(c)夏季。白点表示该区域的趋势没有通过 95%的显著检验，黑线是对应的副极地锋的轮廓，这里定义为 0.02℃/km 的等值线。

无论是冬季还是夏季，在日本海南部，海表面温度梯度线性趋势都呈现出负值。而在日本海北部，受融冰、结冰等局地因素的影响，海表面温度梯度的变化较大，这与日本海南部形成鲜明对比。从强度上来看，冬季海表面温度梯度线性趋势要显著大于夏季，1985—2019 年日本海副极地锋强度的显著增强主要是冬季的贡献，这与冬季副极地锋西北侧海表面温度的显著降低相对应。

根据副极地锋强度的年际变化，以 2001—2002 年为转折，分别计算了日本海海表面温度梯度在 1985—2001 年和 2002—2019 年以及对应的冬季与夏季的线性趋势，如图 3-25 所示。图 3-25(a)、(b)分别是 1985—2001 年和 2002—2019 年的海表面温度梯度线性趋势。

可以清楚地发现，在1985—2001年期间，副极地锋强度增长的主要来源是副极地锋东支，135°—139°E，基本上都是正的海表面温度梯度线性趋势，最大值达到了0.01(℃/km)/10 a。但在副极地锋的中支与西南支，却是非常显著的海表面温度梯度线性趋势负值区，其中强度降低最显著的西南支达到了-0.01(℃/km)/10 a，这与副极地锋的强度在1985—2001年缓慢增强的趋势是相吻合的。在副极地锋的西南侧也存在着一个海表面温度梯度线性趋势的正值区，并且最大值也达到了0.01(℃/km)/10 a，这意味着副极地锋的西南支存在一个缓慢的向南移动的趋势。

相较于1985—2001年可以发现，2002—2019年，副极地锋的势力范围得到了扩大，尤其是在西南方向0.02℃/km等值线向南延伸，这与1985—2001年副极地锋西南支的移动趋势相匹配。在2002—2019年，日本海正的海表面温度梯度线性趋势大值区基本都位于副极地锋的轮廓线内，并且最大值相较于1985—2001年有了增强，达到了0.015(℃/km)/10 a，在副极地锋的中支，133°—135°E区域，海表面温度梯度线性趋势在0.01(℃/km)/10 a以上的范围最大，是副极地锋强度增长的主要来源。副极地锋的东支，海表面温度梯度正值区呈现出西南—东北的走向，线性趋势的极值也分为西南、东北两部分，其中东北一侧一直向北延伸超过了41°N。副极地锋西南支的线性趋势大值区域的范围比较小，在副极地锋中支北侧同样是一个海表面温度梯度线性趋势的负值区，但相较之下，负值区的量值要小一些。1985—2001年和2002—209年海表面温度梯度的线性趋势与副极地锋强度的年际变化对应了起来，1985—2001年强度增长缓慢是因为副极地锋中支与西南支部分区域强度的减小。

如图3-25(c)、(d)所示，冬季虽然整个日本海正的海表面温度梯度线性趋势大值区域基本都位于副极地锋的轮廓线内，但很显然，2002—2019年冬季副极地锋强度的增长趋势量值基本上是1985—2001年的两倍，并且2002—2019年冬季，海表面温度梯度线性趋势正值区的范围也更大。

1985—2001年冬季副极地锋强度增长的极大值在副极地锋的西南段，量值在0.02(℃/km)/10 a左右。而在2002—2009年冬季，副极地锋强度增长的极大值位于副极地锋东支呈西南—东北走向，其量值达到了0.04(℃/km)/10 a。而在副极地锋的西南支，副极地锋强度增长趋势的最大值也达到了0.04(℃/km)/10 a，但其大值区域明显要小许多，在其东侧有一小块海表面温度梯度线性趋势的负值区域。130°—136°E是一块范围很大的海表面温度梯度线性趋势正值区，上面零星地

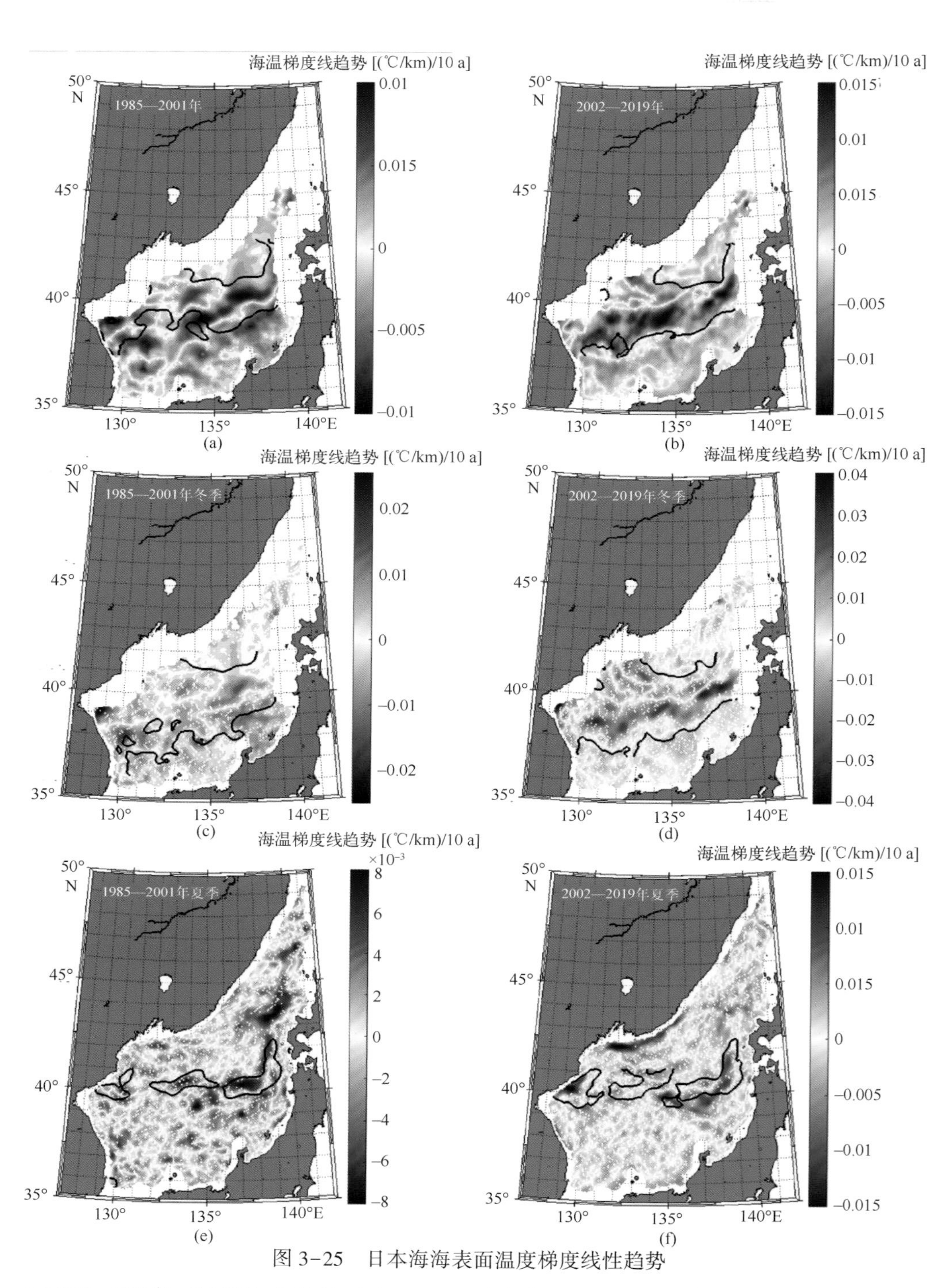

图 3-25　日本海海表面温度梯度线性趋势

(a)1985—2001 年；(b)2002—2019 年；(c)1985—2001 年冬季；(d)2002—2019 年冬季；(e)1985—2001 年夏季；(f)2002—2019 年夏季。白点表示该区域的趋势没有通过 95%的显著检验，黑线是对应的副极地锋的轮廓，这里定义为 0.02℃/km 的等值线。

分布着几个极值，副极地锋中支强度的增长趋势明显要小于东支和西南支。

无论是 1985—2001 年还是 2002—2019 年，在副极地锋的北侧，都有着稳定存在的海表面温度梯度线性趋势负值区，不同的是，在 1985—2001 年期间，在副极地锋的东南区域也存在负的海表面温度梯度线性趋势分布。在副极地锋的南侧，海表面温度梯度线性趋势表现为负值，而在 2002—2019 年期间，在副极地锋南侧却有小部分区域海表面温度梯度线性趋势表现为正值。

夏季海表面温度梯度线性趋势的量值要小很多，但仍然表现出 2002—2019 年大于 1985—2001 年的特征[图 3-25(e)、(f)]。在 1985—2001 年夏季，副极地锋中支基本上处于海表面温度梯度线性趋势负值区域。副极地锋的缓慢增长得益于副极地锋东支的增强，主要位于 136°—138°E，最大量值达到了 0.008(℃/km)/10 a。在副极地锋的西南支，海表面温度梯度线性趋势正值区与负值区交替分布，对副极地锋强度变化的影响很小。

在 2002—2019 年期间，副极地锋西南支的强度增长趋势也变得显著起来，最大值达到了 0.015(℃/km)/10 a，与 1985—2001 年副极地锋东支锋面强度增长区域东西向分布不同的是，在 2002—2019 年期间，副极地锋东支锋面强度的增长区域是 139.5°E 左右，40°—42°N 的南北走向区域。在副极地锋的西南侧，2002—2019 年期间，海表面温度梯度线性趋势正值区域的范围与量值相较于 1985—2001 年期间都要更大。

3.2.7　副极地锋变化可能的影响原因

通过直接从原始数据中等间隔选取数据和二维线性插值两种方式将 5 km 分辨率的原始数据平滑到 0.1°×0.1°，0.25°×0.25°，0.5°×0.5°三种空间分辨率上，如图 3-26 所示。可以清楚地发现，无论是哪一种平滑方式，随着空间分辨率的降低，副极地锋的强度也在降低，但增强的趋势仍旧十分显著。这充分说明，副极地锋强度的增长不是空间分辨率的提高导致的。

利用 NCEP 的热通量资料，分析热通量在 1985—2019 年的变化及其对海表面温度产生的影响。结合上一节的结论可以知道，副极地锋强度在 1985—2019 年期间的增长最主要的贡献是冬季副极地锋及其西北部的海表面温度的降低。日本海冬季海温受大气强迫作用显著，这在净热通量场上体现得十分明显。图 3—27(a)、(b)分别是 1985—2019 年期间冬季与夏季的平均净热通量分布。冬季，整个日本海向大气输送

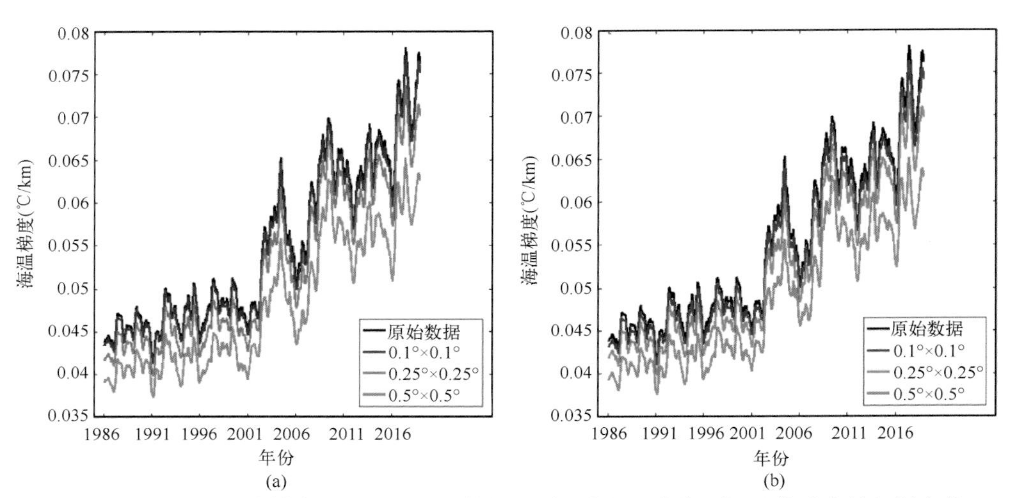

图 3-26　不同空间分辨率的海表面温度数据识别出来的日本海副极地锋强度的年际变化

(a)是从原始数据中直接按经纬度提取得到的；

(b)是采用二维线性插值的方法将海表面温度平滑到低分辨率的网格上得到的。

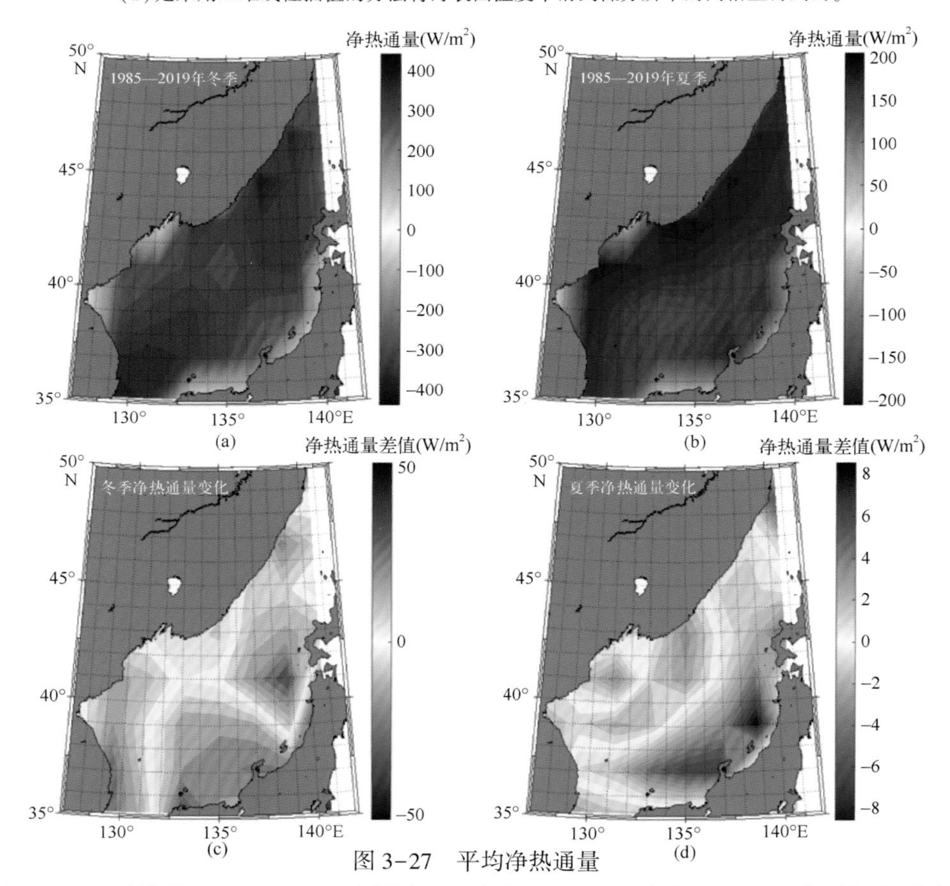

图 3-27　平均净热通量

(a)1985—2019 年冬季；(b)1985—2019 年夏季；(c)冬季，1985—2001 年和 2002—2019 年两个时间段之间平均净热通量的变化；(d)夏季，1985—2001 年和 2002—2019 年两个时间段之间平均净热通量的变化。

热量，而夏季则相反，海洋从大气吸收热量，并且净热通量的量值冬季比夏季大得多，说明冬季日本海海气之间的相互作用比夏季更加剧烈。

图 3-27(c)、(d)显示了净热通量在 1985—2001 年和 2002—2019 年两个时间段的差异，图 3-27(c)是冬季，图 3-27(d)是夏季。冬季净热通量变化的量值要比夏季大得多。这说明冬季海表面温度的年际变化受到净热通量的影响比夏季也要更大。可以清楚地发现，冬季副极地锋的北侧以及东西两端在 2002—2019 年期间向大气的热量输送更加剧烈，并且与冬季海表面温度降低的区域相匹配。位于朝鲜半岛东岸和日本沿岸的失热更剧烈的区域，恰好也处于对马暖流的影响区域，海表面温度的降低没有那么显著。夏季日本沿岸的西南—东北走向区域在 2002—2019 年期间从大气吸收的热量有所减少，但量值不是很大，这也说明夏季日本海海表面温度在 2002—2019 年期间的升高并不是受到净热通量的影响。

日本海副极地锋强度的增长并不是空间分辨率提高的结果。在大气强迫中，净热通量在 2002 年前后也存在明显差异。冬季日本海北部、西部在 2002 年后向大气输送热量得到增长，佐证了 2002 年以后冬季日本海北部海表面温度降低的现象。夏季日本沿岸在 2002 年以后从大气中吸收热量减少说明对马暖流的输运对日本海的增暖作用更显著。

第4章 日本海中尺度涡时空变化特征

日本海内部地形复杂，海气相互作用强烈，中尺度涡频发(Ichiye，Takano，1988)。早前有关日本海中尺度涡的研究主要依赖于零星的遥感观测资料和航次观测资料，研究区域主要集中在西南部郁陵盆地附近(Tanioka，1968；Kim，Legeckis，1986；Ichiye，Takano，1988；Isoda，Saitoh，1993；Isoda，1994；Lie et al.，1995)。随着卫星高度计的增加和观测资料的累积，越来越多高精度、大范围、全天候的卫星数据应用在海洋涡旋探测中。

Jacobs 等(1999)利用 TOPEX/POSEIDON(Topography Experiment/ Poseidon Monitored Global Ocean Circulation)卫星高度计数据和模式数据，研究了中尺度涡对日本海平均环流的影响，指出涡旋有助于极地锋面的输运和东朝鲜暖流的分离。Morimoto 等(2000)通过海表高度数据，研究了日本海中部及南部涡旋的空间分布及其季节变化。Ebuchi 和 Hanawa(2003)使用 7 年的卫星高度计数据，探讨了日本海南部涡旋对黑潮路径的影响变化，研究发现，气旋和反气旋可与黑潮发生相互作用进而导致黑潮路径的短期弯曲。Lee 等(2005，2010)运用海表高度异常数据，基于绕角法探测了日本海十多年的中尺度涡，并利用浮标数据进行了验证，结果表明郁陵盆地是涡旋的高发区。该区域涡旋可分为三类，即韩国沿岸涡旋、沿惯性流的锋面涡旋以及郁陵暖涡/多克冷涡。Hogan 和 Hurlburt(2006)讨论了日本海温跃层涡旋形成的原因，该类型涡旋在夏季表现为涡旋上部呈暖水状(Gordon et al.，2002)，与反气旋稍有不同。各项数据表明，温跃层涡旋受季节性环流、地形、温暖的淡水输入以及上层水的再沸化等影响。Kim 等(2012)在前人研究的基础上进一步指出温跃层涡旋对海表层和深层起到了有效的混合作用，带动了底部营养物质上升，促进了浮游植物的生长繁殖。Young 等(2017)基于粒子跟踪实验，提出了一种新型的涡旋识别算法，并用于郁陵盆地内的温跃层涡旋的探测，表明该类涡旋依赖于相对涡度，其型态受郁陵盆地的强烈影响，且在涡旋边缘伴随着较高的叶绿素浓度。Shin 等(2019)利用高度计及温盐深剖面仪(conductivity temperature depth，CTD)1993—

2017 年的数据分析了郁陵暖涡的时空变化规律，结果显示只有 7%的郁陵暖涡与东朝鲜暖流无关，由暖流驱动的涡旋均具有高温高盐的特性，生命周期较长，且内部结构随季节变化。除上述温跃层涡旋外，还存在一种异常涡旋，即气旋涡中心海表温度高于涡旋边界，而反气旋则相反。Sun 等(2019)就曾在北太平洋发现了类似的涡旋结构，并基于多源卫星统计分析了时空特征和区域相关性，结果表明日本海西南部及南部为暖核气旋涡的高发区，表现出明显的季节变化，其形成可能与涡旋衰亡阶段的不稳定性或涡-涡相互作用有关。

4.1 涡旋统计分析

4.1.1 涡旋数目统计

定义涡旋个数的方法有两种，第一种为基于整个生命周期，即拉格朗日法；第二种为基于每个时刻，即欧拉法。1993—2019 年的 27 年期间，基于整个周期，日本海区域共探测到中尺度涡 1 429 个，其中气旋 675 个，反气旋 754 个，反气旋数目多于气旋约 11.7%。基于每个时刻，此研究区域共探测到涡旋98 390 个，其中气旋和反气旋分别为 45 321 个和 53 069 个，反气旋数多于气旋数约 17.1%，与以生命周期计数的比例相近。同时对郁陵盆地和大和盆地的涡旋进行筛选。结果显示，拉格朗日法计数下郁陵盆地(35°—40°N，127°—134°E)存在 237(241)个气旋(反气旋)，分别占整个日本海区域的 35.11%和 31.96%，而欧拉计数法下气旋和反气旋分别为 16 292 和 18 273 个。大和盆地(35°—42°N，134°—141°E)的中尺度涡数则整体少于郁陵盆地，基于整个生命周期和时刻下，27 年间供识别到气旋 204(15 873)个，反气旋 248(17 561)个。由中尺度涡数据集的信息可知，日本海区域以反气旋为主，且大多数涡旋集中在郁陵盆地和大和盆地。

4.1.2 涡旋的空间分布特征

涡动能(eddy kinetic energy，EKE)通常为表征驱动涡能量高值区的重要动力因素，其空间分布有利于分析能量的源和汇。基于 SLA 数据，可计算涡动能，其公式如下：

$$\mathrm{EKE} = \frac{1}{2}(u'^2 + v'^2) \tag{4-1}$$

式中，u'、v'分别为纬向地转流和经向地转流异常，公式如下：

$$u' = -\frac{g}{f}\left(\frac{\partial h'}{\partial y}\right) \tag{4-2}$$

$$v' = -\frac{g}{f}\left(\frac{\partial h'}{\partial x}\right) \tag{4-3}$$

式中，h'为海面异常高度；g 和 f 分别为重力加速度和科氏参数。

涡旋空间分布强度可用 EKE 和海表异常高度的均方根(root mean square of the SLA，SLA RMS)来表征(图 4-1)。在日本海区域，从海表面地转流异常得到的 EKE 和 SLA RMS 在季节和年际时间尺度上的变化见图 4-2。涡旋活跃区整体沿本州岛呈现西南—东北分布，分布规律与日本海内部的对马暖流相似(Teague et al., 2003)。其中，有 4 个局地大值区域，分别为郁陵盆地、大和盆地西部和中部以及津轻海峡西北部。其中郁陵盆地和大和盆地的涡动能远高于其他区域，EKE 最高达 325.08 cm^2/s^2，SLA RMS 则达 38.47 cm。郁陵盆地和大和盆地交界处的 EKE 和 SLA RMS 较盆地内部低。在日本海北部(40°—52°N，133°—142°E)的涡旋活跃区，其 EKE 和 SLA RMS 相对较小。

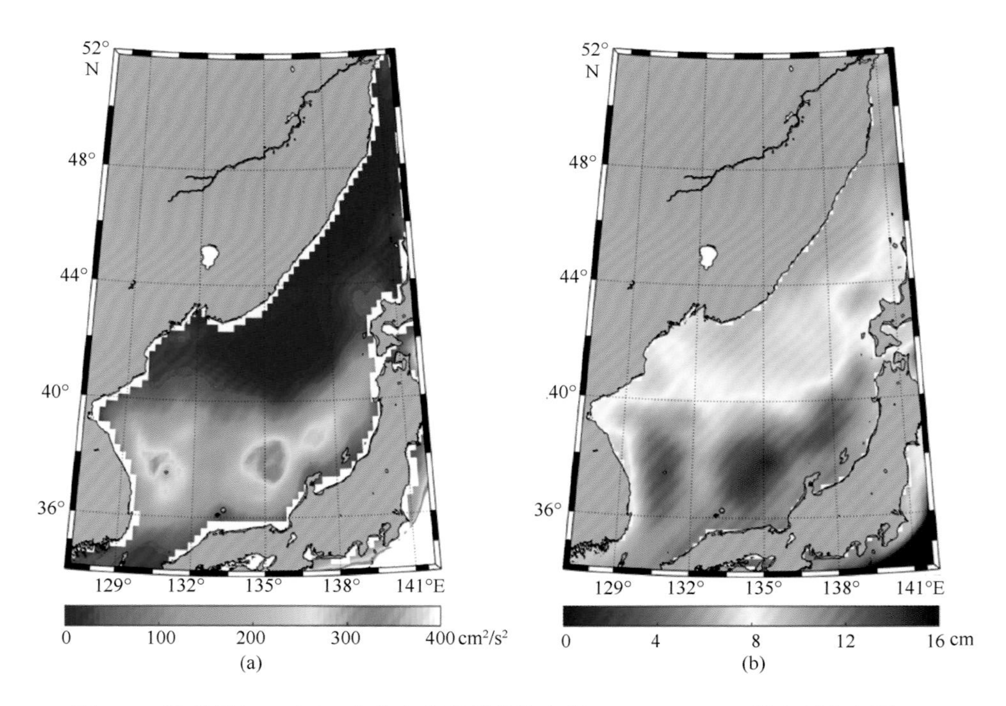

图 4-1 涡动能(EKE)(a)和海表高度异常均方根(SLA RMS)(b)的空间分布图

图 4-2 为涡动能和海表面高度均方根随时间变化图。图 4-2(a)、(b)为面积加权后的平均年际变化和线性增长率。可以发现，EKE 大多数集中在 70~100 cm^2/s^2，其中 1995 年、1999 年、2001 年、2004 年、2010 年、2013 年、2017 年和 2019 年 EKE 较强，最高可达 119.17 cm^2/s^2；而 1996 年、2006 年、2008 年则较弱。SLA RMS 的变化与 EKE 相似，但个别年份与 EKE 发展趋势相反，如 1994—1996 年、2006 年、2012 年以及 2016 年。两参数的线性增长率也进一步表明了两者的相似性。值得注意的是，除 2002 年、2004 年、2006 年、2007 年、2010—2014 年、2018—2019 年，其他年份 SLA RMS 的增长率均大于 EKE。其中 EKE 增长较快的 1998 年、2002 年、2014 年及 2016 年为强的厄尔尼诺(El Niño)年，尤其在 1998—1999 年，其为自 1950 年以来厄尔尼诺最强的一年，相应地 EKE 和 SLA RMS 值也为研究时间时段内的局部峰值点。与拉尼娜(La Niña)现象相比，其与参数值较小的 2000 年、2008 年也有一定的相关性，因此该地区 EKE 和 SLA RMS 的年际变化可能与厄尔尼诺和拉尼娜现象有关。

图 4-2(c)、(d)为涡旋活动强度的季节变化。与年际变化相同，EKE 与 SLA RMS 的发展趋势基本一致，均表现为上半年低，下半年高的特征，峰值分别在 9 月和 10 月，增长率在 8 月达到最快，约为 55.88%。不同的是，在春季(3—5 月)，两者增长率呈相反趋势，SLA RMS 有较小的增长。

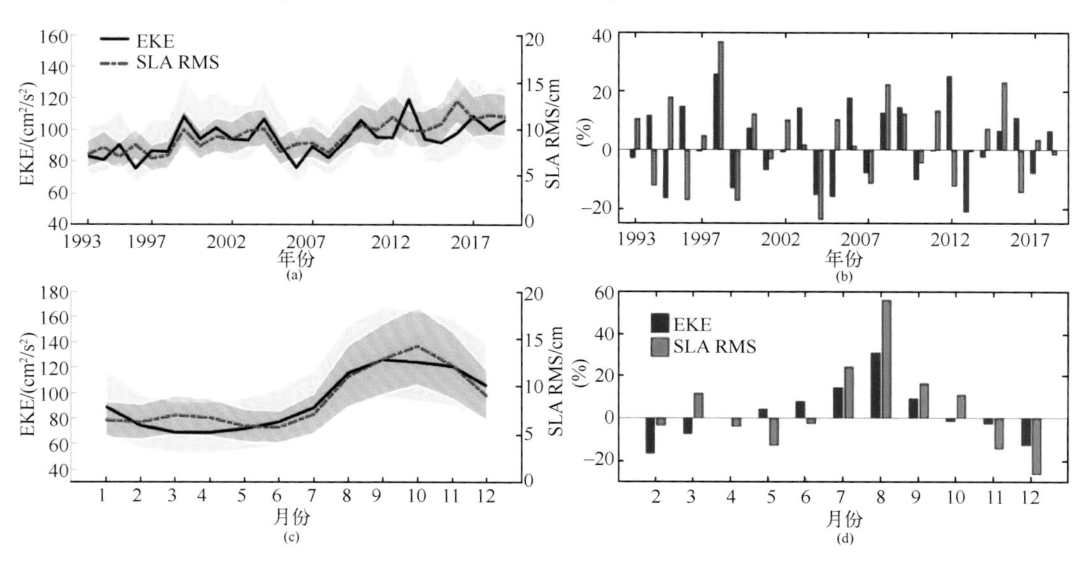

图 4-2 涡动能(a)(b)和海表高度异常均方根(c)(d)及其线性增长率的时间序列变化

(a)(b)为年际变化，(c)(d)为季节变化，(a)和(c)中的阴影部分为误差范围。

为了更好地理解旋涡的活动，这里将从涡旋的几何特征，如涡旋尺寸、涡旋中心位置(经度和纬度)、涡旋极性、涡旋振幅、涡旋旋转速度、涡旋的移动规律以及生消特征等方面进行研究。

4.1.3 涡旋的时空分布、大小以及寿命

对经过筛选的 1 429 个涡旋，即 675 个气旋和 754 个反气旋进行涡旋分布、尺寸、寿命、振幅等物理特征分析。图 4-3(a)为基于每个时刻研究区域内涡旋数量的年际变化。每年的涡旋数量在 256 个左右，其中 1997 年、2001 年、2007 年、2011 年、2013 年、2014 年、2018 年的涡旋数目较多，而 1996 年、2000 年、2005 年、2012 年、2016 年、2019 年的涡旋较少。除去 1996 年、2005 年、2009—2012 年、2015 年，其他年份的反气旋均多于气旋，气旋数量约占反气旋数量的 89.5%，尤其在 2014 年、2018 年、2019 年，气旋数量较大幅度地少于反气旋，2009—2012 年气旋连续地反常增多以及 2017—2019 年与反气旋差的增加也值得进一步研究。虽然涡旋数量的年际变化无明显的变化趋势，但其具有 3~5 年小幅度的高频周期变化，如 1993—1996 年为第一个小周期，涡旋数量整体呈山峰状，1996—2000 年为第二周期，由此类推。图 4-3(b)为涡旋的月变化。从涡旋总数来看，呈逐渐上升趋势，气旋的变化明显于反气旋。其中 9—11 月的涡旋数目最多，12 月至翌年 2 月次之，6—8 月最少，且所有月份的反气旋均多于气旋，春季和秋季尤为突出，6—8 月两种极性的涡旋数量则基本相近，这可能与日本海区域的季风有关。

为更清楚地了解涡旋在不同区域的分布情况，将研究区域划分为 0.1°×0.1°的箱式网格，筛选出基于每个时刻的涡旋中心在每个网格内的所有涡旋(气旋 45 321 个，反气旋 53 069 个)(图 4-4)。两种极性的涡旋空间分布相近，整体呈倾斜的“J”状，郁陵盆地、大和盆地以及北海道岛西侧为中尺度涡的多发地。反气旋较于气旋空间分布范围更广，最北可达 48.5°N。统计得出，研究区域内每个格点最多可出现气旋或反气旋 90 个。相对于上述地区，沿岸地带、日本海盆地中部(45°—43°N，135°—148°E)以及北部(47°—51°N，139°—142°E)的涡旋较少，其中海区北部的涡旋仅占 0.1%。大陆边缘涡旋密度较低可能受陆地的阻挡作用，中部和北部可能受海底地形和水深影响。

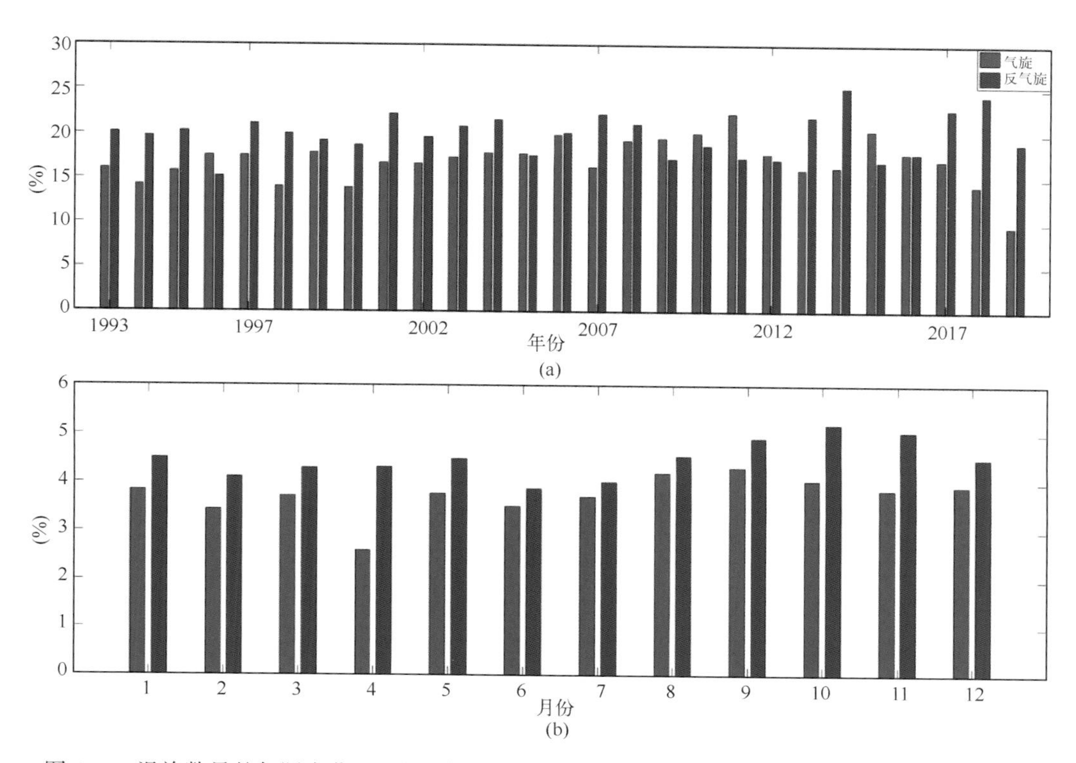

图 4-3　涡旋数量的年际变化(a)和月变化(b)。其纵坐标为不同极性涡旋占总涡旋数量的比值

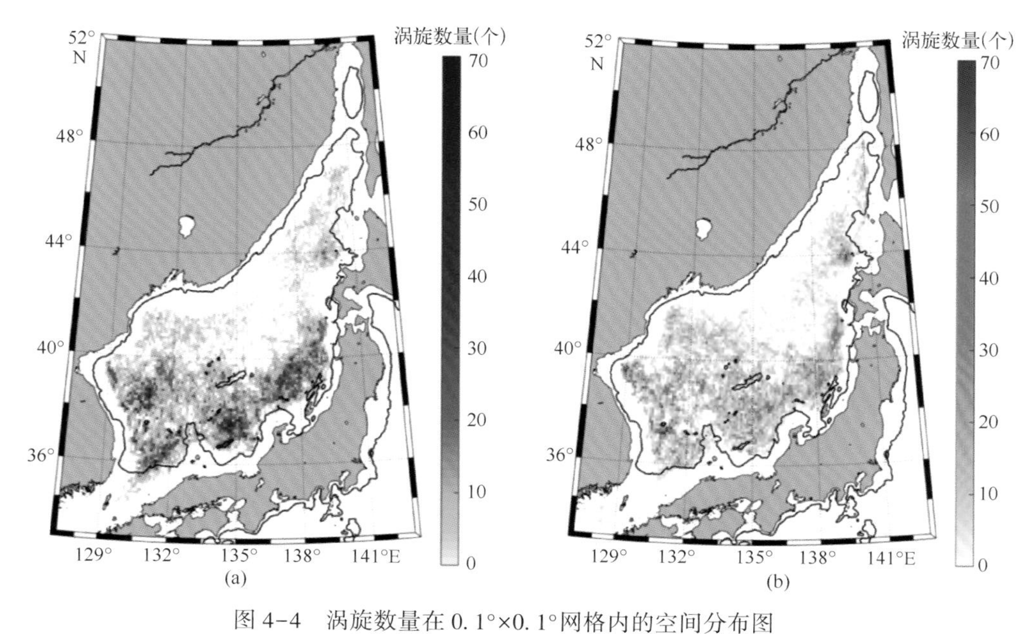

图 4-4　涡旋数量在 0.1°×0.1°网格内的空间分布图

(a)为气旋，(b)为反气旋，背景颜色为涡旋数量，黑线轮廓线为 500 m 等深线。

给出了基于整个生命周期(大于 20 d)涡旋数量变化，随着时间的增长，涡旋数量逐渐减小。其中气旋的平均生命周期为 67.1 d，反气旋的平均生命周期为 70.4 d，约 50%涡旋的生命周期都为 40~70 d。冷暖涡旋生命周期比值图[图 4-5(i)]分析可得，生命期较短(<120 d)的涡旋表现为反气旋略多于气旋，而长生命期(>240 d)涡旋则多为气旋。基于每个时刻的涡旋(气旋 45 321 个，反气旋 53 069 个)半径统计见图 4-5(f)，不同半径的涡旋数量变化趋势呈偏态分布，60 km 处到达峰值。其中反气旋的平均半径为 64.7 km，气旋的平均半径为 66.8 km，大约 73.5%的涡旋半径在 30~60 km 之间，70~90 km 的次之。在同一半径长度内，较小半径(<70 km)的反气旋数量多于气旋(约 8.92%)。反之在半径较大(90~140 km)的涡旋中，气旋略占优势。从涡旋振幅直方图分析可知，反气旋振幅在大于 10 cm 且小于 26 cm 范围内的数量多于气旋，但在大振幅(>26 cm)涡旋中，气旋明显多于反气旋。反气旋平均振幅为 8.0 cm，气旋则为 7.7 cm，反气旋的平均振幅大于气旋约 3.9%。图 4-5 最右列为涡旋的旋转速度统计图。气旋和反气旋均随着速度的增大数量呈偏态分布，但峰值差异明显，气旋所在峰值为 16 cm/s，反气旋则稍大，约为 22 cm/s。其中气旋的平均旋转速度为 23.0 cm/s，反气旋为 22.9 cm/s，两种极性涡旋的平均旋转速度相近，其比值曲线图[图 4-5(l)]呈两头大中间小趋势，与振幅的发展相似。

与上述研究相同，将研究区域分为 0.5°×0.5°网格，分别对涡旋的半径、振幅、旋转速度三种参数进行统计(图 4-6)。可以看出，日本海中部及南部涡旋半径随经度的变化并不明显，多数集中在 60~75 km 范围内，整体趋势较平缓，大值区位于大和盆地西侧和郁陵盆地接壤处、日本海盆地以及日本海北侧。从西至东呈小幅度的先增长后减小的过程，两种极性涡旋半径均随距陆地距离的减小而减小。相反，36°—42°N 涡旋半径随着纬度的增加总体呈减小趋势，气旋和反气旋的半径相差不大。上述变化趋势可以由浮力频率与第一斜压罗斯贝半径的关系得到验证。Chen 等(2012)分析得出，中尺度涡半径随纬度的变化与罗斯贝半径大体一致。值得注意的是，自 42°N 后在日本海中部涡旋半径出现明显的增大，且气旋半径的增大幅度略大于反气旋，并在海区北部呈高值，这可能与该部分区域涡旋数量少，个体差异导致的系统误差有关。涡旋振幅与旋转速度分布基本一致，除郁陵盆地西部存在较大旋转速度的气旋，其他大值区均集中在郁陵盆地中部和大和盆地，且在 40°N

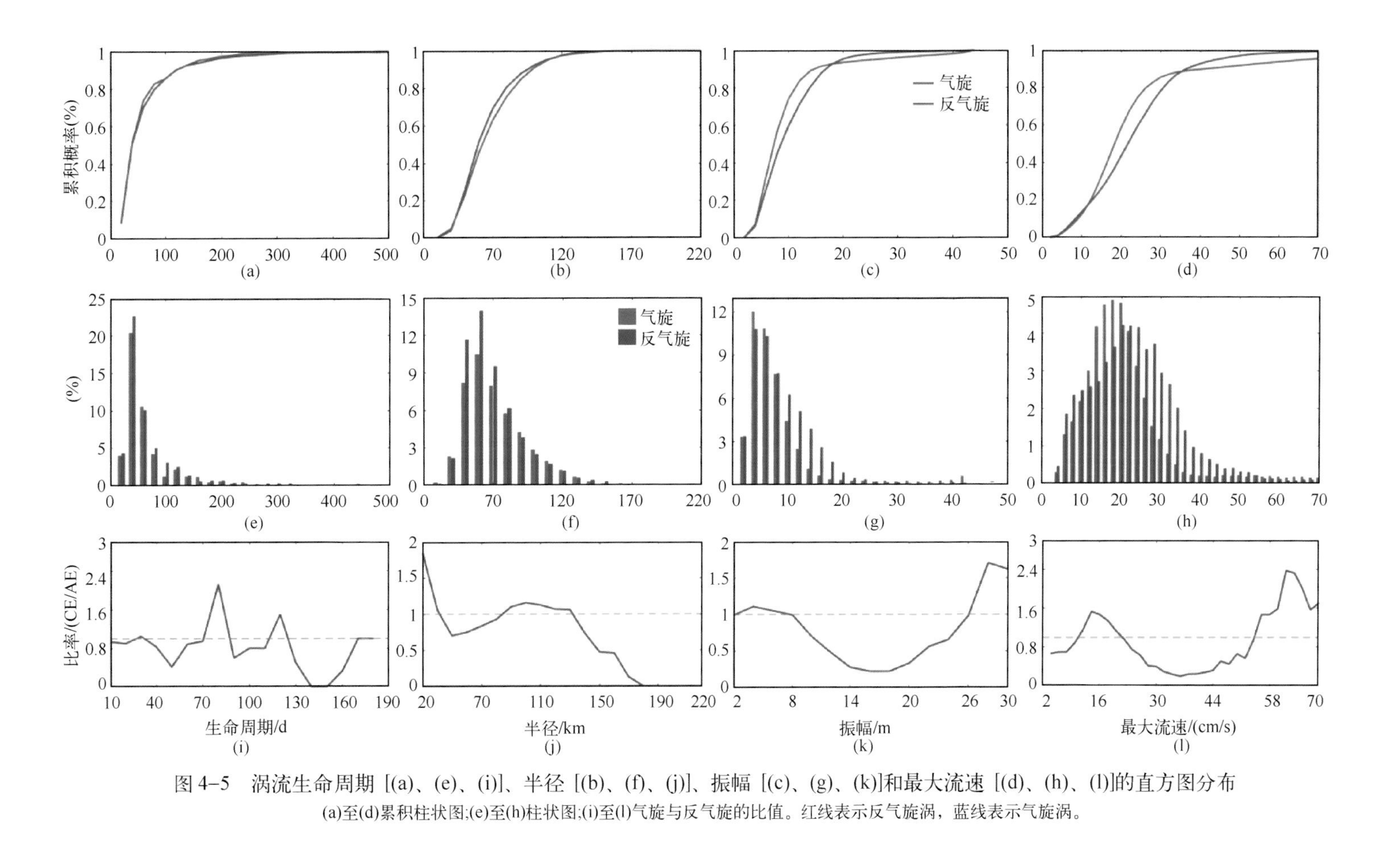

图 4-5　涡流生命周期 [(a)、(e)、(i)]、半径 [(b)、(f)、(j)]、振幅 [(c)、(g)、(k)]和最大流速 [(d)、(h)、(l)]的直方图分布

(a)至(d)累积柱状图;(e)至(h)柱状图;(i)至(l)气旋与反气旋的比值。红线表示反气旋涡，蓝线表示气旋涡。

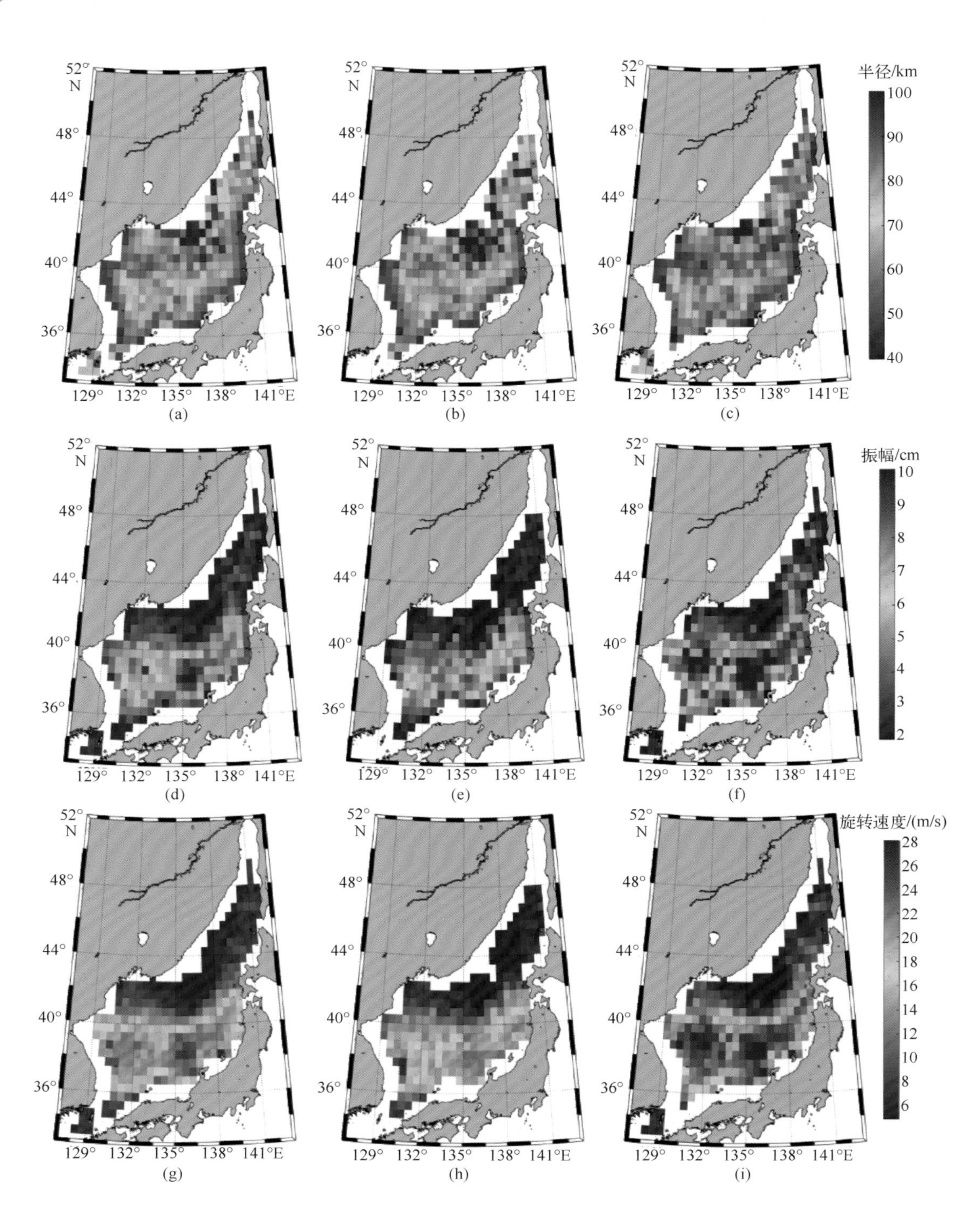

图 4-6　涡旋半径[(a)、(b)、(c)]、振幅[(d)、(e)、(f)]和旋转速度[(g)、(h)、(i)]在 0.5°×0.5°网格内的空间分布图

(a)(d)(g)、(b)(e)(h)和(c)(f)(i)分别用于总涡旋、气旋和反气涡。

以北有显著的减小趋势，反气旋的振幅和旋转速度均明显大于气旋。同时由三种参数的涡旋总体分布可知，日本海区域反气旋强于气旋，整个海区内反气旋的物理特征更加显著。

图 4-7 为涡旋各物理参数的年际变化。不同极性的涡旋半径虽无明显变化趋势，但量值不同，且变化范围也有所不同。反气旋的半径较气旋半径上下浮动较大。2003 年、2008 年、2009 年、2010 年反气旋半径达到局部峰值。涡旋振幅和旋转速度发展趋势基本相同，气旋和反气旋对比较弱，但在 2001—2004 年、2005—2009 年、2012—2013 年、2014—2015 年以及 2018—2019 年，两种极性的涡旋发展呈反向。图 4-8 相应为各参数的月变化。气旋和反气旋半径在 5 月的走向呈同步趋势，均表现为春季较小，随后气旋在 8 月达到局部峰值，反气旋则在 6 月和 10 月达到局部峰值，两者趋势相反，即大尺寸涡旋多存在于夏季后期、冬季，较小涡旋则多探测于春季。与年际变化相似，涡旋振幅和旋转速度的月变化发展基本一致。反气旋变化较为明显，呈山脉起伏状，大值涡旋多存在于秋冬季，整体较小振幅和旋转速度的涡旋则集中在春夏季。

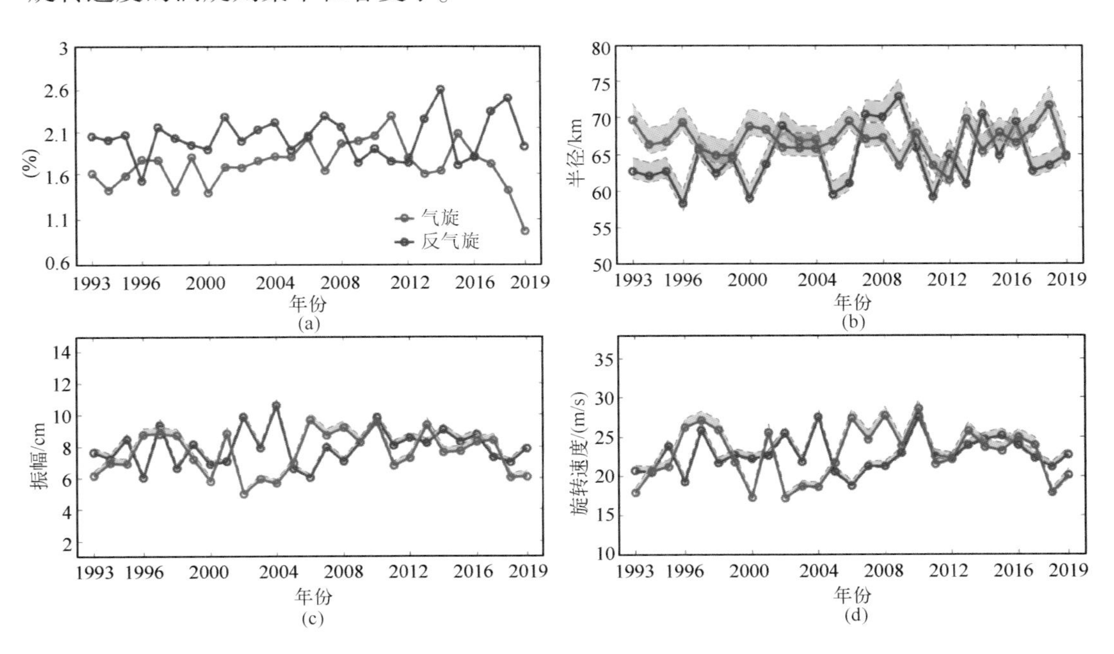

图 4-7 涡旋数量(a)、半径(b)、振幅(c)和旋转速度(d)的年际变化

阴影部分为统计检验，由 $u \pm \sigma(t)/\sqrt{N(t)}$ 计算所得，u 为平均值，σ 为标准差，N 为数据量。

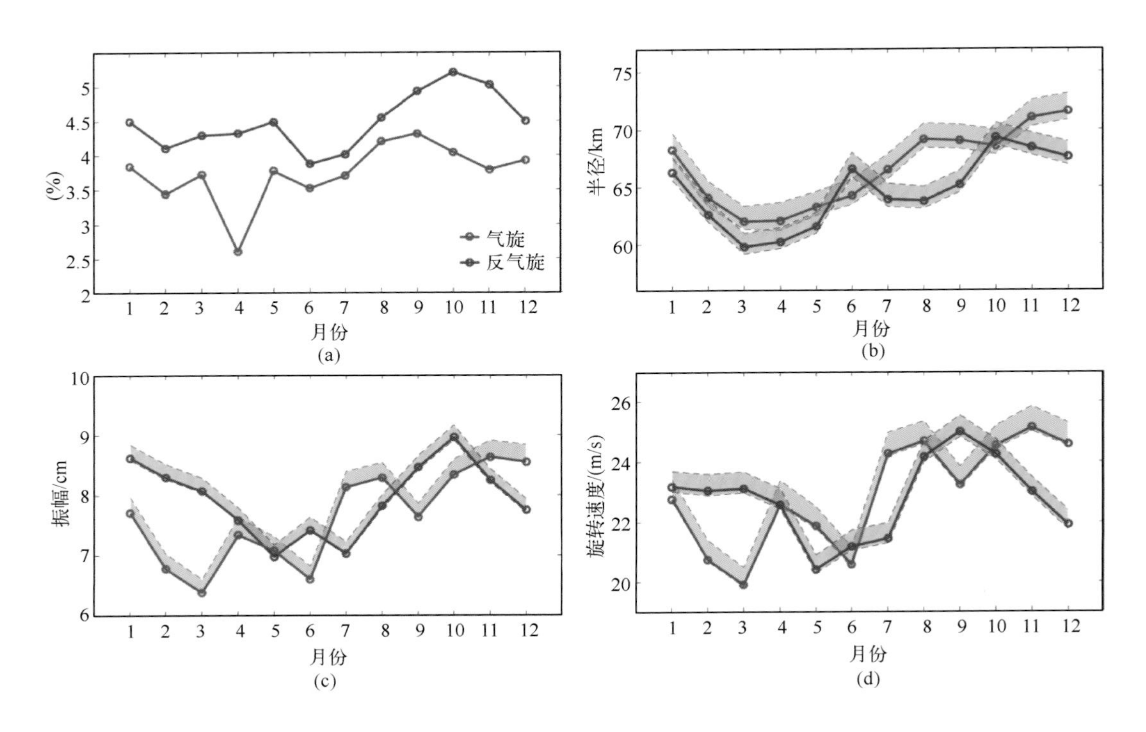

图 4-8　涡旋数量(a)、半径(b)、振幅(c)和旋转速度(d)的月变化

阴影部分为统计检验，由 $u\pm\sigma(t)/\sqrt{N(t)}$ 计算所得，u 为平均值，σ 为标准差，N 为数据量。

就整个生命周期的拉格朗日涡旋而言，从产生到消亡共经历四个阶段，即(0~0.1)生成阶段，(0.1~0.3)增强阶段，(0.3~0.8)成熟阶段，(0.8~1)衰亡阶段。分别对 675 个气旋和 754 个反气旋的涡旋半径、涡旋振幅以及旋转速度在涡旋不同生命阶段的演变情况进行归一化。如图 4-9 所示，涡旋的半径、振幅、旋转速度的变化趋势基本一致，都随生命的增长呈现先逐渐增加后逐渐减小，为单峰状。两种极性的涡旋振幅曲线基本重合，但半径(旋转速度)则随着生命周期的增加，气旋和反气旋的差别逐渐增大(减小)，气旋半径的上凸程度大于反气旋，而反气旋旋转速度的变化程度则大于气旋，但在衰亡期两种极性涡旋逐渐接近。总体来看，三种参数在涡旋的形成期和衰亡期变化都较激烈，在增强期和成熟期相对平缓。

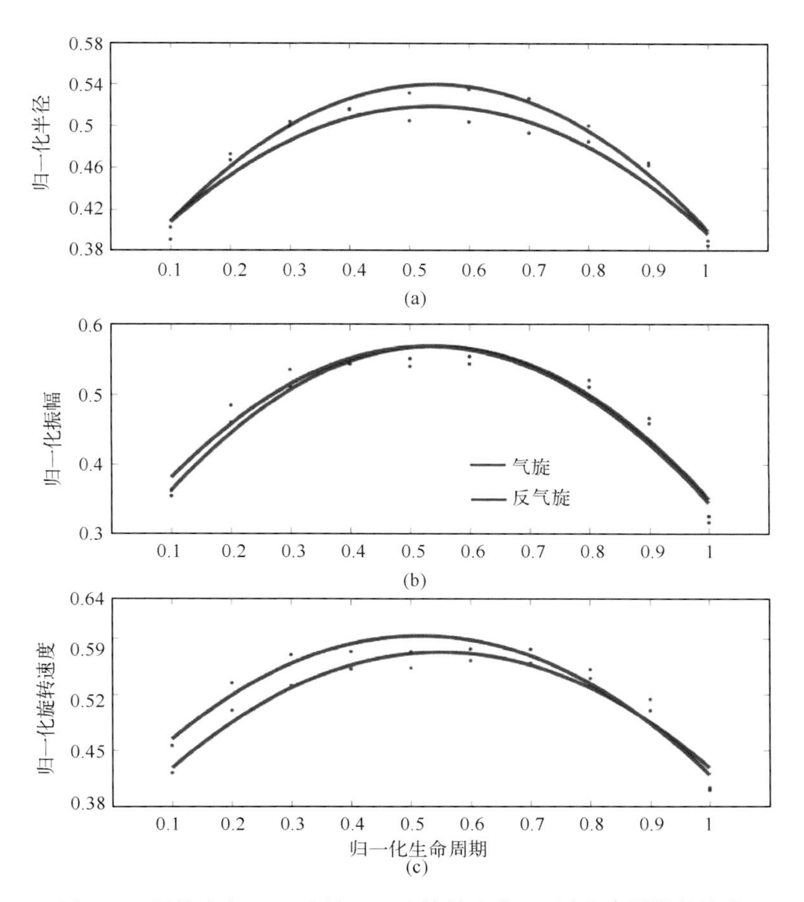

图 4-9 涡旋半径(a)、振幅(b)和旋转速度(c)随生命周期的演变

点为各参数的实际结果，实线则为对应参数的傅里叶拟合结果。

4.1.4 涡旋的消亡与生成

为更清楚地了解涡旋的产生和消亡，将基于每个生命周期的涡旋所探测到的时间序列中的首记录和末记录定义为涡旋的产生时刻和消亡时刻，对涡旋生成和衰亡的日期及中心位置加以筛查，对每个涡旋都增加一项产生和消亡的记录。和上述研究相同，将研究区域分为 0.5°×0.5°的格点，两种极性涡旋的生成和消亡分布如图 4-10 所示。气旋和反气旋的产生分布较为相似，多产生于郁陵盆地、大和盆地以及北海道岛西北部(43.5°—46°N，139°—141°E)。相比于气旋，海区北部的反气旋较多。图 4-10(d)、(e)、(f)显示海区西部、南部以及津轻海峡附近则是涡旋消亡最多的海域，可能与环流和陆地的阻挡作用有关，自南向北呈多—少—多—少的带状分布。

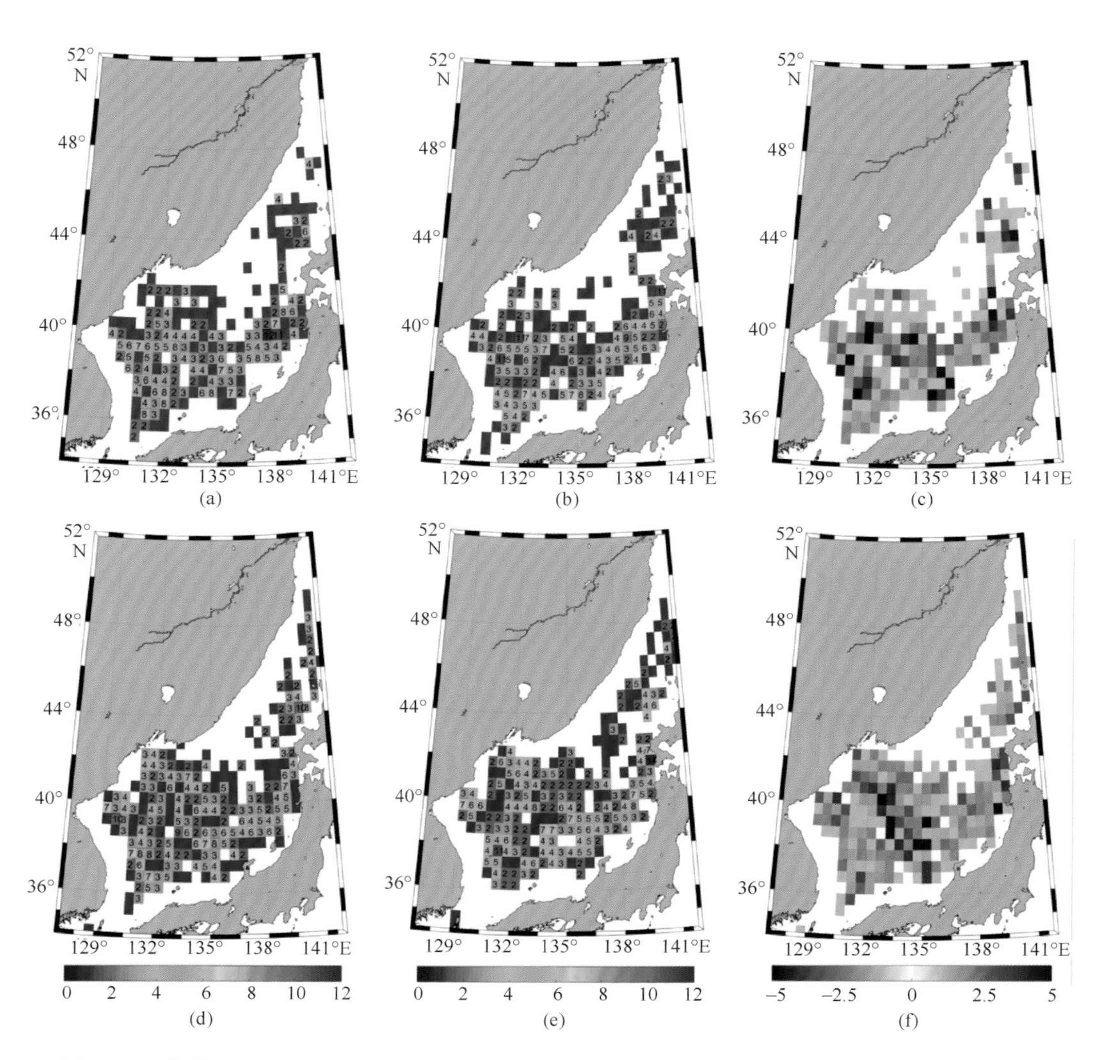

图 4-10 气旋[(a)、(b)、(c)]和反气旋[(d)、(e)、(f)]在 0.5°×0.5°网格内空间分布图

(a)(d)为涡旋生成数量；(b)(e)为涡旋消亡数量；(c)(f)为涡旋生消比值，

正值表示生成大于消亡，值为生成数/消亡数；负值表示消亡大于生成，值为消亡数/生成数。

为更进一步研究不同极性涡旋的生消分布，与上述研究相同，将研究区域以 0.5°×0.5°网格划分，分别计算涡旋生消(消生)之比。图 4-11(a)显示气旋的生消比值呈带状分布。郁陵盆地及海区西部，气旋生成数大于消亡数，而在大和盆地则相反，越靠近本州岛涡旋消亡趋势越明显。反气旋整体分布与气旋略为不同，在海区西北部和西南部，则多表现为消亡数多于生成数，在大和盆地则与气旋相似，在津轻海峡附近涡旋消亡较多，但在本州岛中部附近却与气旋相反分布，且在 45°N

以北多反气旋生成。

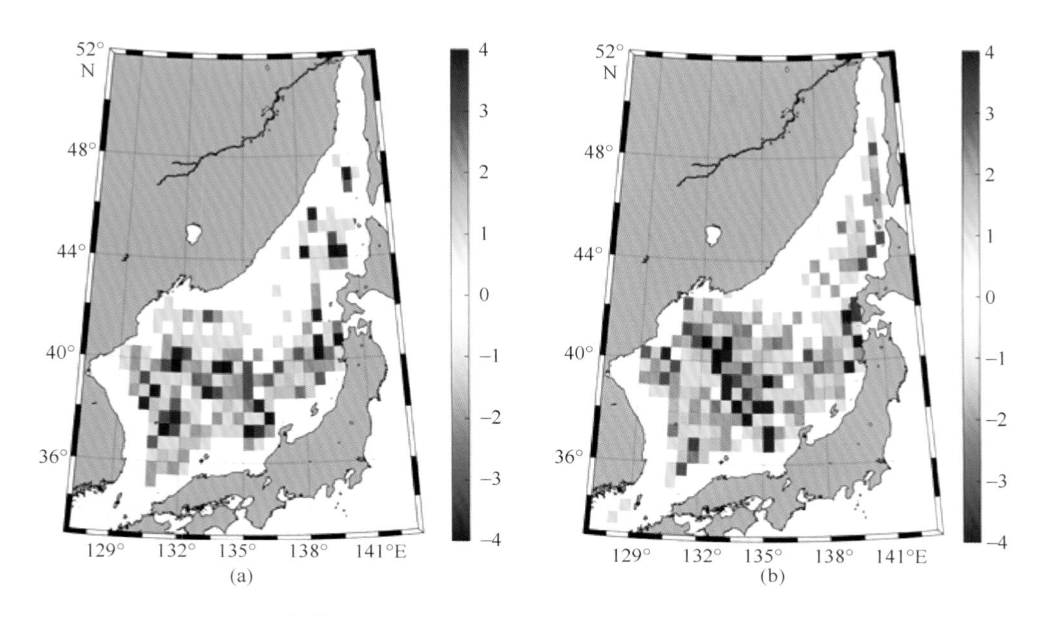

图 4-11 气旋(a)和反气旋(b)在 0.5°×0.5°网格内的生消比值图

正值为涡旋生成数大于涡旋消亡数，值大小为生成数/消亡数；负值为涡旋消亡数大于生成数，值大小为消亡数/生成数。

图 4-12 所示为日本海涡旋产生和消亡的时间序列变化。在 1993—2019 年 27 年中，有 675 个气旋和 754 个反气旋生成并消亡。从图 4-12(a)、(b)中可以看出，2000 年之前，反气旋无论是产生还是消亡，其年际数量都多于气旋。从涡旋的产生来看，平均每年可产生 25 个气旋和 27 个反气旋。2001 年、2007 年、2009 年、2010 年、2011 年、2015 年产生气旋较多，1995 年、2013 年、2018 年、2019 年则相反。对反气旋而言，2000 年、2003 年、2006 年、2010 年、2013 年、2017 年数量较多，2002 年、2009 年、2012 年则产生较少。2010 年两种极性的涡旋均达到局部峰值。从涡旋消亡的趋势来看，气旋和反气旋均相似于产生趋势，其数量较多的年份几乎一致。先前有研究指出，涡旋的年际分布可能与季风相关(Chen et al., 2012)。图 4-12(c)、(d)显示为涡旋生命状态的季节变化。反气旋较气旋的产生变化趋势波动，除去冬季，其他时期的反气旋皆多于气旋，在春季(3 月)和夏季(7 月)达到最高；气旋则整年大多时期呈平稳状态，只在 1 月和 12 月发生明显变化。反气旋的消亡趋势不同于生成趋势，在春夏季以及 11 月、12

月明显多于气旋，而在 1 月、8 月、10 月气旋的消亡数较多反超于气旋。两种极性涡旋的季节变化存在差异，这可能与当地的季风和环流有关，还有待深入探究。

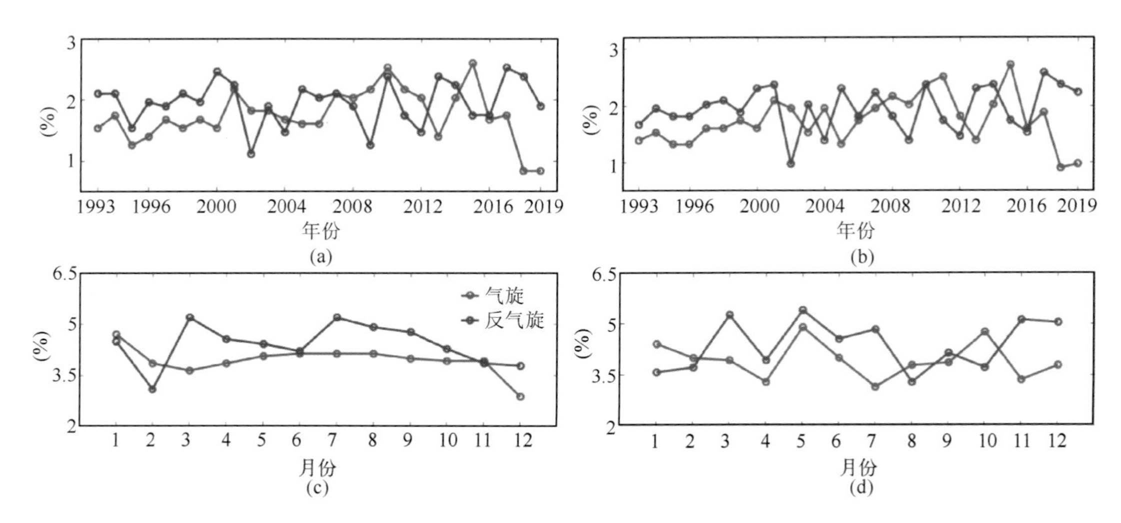

图 4-12　涡旋产生和消亡的年际变化(a)、(b)与月变化(c)、(d)

(a)、(c)表示涡旋产生，(b)、(d)表示涡旋消亡。

由图 4-13 可知，两种极性涡旋生消的时间变化存在差异，与气旋相比，反气旋的生成有着较强的季节性变化。前人研究指出，斜压不稳定是形成涡旋的重要因素之一(Holland，1978；Rhines，1986；Zhong et al.，2012；Chen et al.，2012)。Lee 和Niiler(2010)研究认为东北边界流和南向流动的不稳定性可诱发韩国东部沿海涡旋的产生，斜压不稳定为中尺度物质输运的重要原因之一。为进一步说明斜压不稳定机制在研究区域内的影响作用，对 1993—2019 年海表面温度梯度与涡旋生成之间的相关性进行分析。图 4-13 为平均海表面温度经向梯度的时间演变，其表现出强烈的年际变化和季节变化。图 4-13(a)年际变化显示经向 SST 梯度在 2001—2004 年、2016 年相对较小，对应图 4-13(a)，相应年份的涡旋产生也较少。SST 经向梯度的季节变化与涡旋变化相似。其中梯度与反气旋的相关系数为 0.55 ($p=0.05$)，与气旋的相关系数为 0.39($p=0.29$)，分别呈显著相关和低度相关[0~±0.3 为微弱相关，±0.3~±0.5 为低度相关，±0.5~±0.8 为显著相关，±0.8~±1.0 为高度相关(Rodgers，Nicewander，1988)]，反气旋与 SST 经向梯度的相关性比气旋更强。同时发现，夏末和秋冬季(6—12 月)SST 经向梯度与涡旋产生趋势基本一致，呈单峰状，相关系数分别可达 0.92($p=3.4\times10^{-3}$)和 0.62($p=0.1$)。反气旋与 SST 经向梯度显著相关说明斜压不稳定是影响涡旋尤其是反气旋在秋冬季大量生成的主要原因。

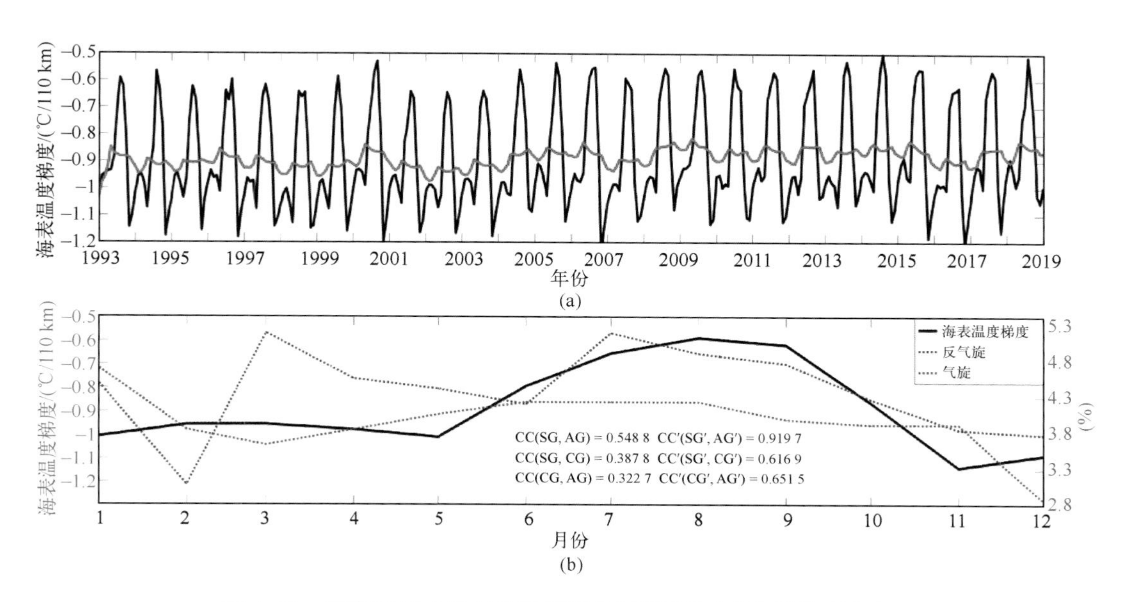

图 4-13 研究区域内经向 SST 梯度的年际变化(a)和季节变化(b)

(a)中黑线是表示 1993—2019 年月平均经向 SST 梯度(℃/110 km)，红线表示 13 个月的滑动平均；(b)中黑线表示经向 SST 梯度的季节变化(℃/110 km)，红线表示反气旋的月平均产生数量比率，蓝线表示气旋的月平均产生数量比率。CC 数值代表相关系数，撇号表示各变量 6—12 月的相关系数。

4.1.5 涡旋的运动与传播

中尺度涡的运动可带动周围海水，进而影响物质、能量、动量等的传输。而涡旋的传播速度和方向一般情况下是受平均海流控制，复杂的海气相互作用也会对涡旋运动产生一定的影响。同样将研究区域划分为 0.5°×0.5°的网格以展示气旋和反气旋的传播方向及速度大小，箭头代表相应网格的平均传播方向(图 4-14)。其中反气旋的平均传播速度为 5.6 cm/s，气旋为 6.6 cm/s。涡旋在郁陵盆地和大和盆地的传播速度较慢，日本海盆地中部和东北部则移动速度较快。由于移动速度以格点为单位进行统计，因此北部出现的高值可能与涡旋数量少，存在较大误差有关。对于传播方向而言，气旋移动路径[图 4-14(a)]由南至北可分为三部分。第一部分位于 39°N 以南区域，以对马海峡为起点，气旋分别沿韩国东部和本州岛移动，其中沿韩国东岸移动的气旋于 39°N 附近顺时针弯曲，沿本州岛移动的气旋则先分为两股后又重合向东北方向传播，与 Lee 和 Niiler(2010)的研究结果一致。第二部分为 42°N 附近海域，气旋自西向东移动至津轻海峡。第三部分则为 43°N 以北海域，气旋沿俄罗斯大陆向西南方向传播。反气旋的运动状态较气旋明显[图 4-14(b)]，大和盆地清楚地呈现沿岸线向东北移动，北海道岛西部和西北部则为西南向移动，整体走向为逆时针形态，同样速度较大涡旋集中于日本海盆中部。郁陵盆地涡旋移动较为复杂，自 36°N 附近分别以北向、逆时针、东北向三种方向移动。此外，日本海盆地中部和北部的涡旋传播方向较为无序，这可能与地形和洋流的影响作用有关(Masaki et al., 1999)。

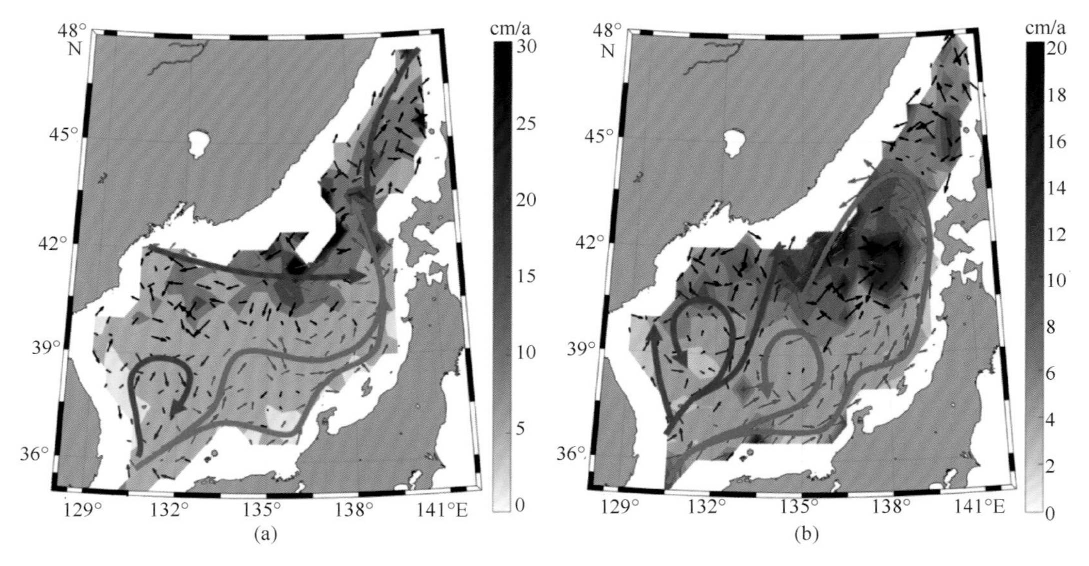

图 4-14　气旋(a)和反气旋(b)运动方向和速度矢量图

箭头长度代表速度相对大小。

图 4-15 为日本海涡旋东向和北向的传播速度随经度和纬度的变化情况，其中将涡旋向东和向北的速度定义为正方向。图 4-15(a)、(b)表明，不管是随纬度还是经度，研究海域内大部分涡旋都是向东传播的。东向传播速度随纬度的增加而逐渐减小，最大可达 4.13 cm/s，气旋和反气旋整体变化相似，但反气旋平均传播速度稍大于气旋且整体浮动强于气旋。随着经度的增大，涡旋北向传播速度逐渐增加，两种极性的涡旋平均传播速度分别为 0.04 cm/s 和 0.01 cm/s，且都在 130°E 处往后迅速增加，气旋的增长幅度大于反气旋，随后由于陆地的阻挡，传播方向转变

为西向传播。涡旋追踪统计发现，研究海域南北向传播的涡旋同样也随经度变化较明显。图 4-15(d) 中，在 133°E 以西，反气旋主要向北传播，而气旋则变化不明显。随着经度的增大速度逐渐增加，在 138°E 左右传播方向出现了突变，反气旋涡旋主要继续向北传播，且呈增大趋势，气旋则转向南传播，这同样可能与当地的背景流、海湾内沿岸风等影响有关。图 4-15(c) 则与图 4-15(a) 大体相似，不论是东向还是北向的传播速度随纬度的变化情况均大于经度的变化。结合图 4-10 涡旋的产生和消亡分布，涡旋的传播轨迹及速度决定了大多数的涡旋在海湾东边界消亡。Chelton 等(2011) 的全球研究曾指出，由于 β 效应，涡旋轨迹呈强烈的西向传播，气旋整体向极性移动而反气旋向赤道移动，然而 Sang 等(2009) 发现加那利群岛背风侧的涡旋均向西南移动，说明不同的海域涡旋运动的趋势不同，与当地的环境影响有关。本研究结果也显示，日本海大多数涡旋向东或东北向移动，为西南—东北走向，即除了 β 效应，还与局地的环流与季风等因素有关。

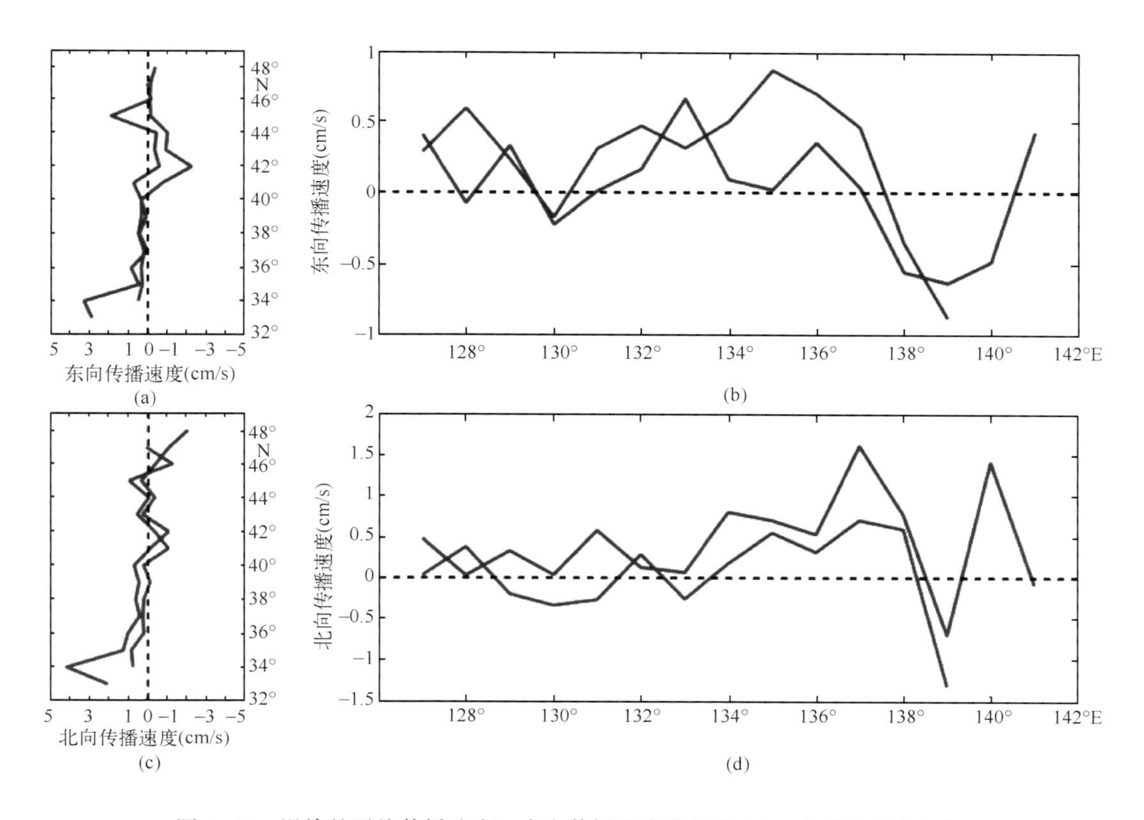

图 4-15　涡旋的平均传播速度：东向传播速度随纬度(a)、经度(b)的变化；北向传播速度随纬度(c)、经度(d)的变化(虚线表示速度为 0)

进一步对气旋和反气旋的传播方向进行分析，将两种极性涡旋的起点位置初始化为原点(0°N，0°E)，分别统计相对于纬度和经度的传播轨迹情况[图 4-16(a)、(b)](向东和向北为正)。结果得到，气旋平均传播距离为 90.3 km，反气旋为 82.7 km，两种极性涡旋相对于经度的平均角度分别为 0.35°和 0.11°，气旋和反气旋向赤道和极地方向移动的平均角度为 0.49°和 0.52°，0.44°和 0.54°，即涡旋均表现出向极地传播的角度大于向赤道传播，反气旋移动角度略大于气旋。图 4-16(c)(d)显示，有 36.5%的气旋和 79.8%的反气旋向赤道传播。对于纬向运动而言，向东移动的反气旋和气旋比例分别为 42.8%和 47.2%，而向西移动的反气旋则略多于气旋，约占 1.32%。

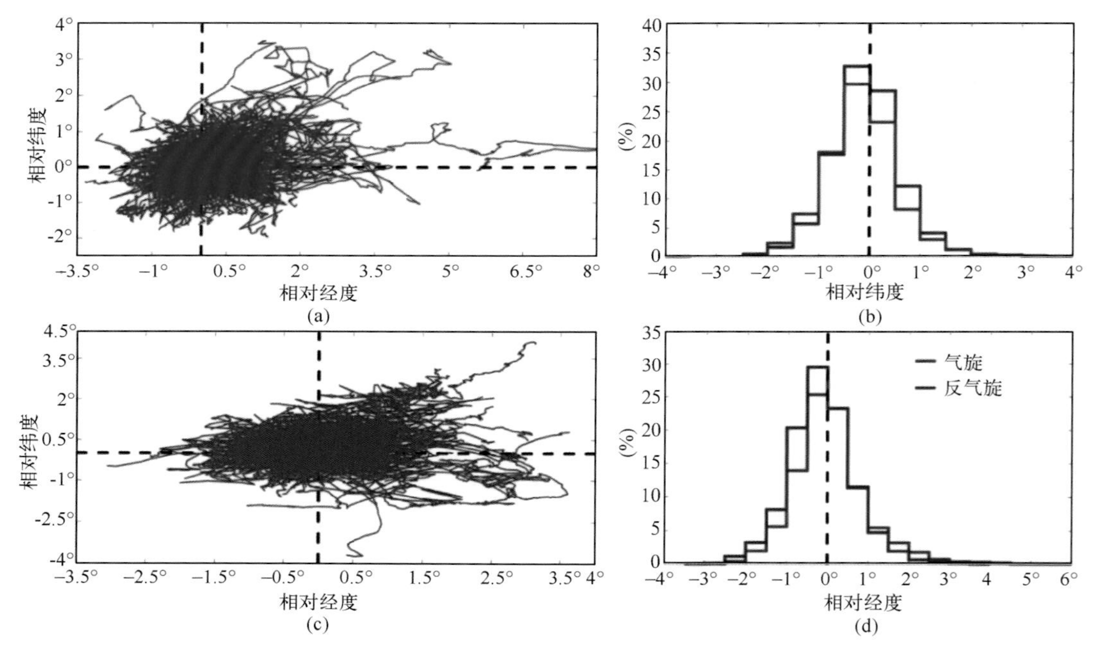

图 4-16 气旋(a)和反气旋(b)相对传播轨迹和涡旋北向(c)东向(d)移动的概率分布

黑色虚线为零度线。

4.1.6 郁陵盆地与大和盆地涡旋统计分析

大和盆地和郁陵盆地为日本海涡旋的多发区，郁陵盆地气旋多于大和盆地，而大和盆地则反气旋较多。对两盆地涡旋的表面物理特性进行统计分析(图 4-17、图 4-18)，可知两盆地涡旋存活时间均短于整个日本海域，其中大和盆地短生命周期

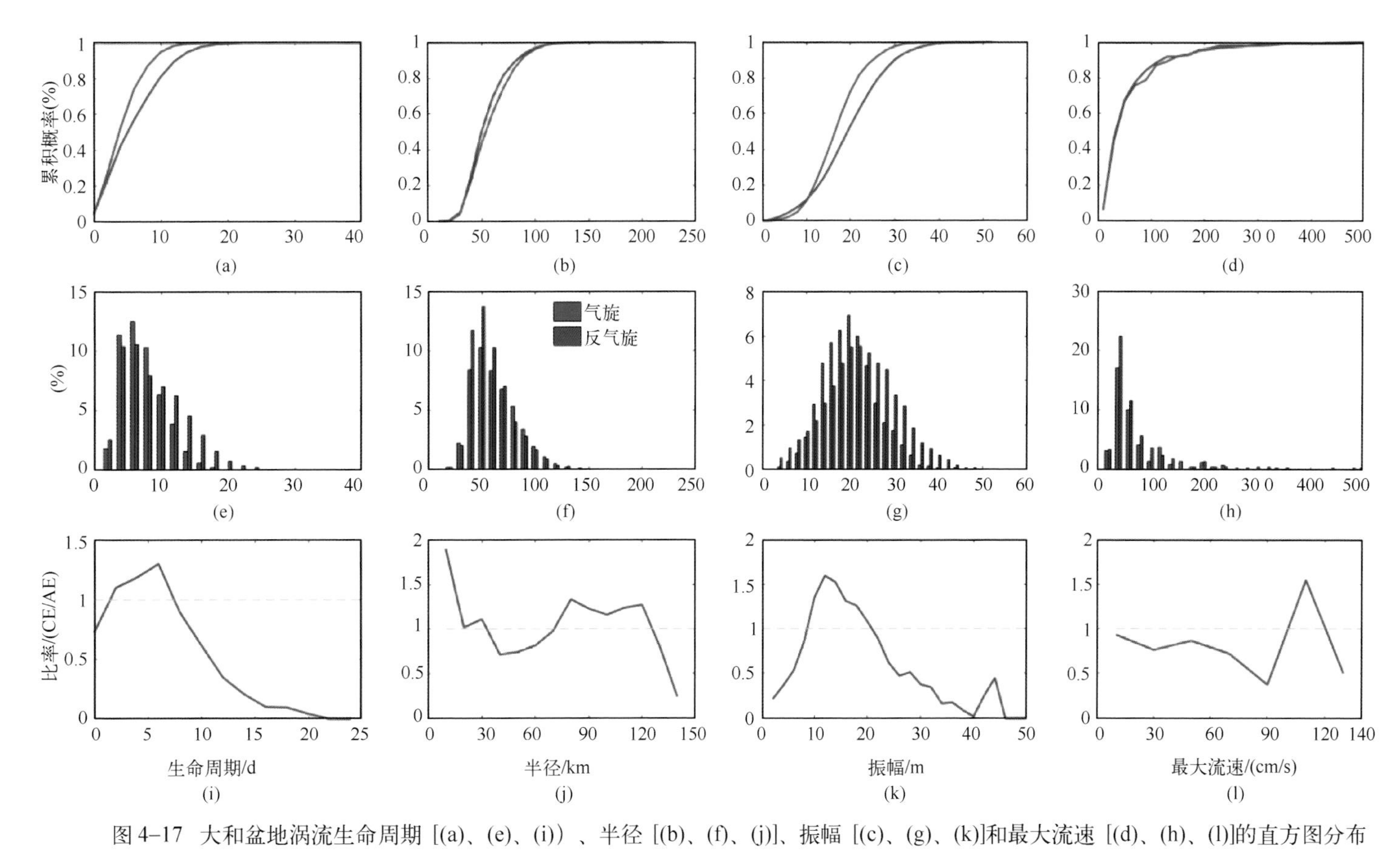

图 4-17　大和盆地涡流生命周期［(a)、(e)、(i)）、半径［(b)、(f)、(j)]、振幅［(c)、(g)、(k)]和最大流速［(d)、(h)、(l)]的直方图分布

(a)至(d)累积柱状图；(e)至(h)柱状图；(i)至(l)气旋与反气旋的比值。红线表示反气旋涡，蓝线表示气旋涡。

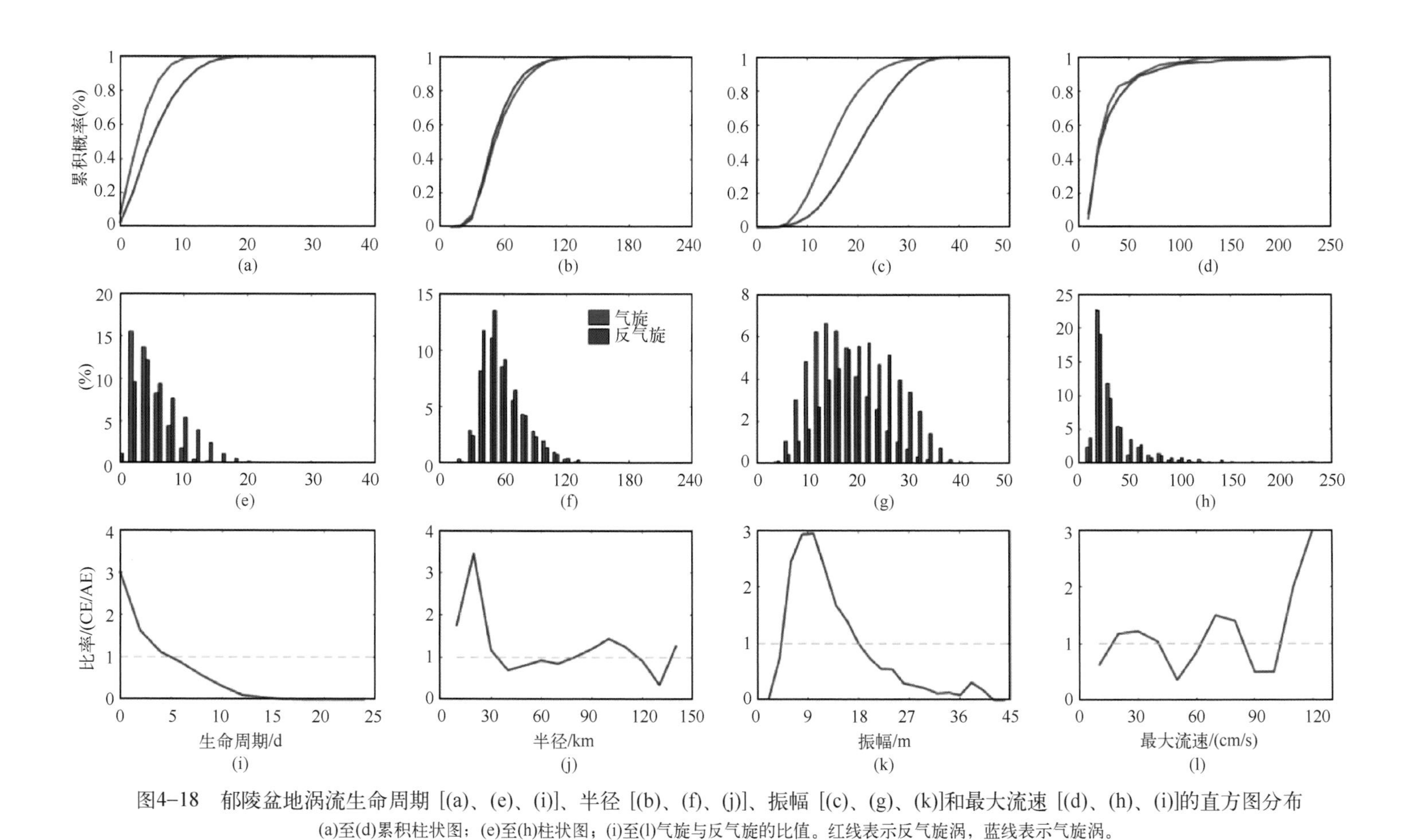

图4–18 郁陵盆地涡流生命周期 [(a)、(e)、(i)]、半径 [(b)、(f)、(j)]、振幅 [(c)、(g)、(k)]和最大流速 [(d)、(h)、(i)]的直方图分布

(a)至(d)累积柱状图；(e)至(h)柱状图；(i)至(l)气旋与反气旋的比值。红线表示反气旋涡，蓝线表示气旋涡。

及小振幅涡旋多为气旋，而长生命周期、大振幅以及小旋转速度反气旋占多数，与整个日本海的发展趋势较为不同。郁陵盆地的气旋与大和盆地相似，均表现为短生命周期和小振幅，且与反气旋对比明显。反气旋则主要表现为长生命周期、较长半径、大振幅以及大旋转速度。

4.2 日本海涡旋的三维特征

4.2.1 日本海中尺度涡的三维合成以及背景场的构建

对 1999—2019 年满足研究区域的 Argo 浮标进行筛选统计(图 4-19)，考虑到日本海地形复杂水深较浅，故将最浅深度小于 10 m 且最大深度大于 400 m 的剖面数据均视为可用。由于研究海区海气作用较强，海表面风应力可导致海水的混合，使得在 0~100 m 范围内的涡旋温盐特性较弱，同时，研究发现涡旋在该区域的最大影响深度不大于 450 m，因此本研究在具体的计算中将每个 Argo 数据在 30 m 以浅和 500 m 以深的数据均删除。为了进一步分析数据，对涡旋匹配到的 Argo 数据进行质量检控，并将温度和盐度垂直剖面统一转换为 10~1 000 m 且间隔不等的垂直网格上，得到 T/S 垂向廓线。

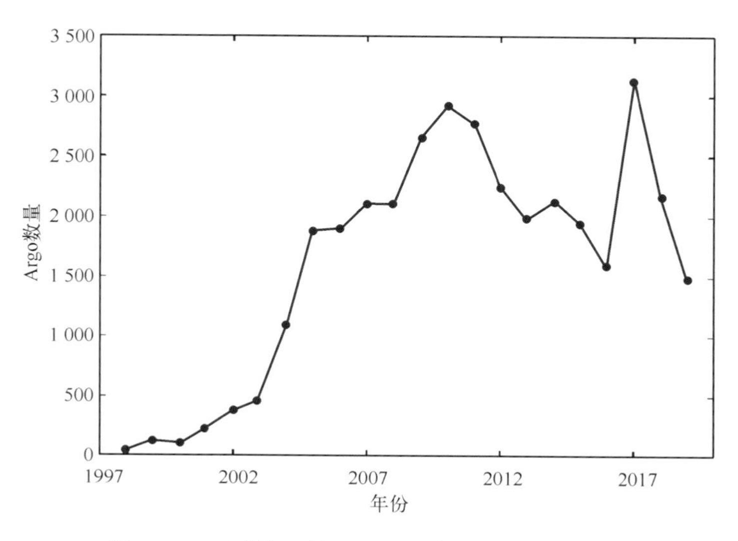

图 4-19 日本海区域 Argo 温盐剖面数的年际分布

将质量控制后的 Argo 按照一设定单位圆大小作为涡旋一倍半径，根据 Chelton 数据集提供的数据，该单位圆假定为一个标准的经纬距即为 111. 19 km，以涡旋中心向外扩展一倍及二倍半径划定区域，再结合时间分辨率，筛选涡旋所影响范围内存在的 Argo 浮标。本研究认为涡旋一倍半径内水体的温盐特性受到涡旋的强烈影响，而涡旋一倍半径外两倍半径内的水体的温盐不受涡旋所影响。27 年间，有 2 479(2 586)个气旋(反气旋)捕获到 Argo 浮标，且每个涡旋内存在着多个浮标，即有多条温盐垂向剖面。考虑到海洋的温盐特性不仅仅取决于涡旋作用，直接使用涡旋所捕获的剖面数据可能会出现时间和空间上的差异，因此需构建涡旋背景场对得到的温盐异常进行分析。背景场被定义为以涡旋中心向外扩展 2°的范围内以及涡旋存在日期前后 10 天内所有 Argo 数据的平均，并和上述研究相同，将温盐剖面进行统一插值，得到每个涡旋的基本温盐场。

4. 2. 2　涡旋的三维结构

将每个涡旋获得温盐异常剖面中不合理的数据通过三倍标准差方法进行剔除，即将每一深度层的数据求标准差，当数据偏离平均值正负误差在三倍标准差范围时，将其认为是误差值并删除(图 4-20)。

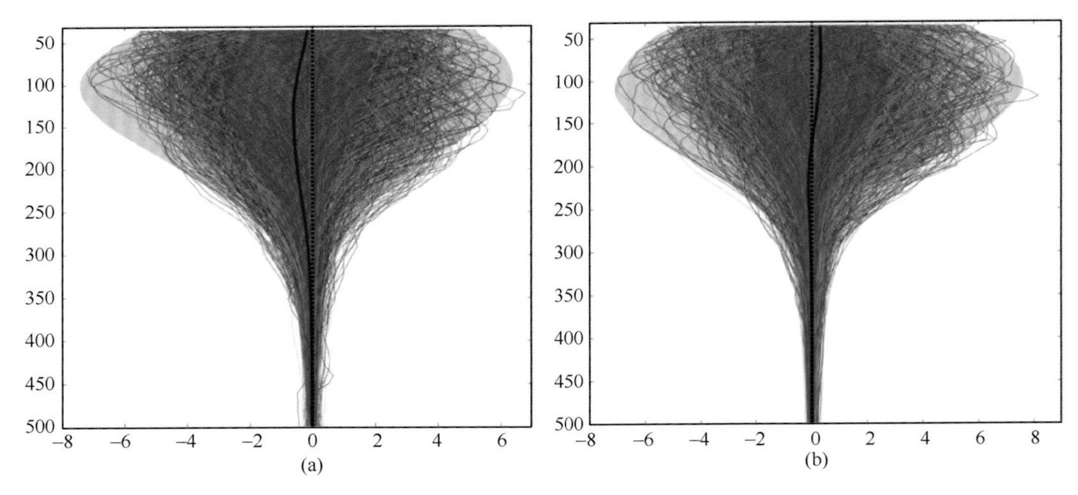

图 4-20　气旋(a)和反气旋(b)所获得的温盐异常剖面

其中每条线表示一个温度异常，蓝色阴影区表示温度异常数据一次三倍标准差处理后的数据范围，红色阴影区表示三次三倍标准差处理后的数据范围，红色实线则为所有剖面的温度异常平均值。

图 4-21 展示了气旋和反气旋所得到的所有经过三倍标准差控制后的温盐异常剖面。可以得知，温度异常整体以温度异常曲线向外发散，呈向两边凸起的“鼓”状。涡旋对温度的影响可达约 450 m，气旋可导致温度垂直分布的负异常，而反气旋恰恰相反，但两者发展趋势一致且有很好的对称性，且影响最显著深度都在 130 m 左右。同时通过不同次数三倍标准差方法的叠加，温度异常剖面更接近于均值，即偏差数据越少。

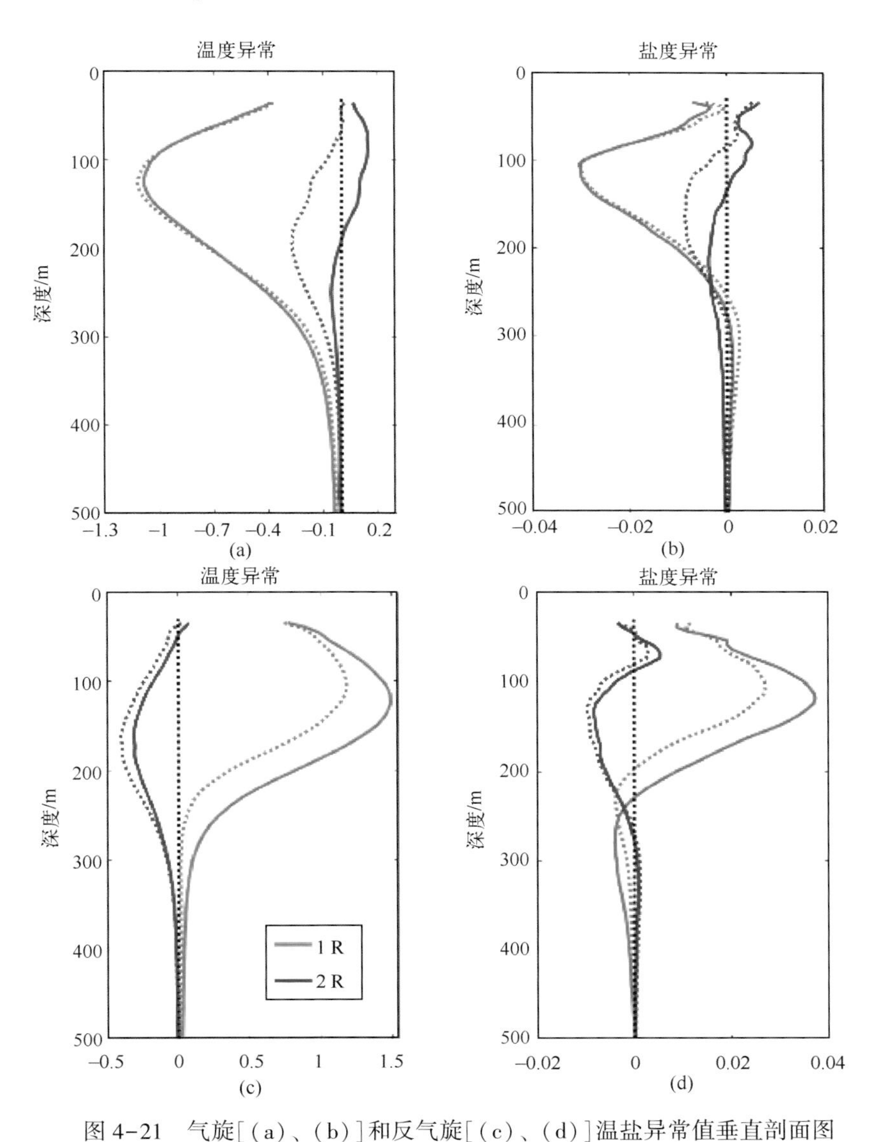

图 4-21　气旋[(a)、(b)]和反气旋[(c)、(d)]温盐异常值垂直剖面图

蓝色代表两倍半径，红色代表一倍半径，实线代表一次三倍标准差处理，虚线代表两次三倍标准差处理。

根据假定，涡旋一倍半径内为受涡旋影响作用较大区域，图 4-22 展示了涡旋影响区内外的温盐异常随深度的变化情况。两倍半径内的水体垂向曲线接近零线，即受涡旋影响作用较弱，同时经过不同次数的三倍标准差的处理，气旋温盐异常去向几乎相叠，反气旋中则表现为虚线较实线更接近于零线，即剔除一些错误数据后反气旋涡对于水体的影响减弱了。由图 4-22(a)、4-22(b)可知，气旋可导致温盐垂直分布的负异常，而反气旋[图 4-22(c)、(d)]恰恰相反，但两者发展趋势一致且有很好的对称性。即随着深度的增加，无论是气旋还是反气旋，其温盐异常都是先增大后减小，在气旋中高盐度海水被向上输运，使得海水表面盐度增大，反气旋反之。同时可以发现两种参数都在深度为 110~140 m 出现局部极值，温度异常最大值深度略大于盐度异常最大值深度。对比其他海域涡旋所导致的温盐异常研究(Liu et al., 2011; Ji et al., 2017)，不同地区的涡旋均会引起上层海洋的温盐异常，涡旋造成的温盐垂向廓线的最大值异常深度不尽相同，但均不大于 400 m。

为更直观地展现涡旋对温盐特性的影响，选取一倍半径和二倍半径区域内的温度、盐度和位势密度剖面以及异常剖面进行分析。两种极性涡旋的温、盐、密随深度的变化趋势相似，但一倍半径和二倍半径内水体的特性差异明显，两者呈相反状态，即气旋一倍半径内的三种参数均小于二倍半径，反气旋则相反，即涡旋强烈地影响着周围水体。随着深度的增加，两种范围内的水体物理特性差异逐渐变小，接近为零，即涡旋影响作用逐渐消失。

以研究区域涡旋东西向为轴线，将所有涡旋捕获到的 Argo 数据投影到每一轴线上，并在-2~2 范围内进行插值，最终得到涡旋的三维结构(图 4-23)。与上述研究相同，三维结构图清晰地表明气旋的冷核大约位于 100 m，温度异常为-2.3℃，但对海表面的影响较弱。低盐中心与冷核深度相近，但范围较小，与温度异常不

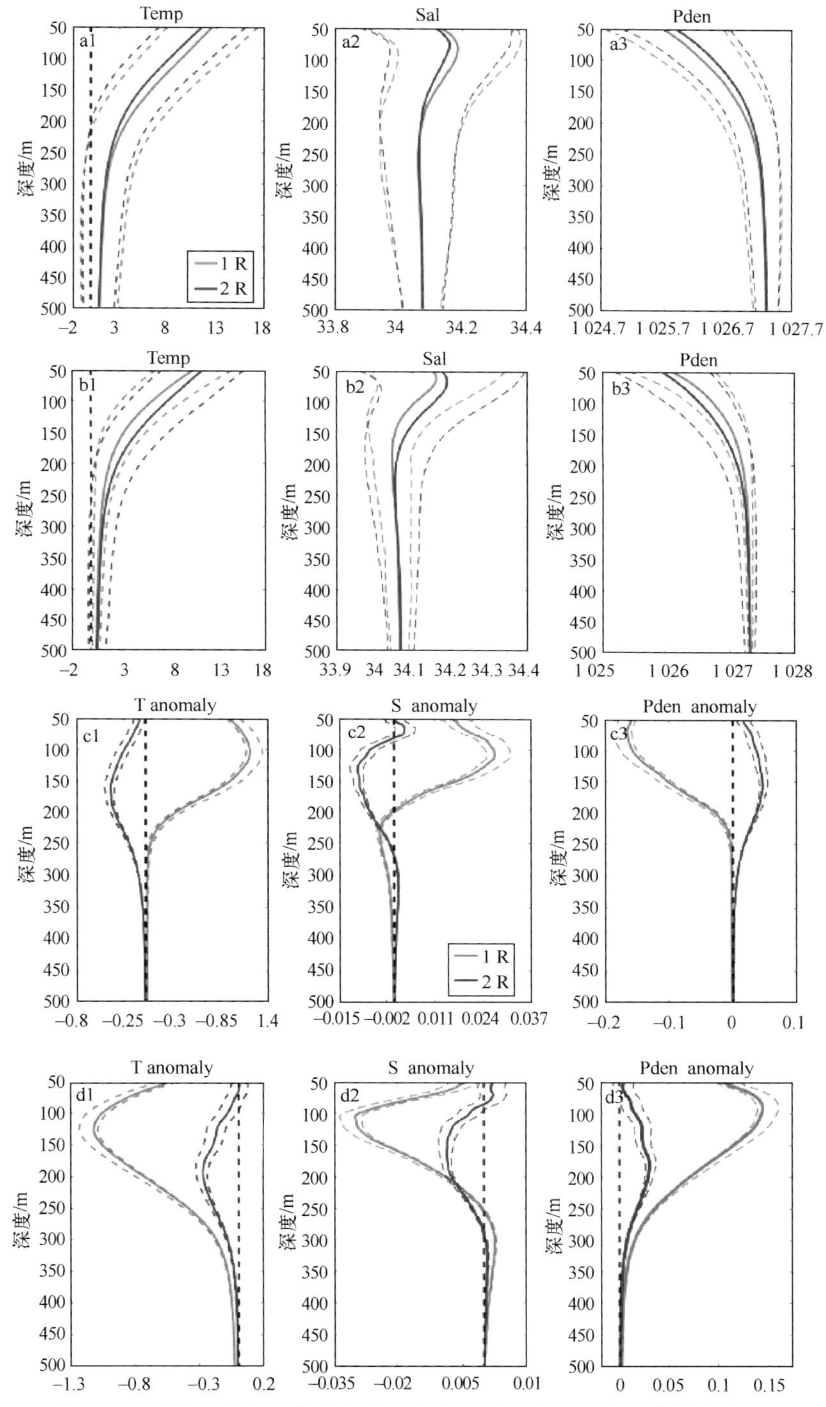

图 4-22 涡旋一倍和二倍半径范围内的平均温度、盐度、位势密度垂向剖面图[(a)气旋;(b)反气旋]和异常值垂向剖面图[(c)气旋;(d)反气旋]

彩色虚线为误差范围,黑色虚线为零度线。

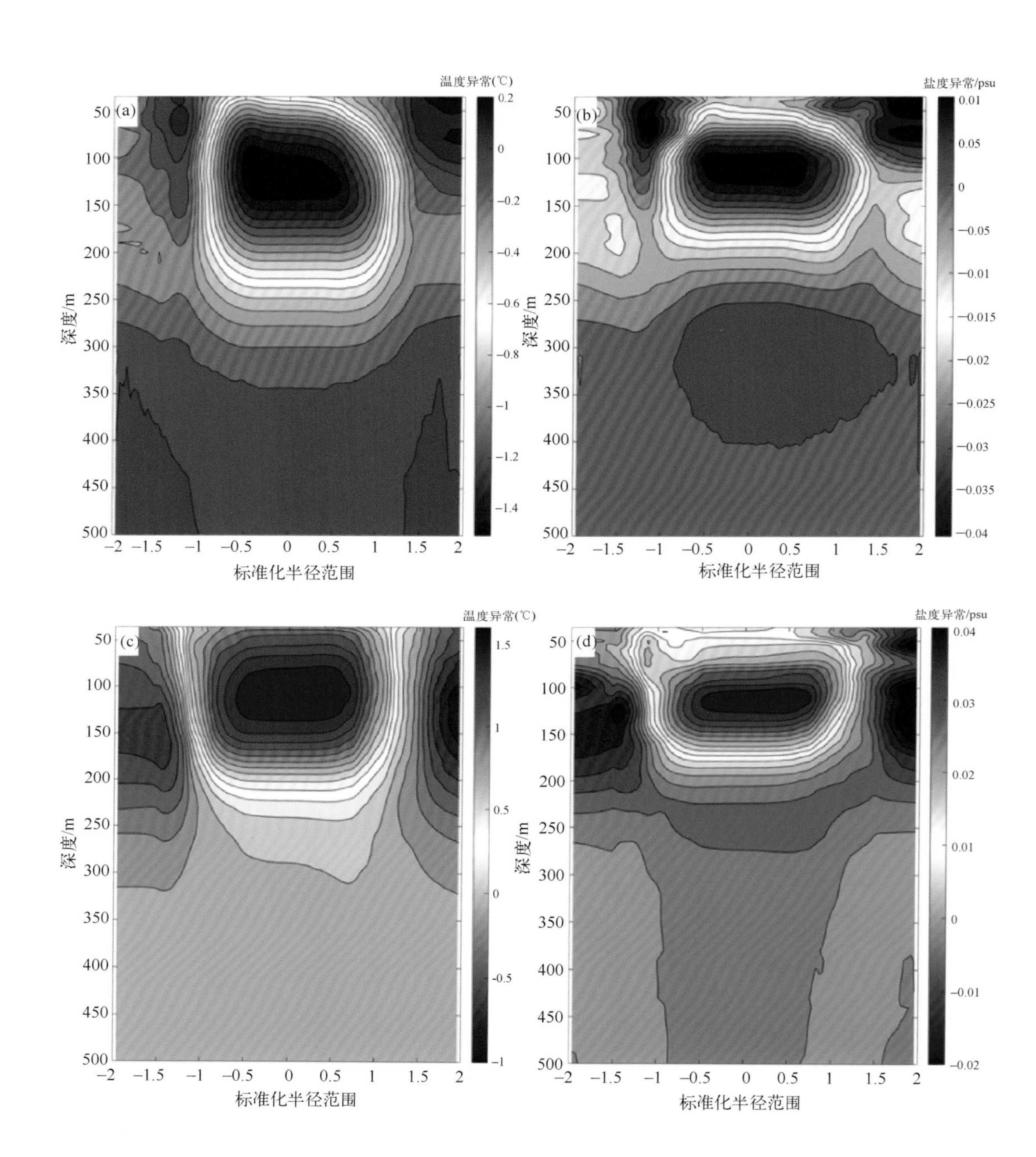

图 4-23　合成气旋[(a)、(b)]和反气旋[(c)、(d)]内部海水温度异常、盐度异常过涡旋中心沿东西方向的垂向剖面

同的是，在280~380 m附近形成一高盐中心，可能与日本海的深层流有关。反气旋结构不同于气旋，其暖核约在130 m，中心强度为2.1℃，相比于气旋冷核位置较深，且对海表面温度会产生一定程度的影响。盐度异常结构形态相似于气旋，高盐范围较小，中心位置与暖核中心基本持平，强度为+0.06 psu，同样在中心下侧形成了盐度大值区。同时可以发现，在接近表层深度，温盐均在中心位置两周形成小区域的与涡旋中新结构不同的异常现象，气旋尤为明显，这可能与周围的对流有关，有待进一步研究。

将以上涡旋二倍半径内所有Argo剖面数据的部分深度做截面，并将每一个涡旋在二倍半径区域内归一化展开，得到不同极性的涡旋在不同深度的温度异常分布。图4-24显示，气旋引起的温度负异常值和反气旋引起的正异常值大多集中在涡旋一倍半径内，随着半径的增加，异常点逐渐减少，且异常值也逐渐减小。相比于其他深度，100 m处涡旋内外对比最为明显。同时可以发现反气旋引起的温度正异常在涡旋内的分布主要集中于0.5倍半径至一倍半径周边，散点在涡旋中心的分布较气旋少。

为更清楚地表现涡旋内外温度和盐度的变化情况，将温盐异常观测值线性地插值到正负二倍涡旋半径的归一化网格上，从而填补缺失的数据，然后以涡旋为中心将其从笛卡儿坐标系转换为极坐标，计算不同径向区域的平均单位面积上的温盐异常变化。图4-25(a)(b)展示了中尺度涡内温盐异常随距涡旋中心不同距离的变化。气旋和反气旋的整体趋势相反，随着涡旋半径的增加，温度异常呈单调递增(递减)趋势，盐度异常则为起伏状。同时可以发现，温盐异常极大(小)值都出现在涡旋一倍半径内，随着涡旋半径的增加温盐异常逐步平缓。

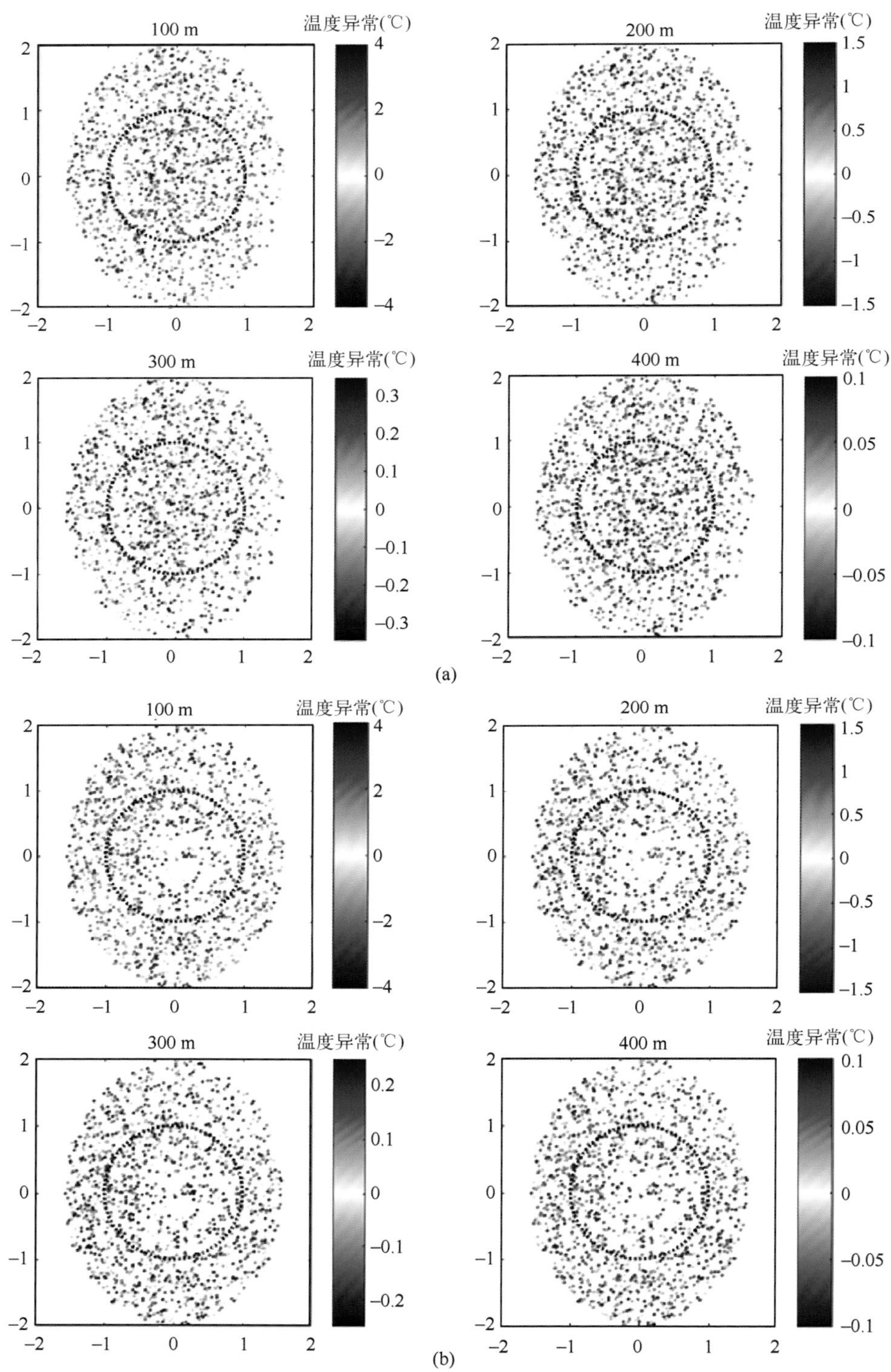

图 4-24　气旋(a)和反气旋(b)在 100 m，200 m，300 m，400 m 的温度异常散点图

黑色虚线为冷涡一倍半径边界，每一个散点代表一个 Argo 浮标数据。

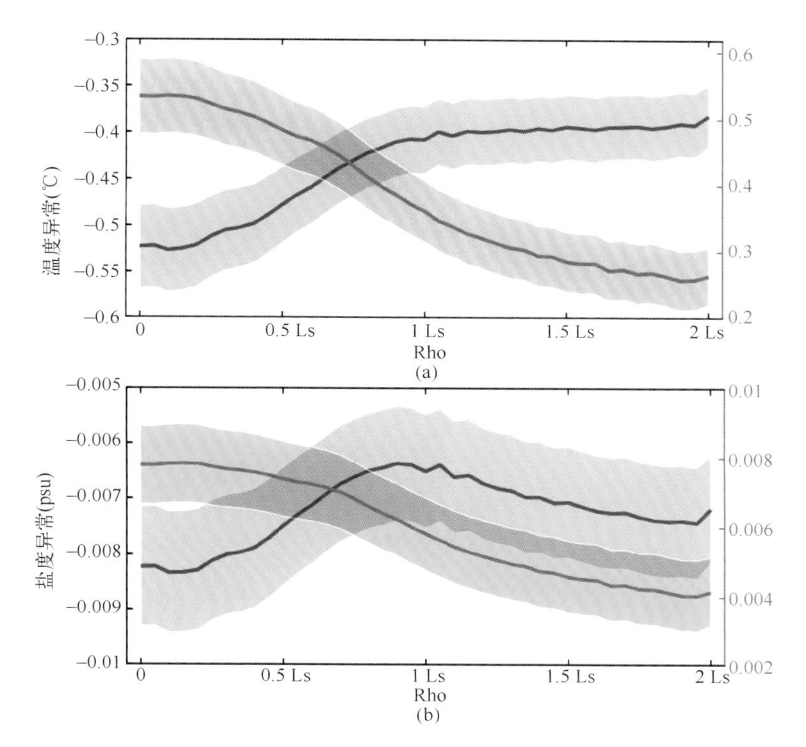

图 4-25 温盐异常随涡旋半径的变化情况

蓝色表示气旋，红色表示反气旋，阴影部分为统计检验差范围。

(a)温度异常；(b)盐度异常。Ls 为涡旋半径，Rho 为距涡旋中心的归一化距离，与 Ls 有关。

4.2.3 郁陵盆地和大和盆地涡旋三维合成结果

综上所述，日本海涡旋分布大多集中于郁陵盆地和大和盆地。大和盆地相比于郁陵盆地更加狭长，常年有对马暖流的支流沿本州岛东北向运动，而郁陵盆地中有东朝鲜暖流流经，路径有明显的季节性变化，较大和盆地的洋流更加复杂，因此两区域涡旋的生消机制、表面特征和三维结构也略有差别。

统计可得，大和盆地存在气旋 204(15 873)个，反气旋 248(17 561)个，可能受流经的对马暖流支流影响，反气旋多于气旋约 21.6%(10.6%)，郁陵盆地涡旋整体多于大和盆地，27 年间共有 237(241)个气旋(反气旋)，欧拉计数法下气旋和反气旋分别为 16 292 和 18 273，反气旋多于气旋的比例与大和盆地相近。图 4-26 显示了两盆地涡旋的温盐异常情况，涡旋影响中心深于整个日本海区域，且气旋的影响深度大于反气旋，同时郁陵盆地反气旋引起的负异常明显强于气旋引起的正异常，暖核较冷核高约 40 m，低盐中心高约 20 m，而大和盆地两种极性的涡旋影响则相差不大，冷核和暖核在 150~180 m，暖核稍高于冷核，高低中心都集中在约 130 m 处。图 4-26 表明两盆地引起的盐度异常影响深度较小，约为 250 m，大和盆地涡旋影响深度略大于郁陵盆地，而郁陵盆地涡旋对水体影响则强于大和盆地。两盆地气旋的低盐中心上方均有高盐水覆盖，在 200 m 左右反气旋会出现一个低盐中心，可能与该区域的表面和深层对流有关。

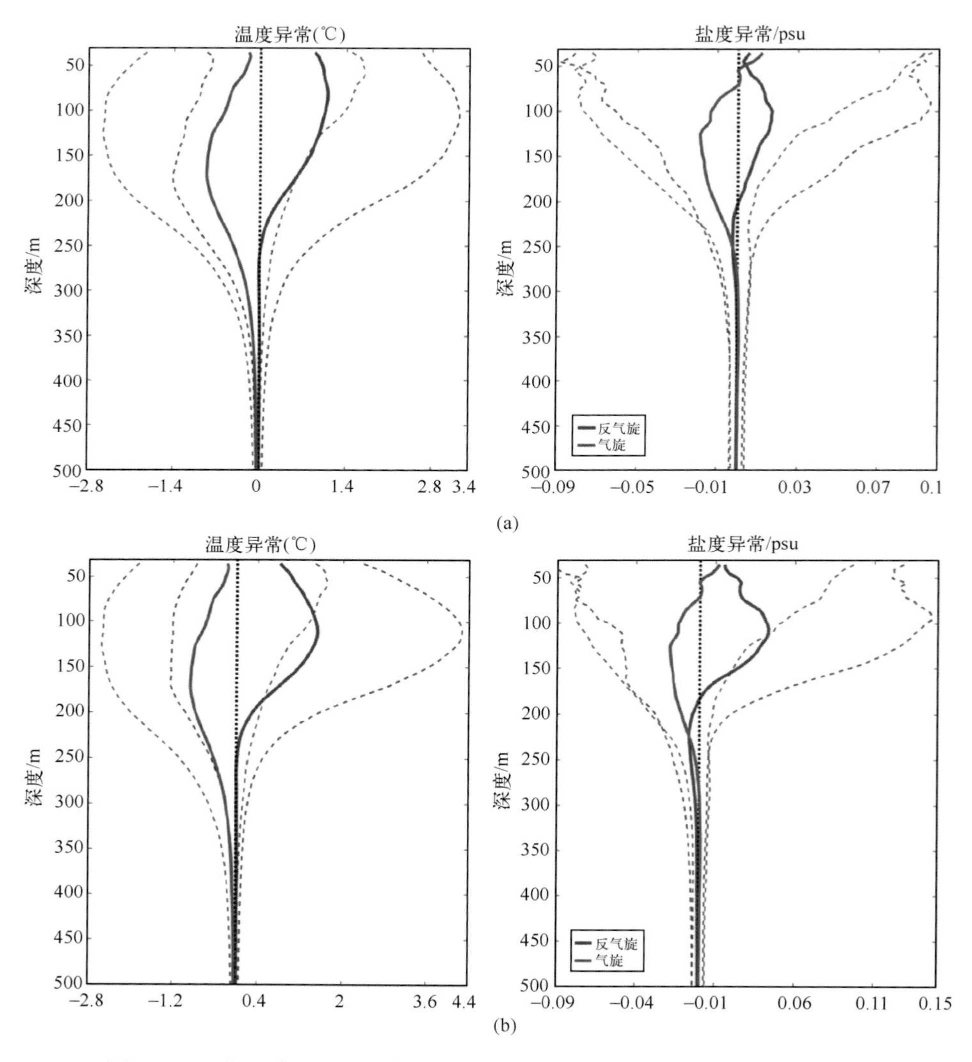

图 4-26　大和盆地(a)和郁陵盆地(b)的涡旋温盐异常值垂直剖面图

虚线表示误差范围。

4.3 特殊涡旋研究

多年研究发现，由于日本海的复杂变化，海区西南侧存在着两种特殊涡旋，即郁陵暖涡和多克冷涡。其中郁陵暖涡为东朝鲜暖流弯曲的内部组成，其强烈地受到底部地形的限制，在郁陵岛附近闭合成反气旋环流，也被认为是边界流的再环流涡旋(Kim，Yoon，1999)。温暖的郁陵涡旋大部分时间内都可探测到，其在纬向和经向上的主轴和小轴分别为168 km和86 km，经常表现为有暖丝包围的冷核结构，直至次表层才显现为暖涡特性。多克冷涡的水平尺度小于郁陵暖涡，是由于极锋在郁陵岛和多克岛之间存在一个向南的弯曲。两种特殊涡旋均受东朝鲜暖流的影响。

根据特殊涡旋的所处位置，对日本海区域所有涡旋进行筛选，筛选条件主要由生命周期和半径决定。具体为：以郁陵岛(37.5°N，130.8°E)和多克岛(37.1°N，131.5°E)为中心向四周扩展1°范围作为特殊涡旋的筛选区域，结合郁陵暖涡长短轴半径分别为97 km和63 km，生命周期大于170 d以及多克冷涡长短轴分别为85 km和54 km，生命周期大于99 d对涡旋进行选取，共识别到15个郁陵暖涡和10个多克冷涡(图4-27)。

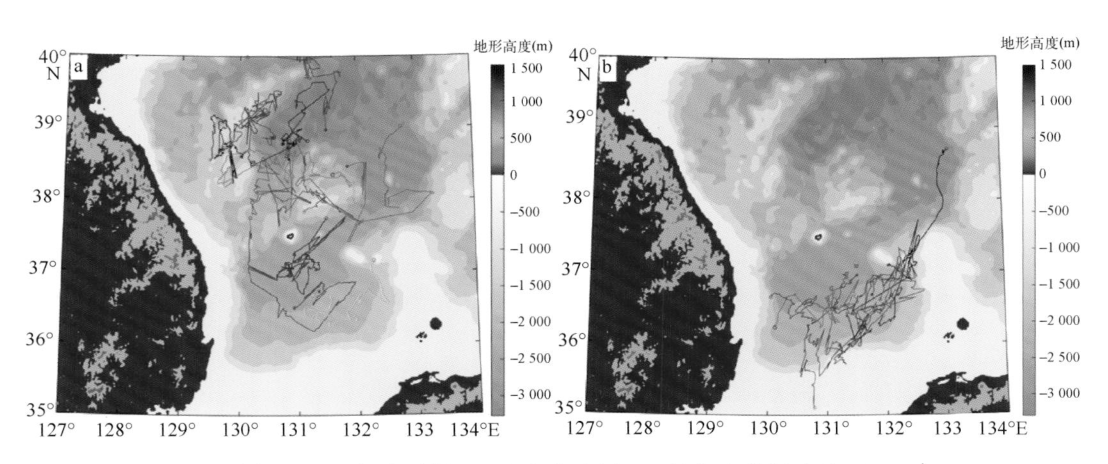

图4-27 郁陵暖涡(a)和多克冷涡(b)的轨迹传播路线图

"*"表示起点，"o"表示终点，红点代表多克岛，背景颜色为高程。

对两种特殊涡旋的三维结构进行研究，与上述方法相同，对25个涡旋进行Argo浮标数据的时空匹配，若涡旋从出生到消亡只捕捉到了不到10个Argo，则认为这个涡旋的温盐特性由于资料太少无法准确地表现出来，将不计入特征统计。最终共筛选出 7 个郁陵暖涡和 7 个多克冷涡，具体信息见表 4-1。

表 4-1　多克冷涡和郁陵暖涡生消时刻表及捕获 Argo 数量统计

	标号	生成日期	消亡日期	生命周期/d	捕获 Argo 数/个
多克冷涡	01	2003-05-24	2004-01-03	225	84
	02	2004-06-09	2004-11-15	160	57
	03	2006-06-23	2006-10-07	107	31
	04	2007-10-05	2008-02-03	122	36
	05	2011-09-10	2012-02-19	163	28
	06	2013-07-26	2013-11-24	122	11
	07	2014-08-07	2015-01-16	163	20
郁陵暖涡	01	2001-11-09	2003-02-02	451	31
	02	2003-06-22	2004-09-04	441	78
	03	2005-08-11	2006-07-16	340	175
	04	2006-04-24	2006-11-02	193	14
	05	2008-04-30	2010-03-08	678	86
	06	2010-03-26	2010-09-21	180	43
	07	2017-05-25	2018-03-05	285	17

筛选得到的特殊涡旋分别捕获到 Argo 剖面 444 条(郁陵暖涡)和 267 条(多克冷涡)，由于数量不足以描述南北方向的异常剖面，本研究仅用温盐异常值来表示多克冷涡与郁陵暖涡的三维特征。

由图 4-28 可知，两种特殊涡旋对海水的物理特性影响深度较整个日本海区域小，约在 300 m 以下各异常值接近为零。多克冷涡对涡旋温度影响作用较大于郁陵暖涡，且影响中心高于郁陵暖涡，约在 120 m 处，与整个日本海气旋涡相似，郁陵暖涡则低至 150 m 左右。盐度异常变化与温度异常相比较为明显，且高盐中心和低盐中心较高，约为 100 m。同时可以发现，多克冷涡在 70 m 左右以上表现为正异常，即涡旋表面覆盖一层高盐水，郁陵暖涡在 220 m 左右存在低盐中心，深度范围为 220~350 m。值得注意的是，郁陵暖涡一倍半径内的温盐特性与二倍半径范围内的不同，呈相反趋势发展，两种涡旋所引起的温度异常均可到达表层，即涡旋对水体的影响可上升至表面。

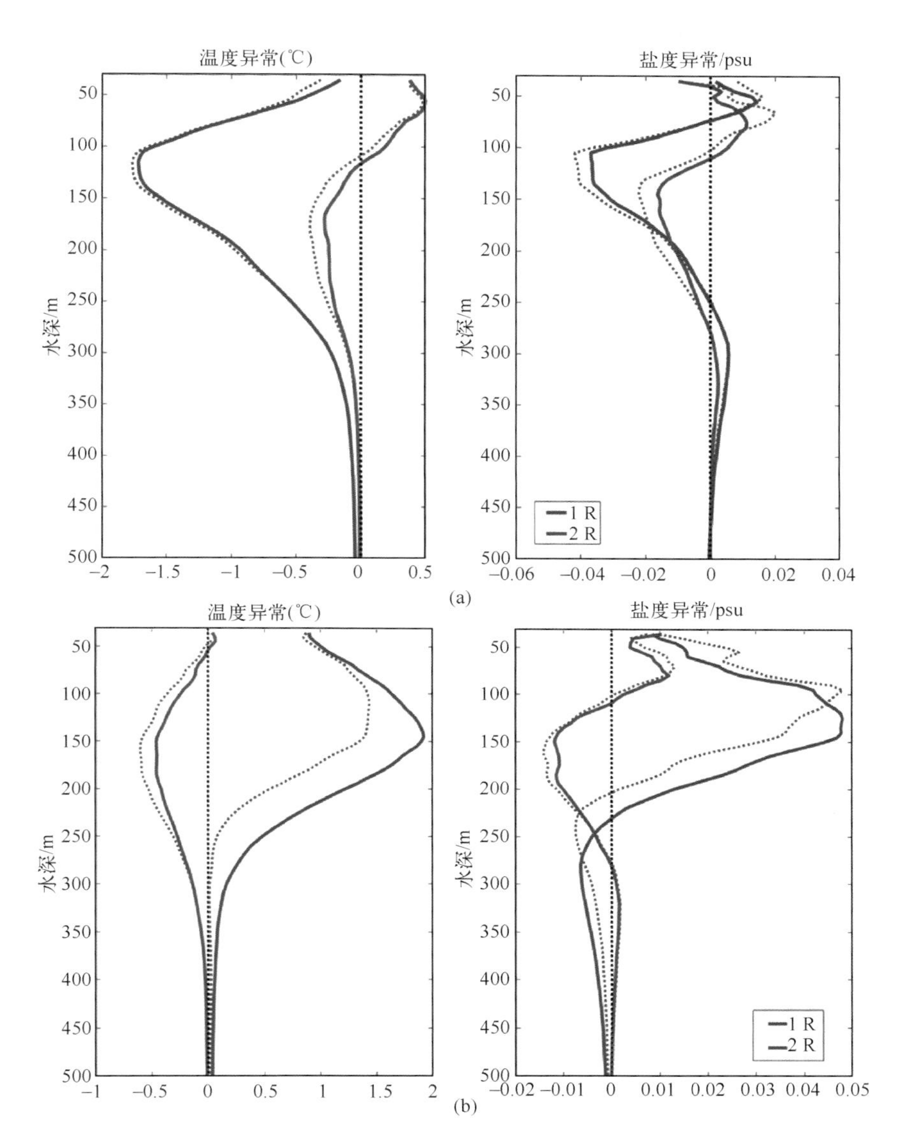

图 4-28　多克冷涡(a)及郁陵暖涡(b)温盐异常值垂直剖面图

蓝色代表二倍半径，红色代表一倍半径，实线代表一次三倍标准差处理，

虚线代表两次三倍标准差处理，黑色虚线表示零度线。

4.4　总结与讨论

本研究基于 1993—2019 年 Chelton 涡旋数据集以及 SLA 数据对日本海的中尺度涡的表面特征进行了统计分析，利用欧拉和拉格朗日方法分别对涡旋数量进行了统计，分析了生命周期、传播速度、时空变化、产生与消亡等基本特征以及半径、振幅、旋转速度等的演变。拉格朗日统计结果表明，中尺度涡共有 1 429 个，其中气旋 675 个，反气旋 754 个。基于欧拉方法，共探测到涡旋 98 390 个，其中气旋和反气旋分别为 45 321 个和 53 069 个。反气旋数量略多于气旋涡数量。从空间分布来看，涡旋多活跃于郁陵盆地、大和盆地，北部较少。从年际变化来看，27 年间涡旋并无明显变化，数量较多的和较少的年份与 ENSO 和拉尼娜现象可能存在一定的相关性。但涡旋存在显著的季节变化，秋季最多，春季和冬季次之，夏季最少，可能与当地的季风和环流有关。有研究指出，由于冲木岛岸边底部的流动，反气旋涡多在郁陵盆地春季产生，随后沿海岸向东移动，且伴随着涡旋的合并和分裂(Isoda，1994；Morimoto et al.，2000)。进一步分析涡旋时空演变，发现在中短期涡旋中，反气旋数量占优，反之气旋较多，涡旋振幅和旋转速度的大值区与涡旋分布相似，集中在海区西部和西南部。与 Chelton 等(2011)的全球涡旋统计相比，日本海涡旋半径和振幅略小，而旋转速度较大。将涡旋生命周期归一化，发现涡旋的多项参数都有着大致相似的演变趋势，即在涡旋的产生阶段和消亡阶段各项参数有较大的变化，而在涡旋中期，各项参数呈稳定发展。

对日本海涡旋的移动规律进行分析后发现海域内涡旋整体沿西南—东北方向传播，速度较大区出现在北部，且反气旋和气旋分别表现出倾向于向赤道和向极地移动的小偏转。Chelton 等(2011)对全球涡旋研究发现，由于 β 效应，涡旋轨迹呈强烈的西向传播，气旋整体向极地移动而反气旋向赤道移动。本研究结果显示，日本海大多数涡旋东向或东北向移动，与全球涡旋总体传播趋势略有不同。日本海区域涡旋的传播除了受 β 效应影响，还可能与局地的环流、地形和季风等因素有关。日本海地形复杂且环流结构独特，将上层环流和地形与涡旋传播轨迹相对应，可以发现图 4-14 中涡旋沿环流移动，其中 38°N 以南，涡旋的传播轨迹与东朝鲜暖流和对马暖流的近岸、离岸两分支相一致。而气旋在 42°N 附近的东向流动和 42°以北的西南向流动也符合风生环流和黎曼寒流流动趋势。同时反气旋于 38°N，134°E 附近的顺时针转动传播与大和隆起相对应，涡旋可能受到地形的影响而发生偏转现象。虽然郁陵暖涡的平均传播方向为东北向，但部分涡旋表现出沿朝鲜海岸向北移动的趋势，这与 Shin 等(2005)的研究一致。

其次，还利用海表面温度数据验证了斜压不稳定是日本海涡旋生成的主要原因之一。结果显示，在6—12月，海表面温度梯度与两种极性的涡旋产生数量分别呈高度相关和显著相关。由于数据的局限性，本研究仅对斜压不稳定加以分析，但通常情况下，涡旋的产生会受到多种机制影响。

最后通过1999—2019年Argo与涡旋的时空匹配分析可知，日本海域涡旋影响深度较其他海区浅，约为450 m，反气旋的暖核和气旋的冷核大致在130 m处，冷核较暖核稍浅，同时还发现气旋的低盐中心下还存在着一个高盐中心，且对表面的影响较反气旋小。本研究还对两个盆地（郁陵盆地和大和盆地）以及两个特殊涡旋（郁陵暖涡和多克冷涡）进行表面和三维特征分析，其均表现出不同于整个日本海的发展趋势。此外，日本海地势复杂，岛屿众多，地形、洋流和风场的相互作用也可能会对涡旋产生具有一定的影响作用，具体机制还有待后续进一步的研究。

第 5 章 日本海潮汐和潮流空间特征

日本海是一个半封闭的边缘海，朝鲜海峡和津轻海峡分别是对马暖流的入口和主要输出口(Jeou et al，2014；Onishi et al，2004)。

对于半封闭的边缘海，大洋潮汐的外部强迫及其与地形的相互作用是导致局地潮汐特征的主要因素。Odamaki(1989)发现由于日本海的封闭性，其内部半日潮和日潮的振幅与潮流均比较小，但几个海峡通道潮流却很强。其中，朝鲜海峡 M_2 潮流振幅可以达到1 kn，S_2、K_1 和 O_1 可达0.6~0.7 kn；津轻海峡 K_1 和 O_1 潮流振幅可达 1 kn 左右；宗谷海峡日潮潮流较强，振幅 0.8~1.6 kn。

朝鲜海峡是连接日本海与外界最宽的海峡，也是开阔大洋影响日本海潮汐的最重要通道(Odamaki，1984)，对于半日潮和日潮，经朝鲜海峡进入日本海的潮波能量分别占总能量的98%和78%(Odamaki，1984)，且对马岛东西两侧振幅相差很大，西侧高于东侧(Odamaki，1984)。基于对马岛南北两侧布置的 2 套潜标上 ADCP 数据，Teague 等(2001)研究了朝鲜海峡的潮汐与潮流特征，发现对马岛南侧潮汐振幅可达 3 m，但北侧振幅只有 0.7 m；M_2、S_2、K_1、O_1 是朝鲜海峡内的主要分潮，对马岛西北侧潮流以 M_2 分潮为主，流速 17~25 cm/s 之间，对马岛东南侧潮流以 M_2 和 K_1 为主，两者流速相当，约为 13~23 cm/s。Takikawa 等(2003)利用船载 ADCP 数据分析了朝鲜海峡的潮流情况，同样发现主要潮流分潮为 M_2、S_2、K_1 和 O_1，且西水道强度是东水道的 1.4~2.1 倍，潮流椭圆的方向为东北-西南走向，潮流对平均动能的贡献可达 0.56。Book 等(2004)通过数值模式发现，朝鲜海峡振幅最大的几个分潮为 M_2、S_2、K_1、O_1，潮流流速最大的几个分潮为 M_2、K_1、S_2、O_1。

津轻海峡连接日本海与太平洋，有两个宽度小于 20 km 的狭窄“颈部”区域，由于潮流与津轻暖流强烈的非线性相互作用，津轻海峡呈现独特的潮汐特征(Isoda，Baba，1998；Wada et al，2012)。Odamaki(1964)指出，海峡东西部入口附近的日潮流速大于半日潮流速。Isoda 和 Baba(1998)利用数值模型，发现 K_1 分潮在津轻海峡的两个“颈部”区域的流速可达 0.9 m/s。Onishi 等(2004)利用 1999 年 10 月到 2000 年 3 月断面上船载 ADCP 数据研究了津轻海峡潮流特征，分析了 4 种主要分潮(M_2、S_2、K_1、O_1)的潮流，发现主要潮汐成分几乎都是正压的，半日潮振幅大于日潮振幅，而潮流则相反，日潮大于半日潮。Luu 等(2011)利用正压模型研究了津轻海峡的潮流，发现在两个狭窄的“颈部”区域潮汐余流速度可以达到 0.3 m/s。但 Wada 等(2012)利用海峡中 15 天的海流观测发现，半日潮流的谱能量超过了日潮流，与传统观点相反。

宗谷海峡连接日本海与鄂霍次克海，是宗谷暖流的出口。关于宗谷海峡潮汐的研究比较少。Odamaki(1994)研究北海道沿岸鄂霍次克海潮汐与潮流特征时发现，鄂霍次克海和日本海潮汐振幅和位相的差异在宗谷海峡产生了日潮流。Aota 和 Matsuyama(1987)发现，宗谷海峡附近 O_1、K_1、M_2 和 S_2 潮流的最大流速可达 29.9 cm/s、28.3 cm/s、10.4 cm/s 和 3.7 cm/s，潮流椭圆的位相和方向在不同时期比较稳定。

潮流对于研究通过海峡的水输送具有十分重要的作用，尽管先前的研究揭示了日本海及其海峡通道潮汐特征，但由于使用观测资料的限制，无法对整个日本海及其海峡的潮汐特征进行全面分析。本章利用验潮站和卫星观测数据，对日本海及其海峡通道潮汐特征进行了全面的分析，以期对物质、能量输送以及沿岸活动提供参考。

5.1　数据

本章主要使用 2 种数据，一种是 Aviso 提供的 FES2014 潮汐数据集(https://www.aviso.altimetry.fr/en/data/products/auxiliary-products/global-tide-fes/description-fes2014.html)，另一种是日本海及其海峡通道沿岸的验潮站数据(https://uhslc.soest.hawaii.edu/)。

FES2014 是有限元解(finite element solution，FES)潮汐模型的最新版本，是 FES2012 模型的改进版。FES2014 利用高度计更长时间序列和新的高度计标准以及改进的建模和数据同化技术，更精确的海洋水深和更精细的浅水区网格。同

FES2012 相比，FES2014 的性能得到了显著改善，特别是在浅水区和北极地区的部分地区。与其他全球海洋潮汐数据集相比，在全球大多数海洋区域 FES2014 的去混叠性能得到了改善(Florent et al，2021)。FES2014 提供 34 个分潮的振幅和迟角，潮流经向和纬向的振幅和迟角数据，水平分辨率为 1/16°×1/16°。

验潮站数据使用位于日本海及其海峡通道沿岸的 5 个验潮站记录的逐小时高频水位数据。验潮站位置如图 5-1 所示，由南至北分别分布于朝鲜海峡外(Nagasaki)、日本海东海岸(Hamada 和 Toyama)、津轻海峡(Hakodate)和宗谷海峡沿岸(Wakkanai)。该数据主要用于对 FES2014 潮汐数据在日本海的准确性进行验证。

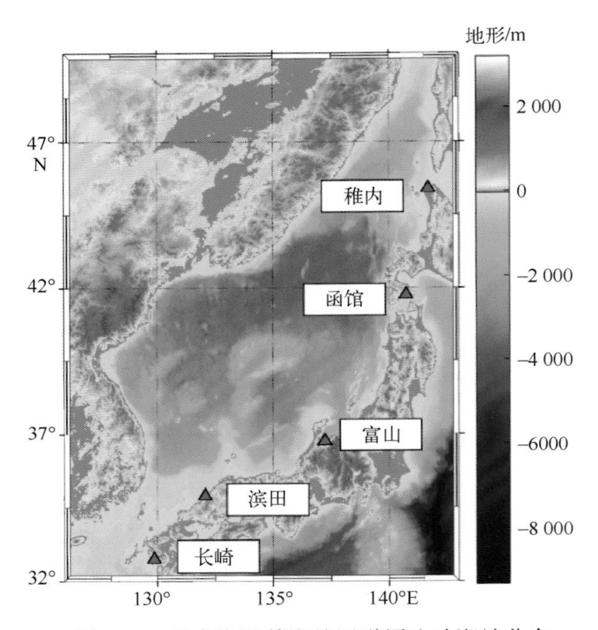

图 5-1　日本海及其海峡通道周边验潮站分布

5 个验潮站分别是长崎(Nagasaki)、滨田(Hamada)、富山(Toyama)、函馆(Hakodate)和稚内(Wakkanai)。

5.2　潮汐特征

5.2.1　验潮站结果

首先对 5 个验潮站的水位数据进行调和分析，得到各个分潮的振幅和迟角。图 5-2 给出了 5 个验潮站 8 个分潮振幅和迟角及其与 FES2014 的对比。从图中可见，

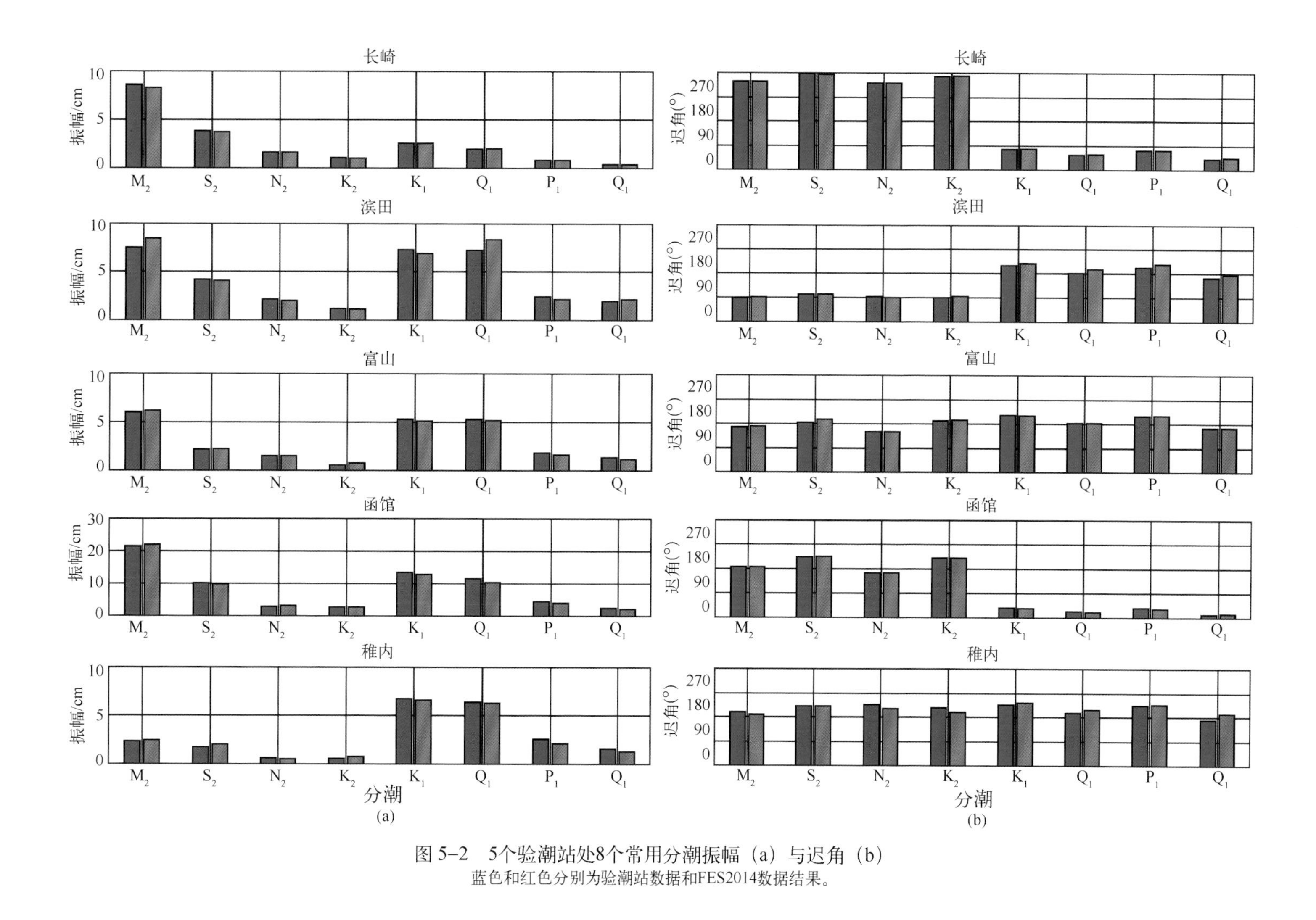

图 5-2　5个验潮站处8个常用分潮振幅（a）与迟角（b）

蓝色和红色分别为验潮站数据和FES2014数据结果。

FES2014 和验潮站的振幅和迟角结果基本一致。表 5-1 给出了两种数据之间的差异，FES2014 和验潮站数据相比，8 个分潮振幅和迟角的均方根误差、平均绝对误差和相对误差均比较小。均方根误差最大的是 M_2 分潮(1.4 cm)，这可能与 M_2 分潮本身振幅较大有关，但其相对误差仍较小。迟角的均方根误差和平均绝对误差都在 10°以内。对比结果表明，FES2014 潮汐数据在日本海具有较好的准确性。

此外，图 5-2 有两个显著特点：①随着纬度的增加，日潮振幅占比逐渐增大，在最北端稚内(Wakkanai)验潮站，K_1 和 O_1 占主要成分；②外海潮汐振幅较大，如位于朝鲜海峡外的长崎站(Nagasaki)振幅远大于其他验潮站，尤其是 M_2 振幅达到 90 cm 左右，而其他验潮站 M_2 最大振幅只有 20 cm，表明日本海内部潮汐振幅远小于外部大洋，这一点与前人研究结论一致。5 个验潮站均是 M_2、S_2、K_1、O_1 分潮振幅较大，且 K_1 和 O_1 分潮振幅相当，其他分潮相对较小，但稚内站除外，其 P_1 分潮的振幅也较大，甚至大于 S_2 分潮。5 个验潮站振幅表现出三类不同特点，最南端的长崎站 M_2 分潮远大于其他分潮，日本海东海岸的滨田(Hamada)和富山(Toyama)以及津轻海峡沿岸的函馆(Hakodate)分布相似，半日潮 M_2 和日潮 K_1 及 O_1 振幅大致相当，最北端宗谷海峡沿岸的稚内站 K_1 和 O_1 振幅最大，其他分潮振幅均较小。

表 5-1　FES2014 与验潮站的 8 个分潮对比，
第一列到第三列分别为振幅和迟角的均方根误差，平均绝对误差及相对误差

	M_2	S_2	N_2	K_2	K_1	O_1	P_1	Q_1
RMSE (cm)/(°)	1.4/4.9	0.7/4.9	0.2/7.5	0.3/7.6	0.3/4.9	0.8/7.9	0.3/5.3	0.3/11.1
BIAS (cm)/(°)	0.3/-0.3	0.3/-1.9	-0.1/4.1	0.1/1.3	0.2/-2.3	0.0/-4.3	0.3/-2.1	0.2/-7.5
MRE(%)	1.1/-0.1	2.5/-0.9	-1.2/2.2	2.1/0.6	1.7/-1.5	0.1/-3.3	7.9/-1.4	6.9/-6.3

5.2.2　振幅与同潮时分布

验潮站的结果表明，日本海及其海峡通道主要分潮为 M_2、S_2、K_1 和 O_1，以下主要针对这 4 个分潮进行分析。图 5-3 和图 5-4 分别给出了日本海及其海峡通道 4 个主要分潮的振幅与同潮时分布。从图中可以看出，对于所有的分潮，日本海内部振幅均远小于外部邻近海域，这一特征同前人及验潮站数据(图 5-2)的结果一致。

可能是由于日本海的封闭性，来自大洋的潮波通过海峡通道进入日本海时大部分能量衰减造成的。由图5-3可以看出，在日本海内部，M_2分潮振幅最大，S_2分潮振幅最小，K_1和O_1分潮振幅相当。M_2分潮振幅在日本海内部呈现西高东低的态势，即靠近欧亚大陆一侧海域振幅较高(6~8 cm)，靠近日本一侧海域的振幅较低(4~6 cm)。S2振幅在日本海内部分布比较均匀，南北两个无潮点之间的海域均介于2~4 cm之间。K_1和O_1分潮不仅无潮点位置相近，振幅在日本海内部分布同样相似，均介于4~6 cm之间且分布均匀。

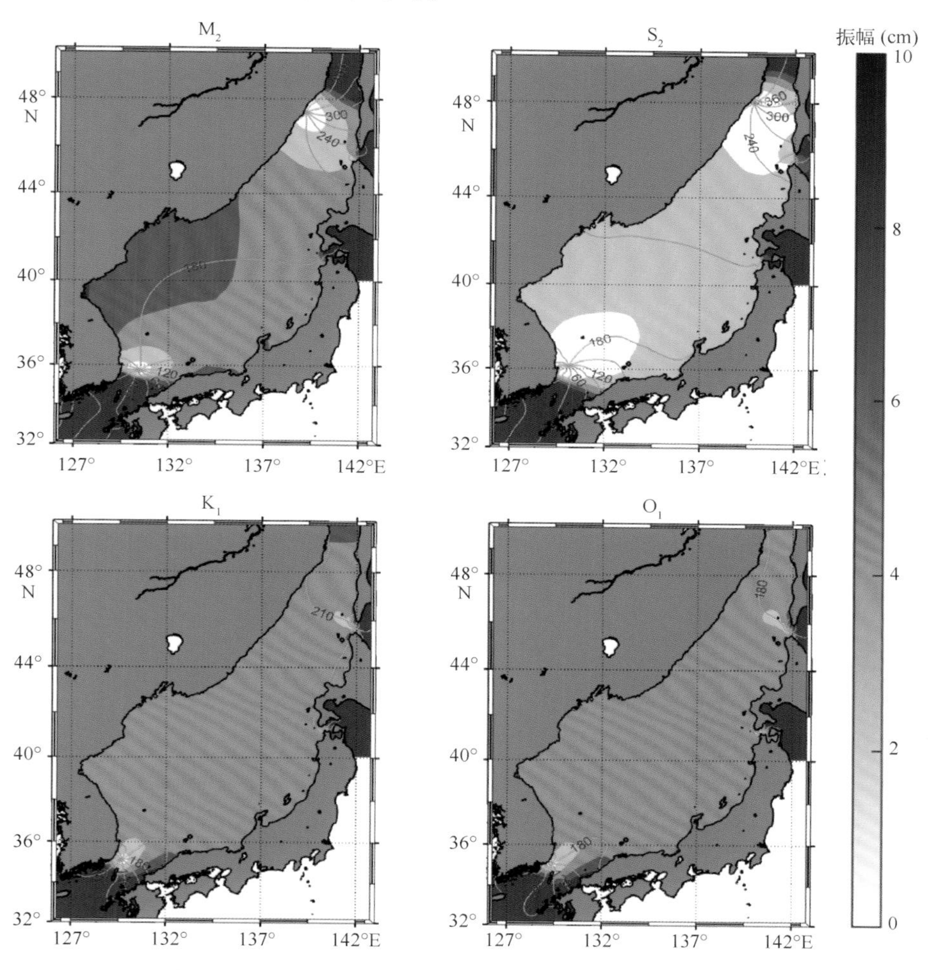

图5-3　日本海主要半日潮和全日潮分潮波的同潮时分布

阴影为振幅，绿色实线为同潮时线。

需要指出的是，虽然日本海内部各分潮振幅均较小，但几个海峡内分潮振幅较大。图5-3及图5-4表明，各分潮振幅由外向内通过海峡时逐渐减小，海峡内外振幅差异较大，如 M_2 振幅在朝鲜海峡南侧靠朝鲜半岛一侧可达 100 cm，但在朝鲜海峡北侧只有 20 cm 左右。图 5-4 及表 5-2 表明，总体上，朝鲜海峡各分潮振幅最大，津轻海峡次之，宗谷海峡最小。就海峡中各分潮而言，M_2 分潮在各海峡中均振幅最大。其他几个分潮在不同海峡中表现略有不同，S_2 分潮振幅在朝鲜海峡中大于 K_1 和 O_1 分潮，但在津轻海峡和宗谷海峡中小于 K_1 和 O_1 分潮；K_1 和 O_1 分潮振幅在各海峡中基本相当，但 K_1 分潮在朝鲜海峡和津轻海峡中略大于 O_1 分潮。

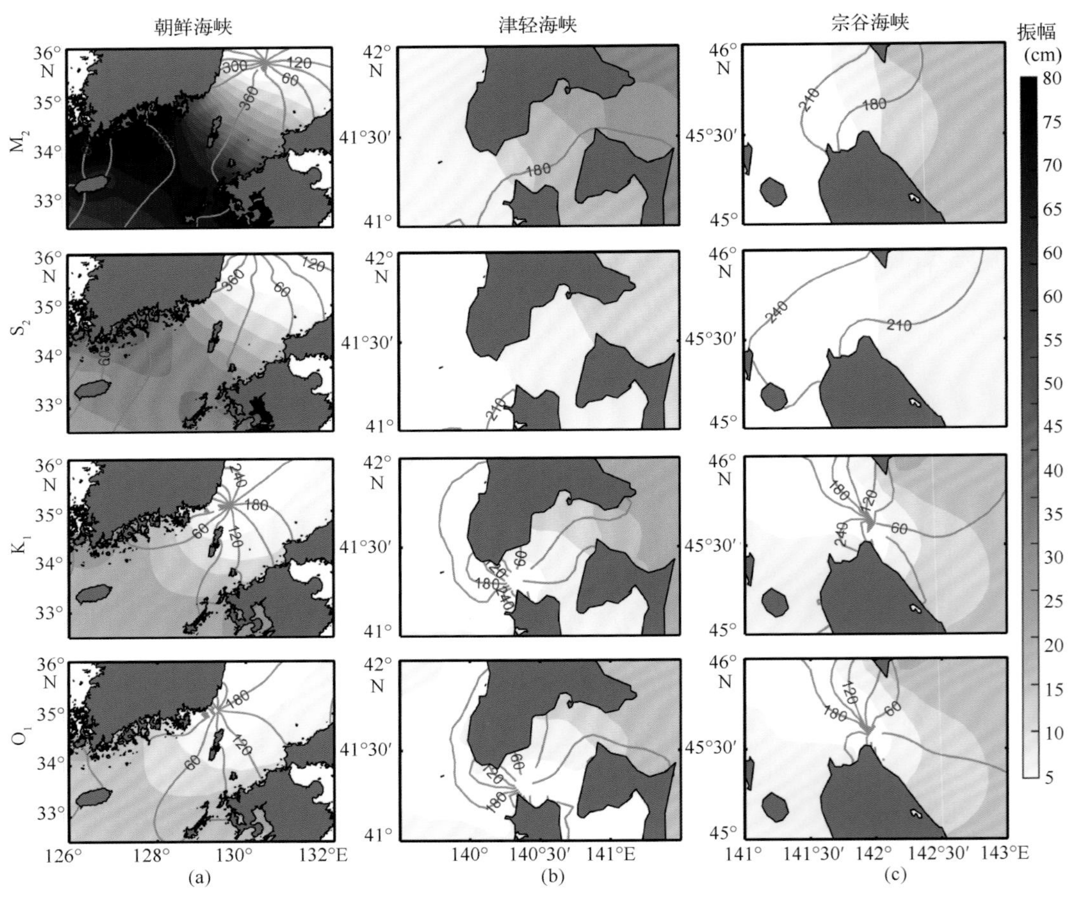

图 5-4　日本海海峡通道主要半日潮和全日潮分潮波的同潮时分布

(a)朝鲜海峡；(b)津轻海峡；(c)宗谷海峡。

4 个主要分潮在日本海及其海峡通道各存在 2 个潮波系统，均为逆时针旋转。在朝鲜海峡北部靠朝鲜半岛一侧存在 M_2、S_2、K_1 和 O_1 这 4 个主要分潮的潮波系统（图 5-3）。半日潮和日潮无潮点位置有所差异，M_2 和 S_2 分潮的无潮点位置接近，相对偏北，位于朝鲜半岛东北方向海域。K_1 和 O_1 位置接近，相对偏南，紧靠朝鲜半岛。此外，M_2 和 S_2 分潮在鞑靼海峡南部海域还各有一个无潮点，无潮点位置紧靠欧亚大陆，津轻海峡西部的“颈部”海域和宗谷海峡中间偏南海域则存在 K_1 和 O_1 分潮的无潮点(图 5-4)。

表 5-2 朝鲜海峡、津轻海峡和宗谷海峡内各主要分潮振幅大致范围 单位：cm

	M_2	S_2	K_1	O_1
朝鲜海峡	20~100	10~50	5~25	5~20
津轻海峡	5~25	3~15	0~20	0~15
宗谷海峡	3~12	3~6	0~12	0~12

5.2.3 潮汐类型

根据分潮振幅可计算潮型系数进而判断潮汐类型，潮汐潮型系数 A 定义如下：

$$A = \frac{H_{K_1} + H_{O_1}}{H_{M_2}} \tag{5-1}$$

式中，H 表示分潮振幅，下标表示分潮名称。根据潮型系数 A 的值，可将潮汐分为不同的类型：$0.0 < A \leqslant 0.5$ 为正规半日潮，$0.5 < A \leqslant 2.0$ 为不正规半日潮；$2.0 < A \leqslant 4.0$ 为不正规日潮，$4.0 < A$ 为正规日潮。图 5-5 给出了日本海及其海峡通道潮型系数分布。从图中可以看出，日本海内部大部分海域为不正规半日潮，南北各有一片不正规日潮海域，南部海域紧邻朝鲜海峡，北部海域位于北海道与欧亚大陆之间。两个不正规日潮海域中又各有一小块正规日潮海域。由于这两个地方 M_2 振幅较小，K_1 和 O_1 振幅相对较大，因而表现出典型的正规日潮特征。在海峡中，朝鲜海峡由于 M_2 分潮振幅较大，以正规半

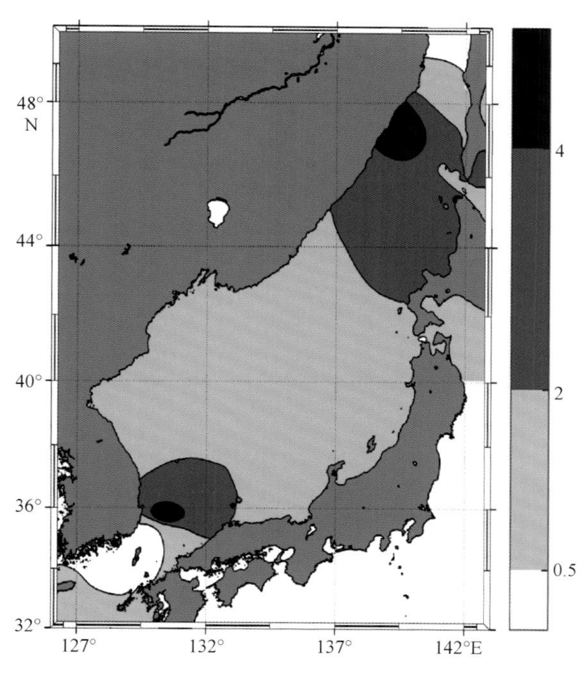

图 5-5 日本海及其海峡通道潮型系数分布

日潮为主。津轻海峡和宗谷海峡基本为不正规半日潮，但海峡中分别存在非常小的一片正规半日潮海域，对应 K_1 和 O_1 分潮无潮点所在位置。这两处 K_1 和 O_1 振幅非常小，导致潮型系数较小，表现出正规半日潮特征。

5.3 潮流特征

5.3.1 流速及潮流椭圆

由于分潮潮流在海峡通道远大于日本海内部(接近于0)，因此，下面只分析海峡通道的潮流。图 5-6 给出朝鲜海峡、津轻海峡和宗谷海峡中 M_2、S_2、K_1 和 O_1 分潮的最大流速和潮流椭圆分布。综合分析 3 个海峡各分潮的最大流速和潮流椭圆可以发现以下特征：①朝鲜海峡 M_2 分潮潮流较强，与图 5-4 中的振幅特征一致，津轻海峡和宗谷海峡则 K_1 和 O_1 分潮潮流较强，且强于朝鲜海峡中的 M_2 分潮潮流；②3 个海峡中各分潮潮流椭圆均以顺时针方向旋转为主，尤其是朝鲜海峡和宗谷海峡；③K_1 和 O_1 分潮的最大流速和潮流椭圆在 3 个海峡中(尤其是津轻海峡和宗谷海峡)表现出较高的一致性，如潮流椭圆大小、形状、旋转方向等。

此外，各海峡中不同分潮的最大流速和潮流椭圆还有不同特征。对于朝鲜海峡[图 5-6(a)]，M_2 和 S_2 分潮潮流西水道大于东水道，这一结果在前人研究中也有提及。K_1 和 O_1 分潮潮流在东西水道基本相等。这表明半日潮潮流西水道较大，日潮潮流东西水道相当。在 4 个主要分潮中，M_2 分潮流速最大，可达 30 cm/s 以上，最大值位于海峡西南部海域；S_2 分潮在朝鲜海峡内大部分海域流速约为 M_2 分潮的一半，西南海域同样流速较强，最大流速约为 15 cm/s；K_1 和 O_1 分潮潮流在海峡中部对马岛两侧流速较大，海峡两端流速较小，潮流最大流速为 15～20 cm/s，K_1 分潮潮流略大于 O_1 分潮。M_2 和 S_2 分潮潮流椭圆以狭长形状为主，表明这两个分潮最大潮流和最小潮流之间相差(即潮流振幅)较大，以往复流为主。M_2 和 S_2 分潮潮流椭圆在海峡南部长轴大多垂直于海峡，呈西北—东南走向，在其他地方长轴则平行于海峡，呈东北-西南走向。K_1 和 O_1 分潮潮流椭圆在整个海峡中长轴基本平行于海峡，呈东北—西南走向，但在不同位置形状有所差异。在海峡南北两端较接近圆形，在海峡中间流速较大的地方则比较狭长。另外，朝鲜海峡内各分潮逆时针旋转的潮流椭圆主要出现在海峡两侧，M_2 和 S_2 分潮较多，K_1 和 O_1 分潮较少。

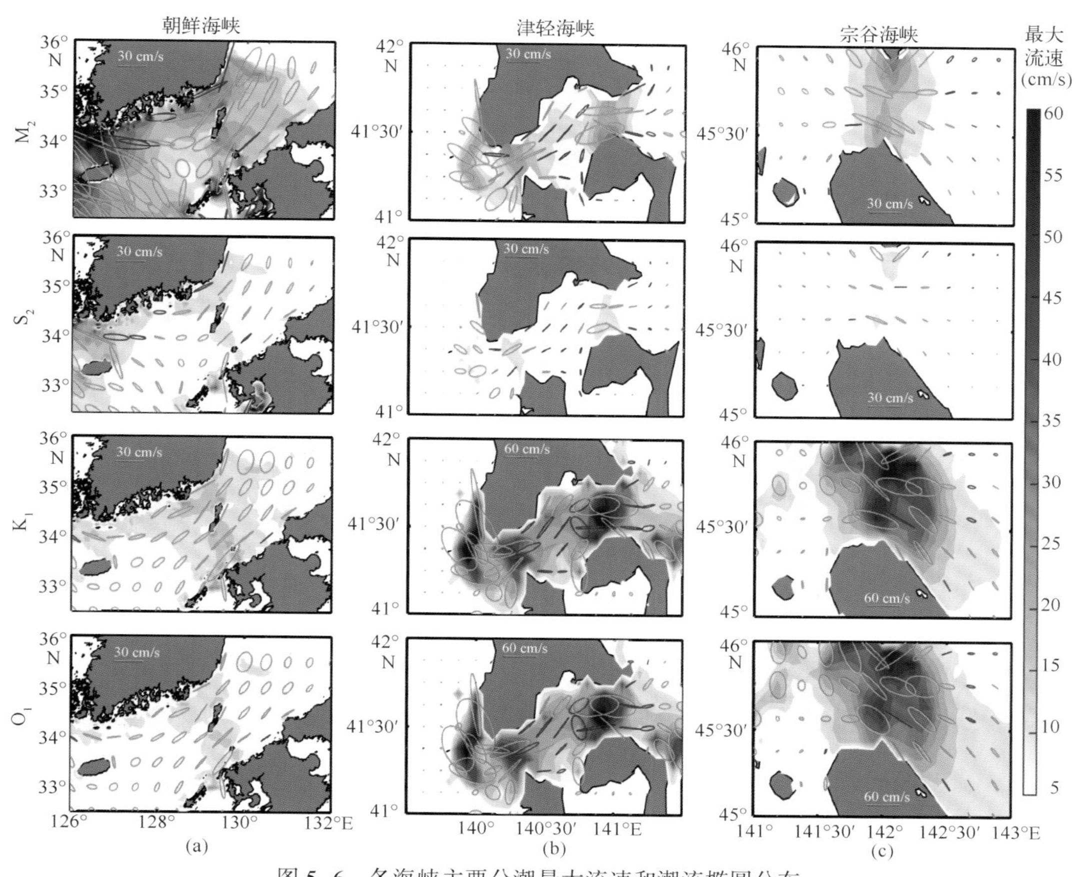

图 5-6 各海峡主要分潮最大流速和潮流椭圆分布

(a)朝鲜海峡；(b)津轻海峡；(c)宗谷海峡。

阴影表示潮流最大流速，绿色和蓝色椭圆分别代表顺时针和逆时针旋转。

各分潮潮流在津轻海峡分布形态类似[图 5-6(b)]，均是在两个“颈部”处流速较大，但流速大小相差较大。K_1 和 O_1 分潮流速较大且两者基本相当，最大流速可达 60 cm/s；M_2 和 S_2 分潮潮流较小，两者最大流速分别只有 25 cm/s 和 10 cm/s。津轻海峡内主要分潮潮流椭圆虽然也以顺时针旋转为主，但也存在相当数量逆时针旋转，主要位于海峡两个“颈部”之间的内部海域。海峡内部潮流椭圆长轴基本平行于海峡走向，只是在西海峡口 K_1 和 O_1 分潮潮流椭圆长轴以垂直于海峡为主。K_1 和 O_1 分潮流在津轻海峡远大于 M_2 分潮流，但 K_1 和 O_1 潮汐振幅却小于 M_2 分潮[图 5-4(b)]。此外，津轻海峡内各分潮潮流在陆奥湾内均较小，可能是由于两侧地形的阻挡造成潮汐能量很难传入造成的。

在宗谷海峡[图 5-6(c)]，各分潮潮流在海峡处最强，海峡内外两侧海域潮流较弱。与津轻海峡类似，宗谷海峡同样是日潮（K_1 和 O_1）流速远大于半日潮（M_2 和 S_2），K_1 和 O_1 分潮最大流速可达 60 cm/s，M_2 和 S_2 分潮最大流速约为 25 cm/s 和 10 cm/s。K_1 和 O_1 分潮的最大流速和潮流椭圆表现出较高的一致性，宗谷海峡内潮流椭圆长轴大多呈东南—西北走向，只有少数几个逆时针旋转的潮流椭圆。

5.3.2 潮流类型

潮流类型可根据分潮最大流速计算的潮流类型系数进行判断，潮流类型系数 B 定义如下：

$$B = \frac{W_{K_1} + W_{O_1}}{W_{M_2}} \tag{5-2}$$

式中，W 表示分潮最大流速，下标表示分潮名称。根据潮流类型系数 B 的值，可将潮流分为不同的类型：$0.0 < B \leq 0.5$ 为正规半日潮，$0.5 < B \leq 2.0$ 为不正规半日潮，$2.0 < B \leq 4.0$ 为不正规日潮，$4.0 < B$ 为正规日潮。图 5-7 给出了日本海及其海峡通道潮流类型系数分布，日本海内部大多数潮流系数为 0.5~2，表明大部分海域为不正规半日潮。在潮流较强的几个海峡中，朝鲜海峡为不正规半日潮，津轻海峡和宗谷海峡及其附近海域为正规日潮，主要是因为海峡内 K_1 和 O_1 这两个日潮流速远大于半日潮 M_2 的流速[图 5-6(b)、(c)]。

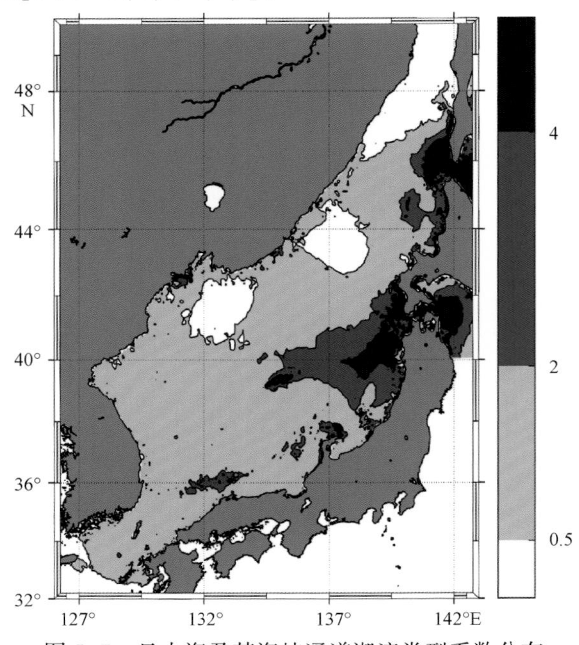

图 5-7　日本海及其海峡通道潮流类型系数分布

5.4　结论

本章利用 FES2014 潮汐和验潮站数据对日本海及其海峡通道 M_2、S_2、K_1 和 O_1 这 4 个主要分潮的潮汐与潮流特征进行了分析，主要结论如下。

(1)通过对比日本海沿岸验潮站数据发现，FES2014 在日本海具有较好的准确性。

(2)日本海内部潮汐振幅较小，海峡通道相对较大，M_2 是日本海及其海峡通道振幅最大的分潮，但在日本海内部振幅最大只有不到 8 cm，在朝鲜海峡振幅远大于其他海峡，最大可达 100 cm；S_2 分潮振幅在朝鲜海峡大于 K_1 和 O_1 分潮，在津轻海峡和宗谷海峡小于 K_1 和 O_1 分潮。

(3)朝鲜半岛东北侧海域存在 4 个分潮的无潮点，半日潮无潮点比日潮无潮点偏东北，鞑靼海峡南侧海域存在 M_2 和 S_2 分潮的无潮点，津轻海峡和宗谷海峡则存在 K_1 和 O_1 分潮的无潮点，其中津轻海峡中的日潮无潮点未在之前的研究中提及。

(4)在南北两个 M_2 分潮无潮点附近各存在一片正规日潮和不正规日潮海域，朝鲜海峡主要以正规半日潮为主，日本海其他海域及津轻海峡和宗谷海峡均为不正规半日潮。

(5)日本海内部潮流流速极小，海峡通道潮流较强，且潮流椭圆以顺时针旋转为主，朝鲜海峡 M_2 分潮流速最大，最大潮流可达 30 cm/s，M_2 和 S_2 分潮流速西水道强于东水道，但 K_1 和 O_1 分潮流速在两个水道相当，津轻海峡和宗谷海峡 K_1 和 O_1 分潮流速最大，最大可达 60 cm/s，M_2 分潮流速次之，S_2 分潮流速较小；津轻海峡和宗谷海峡及其附近海域表现为正规日潮，日本海其他海域及朝鲜海峡主要为不正规半日潮。

(6)K_1 和 O_1 分潮在日本海及其海峡通道表现出较强的一致性，如其无潮点位置、振幅和最大流速强度和分布、潮流椭圆型态等。

参考文献

陈连增，雷波，2019. 中国海洋科学技术发展 70 年 [J]. 海洋学报，41(10)：7-26.

崔琰琳，吴德星，兰健，2006. 日本海环流研究综述. 海洋科学进展，24(4)：577-592.

刘金芳，毛可修，李颜，等，2014. 日本海温度跃层分布特征概况 [J]. 海洋预报，31(2)：67-72.

王世红，等，2018. 全球海洋再分析产品的研究现状. 地球科学进展，33(8)：794-807.

郑沛楠，2009. 黑潮对日本海边界环流的影响. 中国海洋大学.

郑沛楠，刘俊，杨玉震，等，2011. 日本海特征水研究进展 [J]. 海洋预报，28(2)：63-67.

朱梦琪，等，2019. 对马海峡水团组成对日本海温盐分布影响的季节及年际变化. 中国海洋大学学报（自然科学版），049(004)：9-21.

ANDRES M, et al., 2008. Observations of Kuroshio Flow Variations in the East China Sea; Journal article.

BAK Y S, LEE S J, 2014. The Influx of the Tsushima Current into the Central Ulleung Basin of East Sea (Sea of Japan), Korea. Acta Geologica Sinica, 088(006): 1846-1851.

CHANG K I, et al., 2004. Circulation and currents in the southwestern East/Japan Sea: Overview and review. Progress in Oceanography, 61(2-4): 105-156.

CHANG K-I, et al., 2009. Deep flow and transport through the Ulleung Interplain Gap in the Southwestern East/Japan Sea. Deep Sea Research Part I: Oceanographic Research Papers, 56(1): 61-72.

CHANG K-I, ZHANG C-I, PARK C, et al., 2016. Oceanography of the East Sea (Japan Sea) [M]. Springer.

CHELTON D B, SCHLAX M G, SAMELSON R M, et al., 2007. Global observations of large oceanic eddies. Geophys. Res. Lett., 34: L15606.

CHELTON D B, SCHLAX M G, SAMELSON R M, 2011. Global observations of nonlinear mesoscale eddies. Progr. Oceanogr, 91(2): 167-216.

CHEN S S, et al., 2001. Impact of the AVHRR sea surface temperature on atmospheric forcing in the Japan/East Sea. Geophysical Research Letters, 28(24): 4539-4542.

CHOI B-J, et al., 2018. Interannual Variation of Surface Circulation in the Japan/East Sea due to External Forcings and Intrinsic Variability. Ocean Science Journal, 53(1): 1-16.

CHOI Y J, YOON J-H, 2010. Structure and seasonal variability of the deep mean circulation of the East Sea (Sea of Japan). Journal of Oceanography, 66(3): 349-361.

CLAYSON C A, LUNEVA M, 2004. Deep convection in the Japan (East) Sea: A modeling perspective. Geophysical Research Letters, 31(17).

DONG C M, MCWILLIAMS J C, LIU Y, et al., 2014. Global heat and salt transports by eddy movement. Nat. Commun, 5: 3294.

FORGET G, et al., 2015. ECCO version 4: an integrated framework for non-linear inverse modeling and global ocean state estimation. Geoscientific Model Development, 8(10): 3071-3104.

GAMO T, HORIBE Y, 1983. Abyssal circulation in the Japan Sea. Journal of the Oceanographical Society of Japan, 39(5): 220-230.

GORDON A L, et al., 2002. Japan/East Sea Intrathermocline Eddies. J. phys. oceanogr, 32(6): 1960-1974.

GRUBER N, LACHKAR Z, FRENZEL H, et al., 2011. Eddy-induced reduction of biological production in eastern boundary upwelling systems. Nature Geoscience, 4(11): 787-792.

HANSEN D V, POULAIN P-M, 1996. Quality Control and Interpolations of WOCE-TOGA Drifter Data. Journal of Atmospheric and Oceanic Technology, 13(4): 900-909.

HAN S, HIROSE N, KIDA S, 2018. The Role of Topographically Induced Form Drag on the Channel Flows Through the East/Japan Sea. Journal of Geophysical Research: Oceans, 123(9): 6091-6105.

HAN S-Y, LIM E P, 2012. Seasonal Variation of Volume Transport through the Straits of the East/Japan Sea Viewed from the Island Rule. Ocean and Polar Research, 34(4): 403-411.

HASE H, YOON J H, KOTERAYAMA W, 1999. The Current Structure of the Tsushima Warm Current along the japanese Coast. Journal of Oceanography, 55(2): 217-236.

HIROSE N, et al., 2005. Numerical simulation and satellite altimeter data assimilation of the Japan Sea circulation. Deep Sea Research Part II, 52(11/13): 1443-1463.

HOGAN P, HURLBURT H, 1999. Impact of Different Wind Forcing on Circulation in the Japan/East Sea: 6.

HOGAN P J, HURLBURT H E, 2005. Sensitivity of simulated circulation dynamics to the choice of surface wind forcing in the Japan/East Sea. Deep Sea Research Part II: Topical Studies in Oceanography, 52 (11-13): 1464-1489.

HOLLAND W, 1978. The role of mesoscale eddies in the general circulation of the oceannumerical experiments using a wind-driven quasi-geostrophic model. Journal of Physical Oceanography, 8(3): 363-392.

HOLLOWAY, et al., 1995. Dynamics of circulation of the Japan Sea. Journal of Marine Research.

ICHIYE T, 1988. Mesoscale eddies in the Japan Sea.

ISOBE A, et al., 1994. Seasonal variability in the Tsushima Warm Current, Tsushima-Korea Strait. Continental Shelf Research, 14(1): 23-35.

ISOBE A, ISODA Y, 1997. Circulation in the Japan Basin, the northern part of the Japan Sea. Oceanographic Literature Review, 45(3): 446.

ISOBE A, 2008. Recent advances in ocean-circulation research on the Yellow Sea and East China Sea shelves.

Journal of Oceanography, 64(4): 569-584.

ITO M, et al., 2014. Tsushima Warm Current paths in the southwestern part of the Japan Sea. Progress in Oceanography, 121: 83-93.

JACKSON L C, et al., 2019. The Mean State and Variability of the North Atlantic Circulation: A Perspective From Ocean Reanalyses. Journal of Geophysical Research: Oceans, 124(12): 9141-9170.

KANG B, HIROSE N, FUKUDOME K I, 2014. Transport Variability in the Korea/Tsushima Strait: Characteristics and Relationship to Synoptic Atmospheric Forcing. Continental Shelf Research, 81: 55-66.

KATOH O, 1994. Structure of the Tsushima Current in the southwestern Japan Sea. Journal of Oceanography, 50(3): 317-338.

KAWABE M, 1982. Branching of the Tsushima current in the Japan Sea. Journal of the Oceanographical Society of Japan, 38(2): 95-107.

KAWAMURA H, et al., 2009. Modeling of the branches of the Tsushima Warm Current in the Eastern Japan Sea. Journal of Oceanography, 65(4): 439-454.

KAWAMURA H, WU P, 1998. Formation mechanism of Japan Sea Proper Water in the flux center off Vladivostok. Journal of Geophysical Research: Oceans, 103(C10): 21611-21622.

KIDA S, et al., 2015. Oceanic fronts and jets around Japan: a review. Journal of Oceanography, 71(5): 469-497.

KIDA S, et al., 2016. The Annual Cycle of the Japan Sea Throughflow. Journal of Physical Oceanography, 46(1): 23-39.

KIM C H, YOON J H, 1996. Modeling of the Wind-Driven Circulation in the Japan Sea Using a Reduced Gravity Model. Journal of Oceanography, 52(3): 359-373.

KIM C H, YOON J H, 1999. A Numerical Modeling of the Upper and the Intermediate Layer Circulation in the East Sea. Journal of Oceanography, 55(2): 327-345.

KIM D, et al., 2020. Characteristics of the East Sea (Japan Sea) circulation depending on surface heat flux and its effect on branching of the Tsushima Warm Current. Continental Shelf Research: 192.

KIM K, et al., 2005. Long-term and real-time monitoring system of the East/Japan sea. Ocean Science Journal, 40(1): 25-44.

KIM K, et al., 2008. Review of recent findings on the water masses and circulation in the East Sea (Sea of Japan). Journal of Oceanography, 64(5): 721-735.

KIM T, YOON J-H, 2010. Seasonal variation of upper layer circulation in the northern part of the East/Japan Sea. Continental Shelf Research, 30(12): 1283-1301.

KIM Y H, et al., 2006. Seasonal variation of the Korea Strait Bottom Cold Water and its relation to the bottom current. Geophysical Research Letters, 33(24).

LAURINDO L C, MARIANO A J, LUMPKIN R, 2017. An improved near-surface velocity climatology for the global ocean from drifter observations. Deep Sea Research Part I: Oceanographic Research Papers, 124: 73-92.

LEE D, et al., 2013. Removing Spurious Low-Frequency Variability in Drifter Velocities. Journal of Atmospheric and Oceanic Technology, 30(2): 353-360.

LEE D K, et al., 2000. Energetics of the surface circulation of the Japan/East Sea. Journal of Geophysical Research: Oceans, 105(C8): 19561-19573.

LEE D K, NIILER P P, 2005. The energetic surface circulation patterns of the Japan/East Sea. Deep Sea Research Part II: Topical Studies in Oceanography, 52(11-13): 1547-1563.

LEE D-K, NIILER P, 2010. Surface circulation in the southwestern Japan/East Sea as observed from drifters and sea surface height. Deep Sea Research Part I: Oceanographic Research Papers, 57(10): 1222-1232.

LE TRAON P Y, 2018. Satellites and Operational Oceanography, in New Frontiers in Operational Oceanography.

LUCHIN V, MANKO A, 2003. Water masses. Hydrometeorology and hydrochemistry of the seas. Sea of Japan. No. A. Hydrometeorological Conditions [J]. Gidrometeoizdat, St Petersburg, 243-256.

LUNEVA M V, CLAYSON C A, 2006. Connections between surface fluxes and the deep circulation in the Sea of Japan. Geophysical Research Letters, 33(24).

LUU Q H, et al., 2011. Tidal transport through the Tsugaru Strait— part I: Characteristics of the major tidal flow and its residual current. Ocean Science Journal, 46(4): 273-288.

LYU, JIN S, 2002. Atmospheric pressure-forced subinertial variations in the transport through the Korea Strait. Geophys. res. lett, 29(9): 1294.

MA C, et al., 2012. On the mechanism of seasonal variation of the Tsushima Warm Current. Continental Shelf Research, 48: 1-7.

MA L, 2014. Spatiotemporal features and possible mechanisms of seasonal changes in sea surface height south of Japan. Chinese Journal of Oceanology and Limnology, 32(4): 933-945.

MCWILLIAMS J C, FLIERL G R, 1979. On the evolution of isolated non-linear vortices. Journal of Physical Oceanography, 9: 1155-1182.

MIN D-H, WARNER M J, 2005. Basin-wide circulation and ventilation study in the East Sea (Sea of Japan) using chlorofluorocarbon tracers. Deep Sea Research Part II: Topical Studies in Oceanography, 52(11-13): 1580-1616.

MITCHELL D A, et al., 2005. Upper circulation patterns in the Ulleung Basin. Deep Sea Research PartII: Topical Studies in Oceanography, 52(11-13): 1617-1638.

MITNIK L M, GURVICH I A, PICHUGIN M K, 2011. Satellite sensing of intense winter mesocyclones over the Japan Sea. in 2011 IEEE International Geoscience and Remote Sensing Symposium.

MOOERS C N K, et al., 2006. Some Lessons Learned from Comparisons of Numerical Simulations and Observations of the JES Circulation. Oceanography, 19(3): 86-95.

MORIMOTO A, et al., 2012. Interannual variations in material transport through the eastern channel of the Tsushima/Korea Straits. Progress in Oceanography, 105: 38-46.

MORIMOTO A, YANAGI T, 2001. Variability of Sea Surface Circulation in the Japan Sea. Journal of Oceanography, 57(1): 1-13.

NAM S, et al., 2007. Typhoon-induced, highly nonlinear internal solitary waves off the east coast of Korea. Geophysical Research Letters, 34(1).

NA T, et al., 2018. N2 production through denitrification and anammox across the continental margin (shelf-slope-rise) of the Ulleung Basin, East Sea. Limnology and Oceanography, 63(S1): S410-S424.

Nishida Y, et al., 2003. Seasonal and Interannual Variations of the Volume Transport through the Tsugaru Strait. Oceanography in Japan, 12: 487-499.

NOH S-Y, et al., 2014. Characteristics of Semi-diurnal and Diurnal Currents at a KOGA Station over the East China Sea Shelf. Ocean and Polar Research, 36(1): 59-69.

PARK J-H, NAM S, 2018. Causes of Interannual Variation of Summer Mean Alongshore Current Near the East Coast of Korea Derived From 16-Year-Long Observational Data. Journal of Geophysical Research: Oceans, 123(11): 7781-7794.

PARK J H, WATTS D R, 2005. Response of the southwestern Japan/East Sea to atmospheric pressure. Deep Sea Research Part II, 52(11-13): 1671-1683.

PARK K A, et al., 2003. Comparison of the wind speed from an atmospheric pressure map (Na wind) and satellite scatterometer-observed wind speed (NSCAT) over the East (Japan) Sea. J. Korean Soc. Oceanogr., 38: 173-184.

PARK K-A, et al., 2013. An Oceanic Current Map of the East Sea for Science Textbooks Based on Scientific Knowledge Acquired from Oceanic Measurements. The Sea, 18(4): 234-265.

PARK Y, et al., 2015. Simulation of eddy-driven deep circulation in the East/Japan Sea by using a three-layer model with wind, throughflow and deep water formation forcings. Journal of Marine Systems, 150: 41-55.

PARK Y-G, 2007. The effects of Tsushima Warm Current on the interdecadal variability of the East/Japan Sea thermohaline circulation. Geophysical Research Letters, 34(6).

PARK Y G, et al., 2004. Intermediate level circulation of the southwestern part of the East/Japan Sea estimated from autonomous isobaric profiling floats. Geophysical Research Letters, 31(13).

PARK Y G, et al., 2013. The effects of geothermal heating on the East/Japan Sea circulation. Journal of Geophysical Research: Oceans, 118(4): 1893-1905.

PETER C, CHU J L, CHENWU FAN, 2003. Japan Sea Thermohaline Structure and Circulation. Part I

Climatology.

PETERSEN M R, WILLIAMS S J, MALTRUD M E, et al., 2013. A three-dimensional eddy census of a high-resolution global ocean simulation. Journal of Geophysical Research Oceans, 118: 1759-1774.

RISER S C, WARNER M J, YURASOV G I, 1999. Circulation and Mixing of Water Masses of Tatar Strait and the Northwestern Boundary Region of the Japan Sea. Journal of Oceanography, 55(2): 133-156.

ROUVINSKAYA E, KURKINA O, GINIYATULLIN A, 2020. Analysis of Structure and Variability of Horizontal Currents Near the Mid-East Coast of Korea. IOP Conference Series: Earth and Environmental Science, 459: 032071.

RO Y J, KIM E, YONG H Y, 2006. Understanding of the East (Japan) Sea Circulation by using Altimeter, Argo and SST. Proceedings of the Symposium on Years of Progress in Radar Altimetry, 614.

SANG J L, KIM K, 2003. Absolute transport from the sea level difference across the Korea Strait. Geophysical Research Letters, 30(6).

SASAI Y, et al., 2004. Chlorofluorocarbons in a global ocean eddy-resolving OGCM: Pathway and formation of Antarctic Bottom Water. Geophysical Research Letters, 31(12).

SASAJIMA Y-I, et al., 2007. Structure of the subsurface counter current beneath the Tsushima warm current simulated by an ocean general circulation model. Journal of Oceanography, 63(6): 913-926.

SASAKI H, et al., 2004. A series of eddy-resolving ocean simulations in the world ocean-OFES(OGCM for the Earth Simulator) project. 3: 1535-1541.

SASAKI H, et al., 2008. An Eddy-Resolving Hindcast Simulation of the Quasiglobal Ocean from 1950 to 2003 on the Earth Simulator: 157-185.

SEKINE Y, 1986. Wind-driven circulation in the Japan Sea and its influence on the branching of the Tsushima Current. Progress in Oceanography, 17(3): 297-312.

SHRENK L, 1870. Notes on physical geography of the northern Japan Sea [J]. Mem Emp Acad Sci, 16(2).

SHRENK L, 1874. On the currents of the Okhotsk, Japan and adjacent seas [J]. Mem Emperor Acad Sci, 23(2): 1-112.

SLOYAN B M, ROUGHAN M, HILL K, 2018. The Global Ocean Observing System, in New Frontiers in Operational Oceanography.

SPALL M A, 2002. Wind-and buoyancy-forced upper ocean circulation in two-strait marginal seas with application to the Japan/East Sea. Journal of Geophysical Research, 107(C1).

SUN W J, DONG C M, TAN W, et al., 2019. Statistical Characteristics of Cyclonic Warm-Core Eddies and Anticyclonic Cold-Core Eddies in the North Pacific Based on Remote Sensing Data. Remote sensing, 11: 208.

TAKEMATSU M, et al., 1999. Direct Measurements of Deep Currents in the Northern Japan Sea. Journal of Oceanography, 55(2): 207-216.

TAKIKAWA T, et al., 2012. Seasonal variation of counterclockwise eddies downstream of the Tsushima Islands. Progress in Oceanography, 105: 30-37.

TAKIKAWA T, YOON J-H, 2005. Volume Transport through the Tsushima Straits Estimated from Sea Level Difference. Journal of Oceanography, 61(4): 699-708.

TAKIKAWA T, YOON J H, CHO K D, 2005. The Tsushima Warm Current through Tsushima Straits Estimated from Ferryboat ADCP Data. J. phys. oceanogr, 35(6): 1154-1168.

TAYLOR K E, 2001. Summarizing multiple aspects of model performance in a single diagram. Journal of Geophysical Research: Atmospheres, 106(D7): 7183-7192.

TEAGUE W J, et al., 2005. Observed deep circulation in the Ulleung Basin. Deep Sea Research Part II: Topical Studies in Oceanography, 52(11-13): 1802-1826.

TRUSENKOVA O, NIKITIN A, LOBANOV V, 2009. Circulation features in the Japan/East Sea related to statistically obtained wind patterns in the warm season. Journal of Marine Systems, 78(2): 214-225.

TSUJINO H, NAKANO H, MOTOI T, 2008. Mechanism of currents through the straits of the Japan Sea: Mean state and seasonal variation. Journal of Oceanography, 64(1): 141-161.

WATANABE T, KATOH O, YAMADA H, 2006. Structure of the Tsushima warm current in the northeastern Japan Sea. Journal of Oceanography, 62(4): 527-538.

YOON J H, 1982. Numerical experiment on the circulation in the Japan Sea. Journal of the Oceanographical Society of Japan, 38(2): 43-51.

YOON J-H, et al., 2005. The effects of wind-stress curl on the Japan/East Sea circulation. Deep Sea Research Part II: Topical Studies in Oceanography, 52(11-13): 1827-1844.

이동규, 1998. NSCAT (NASA Scatterometer)에 의한 한국근해의 해상풍[Ocean Surface Winds Over the Seas Around Korea Measured by the NSCAT (Nasa Scatterometer)]. 대한원격탐사학회지: 14.